나노 반도체 기술과

최성재 지음

IoT 융합 기술

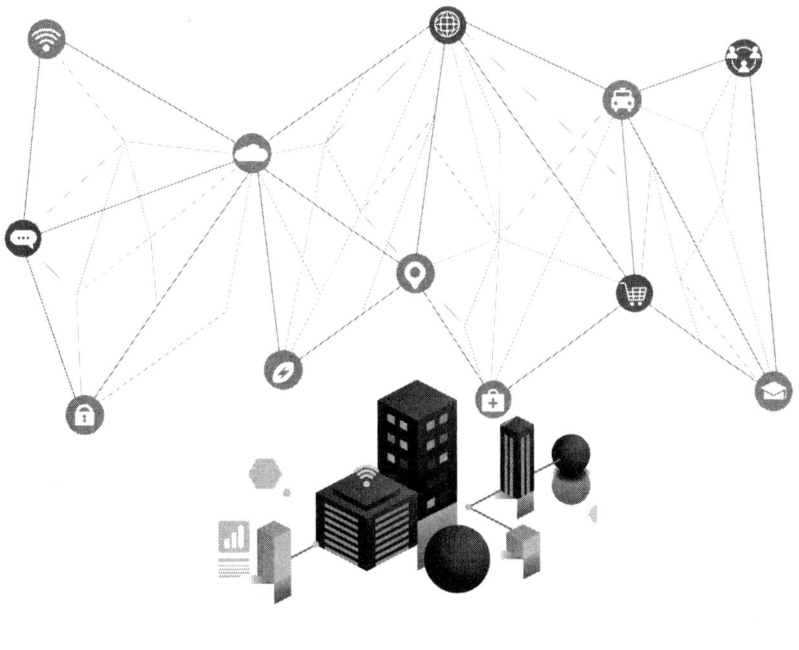

자유아카데미

물체를 구성하고 있는 '물질'들은 최소 크기를 갖는 원자와 분자들의 결합으로 구성되며, 결합된 결정 구조의 형태에 의해 물질의 물리적 특성, 전기적 특성, 광학적 특성, 자기적 특성, 기계적 특성, 열적 특성, 초전도 특성이 결정된다. 21세기의 과학 기술은 이러한 물질의 결정 구조와 특성을 해석하는 데 그치지 않고, 이들의 크기와 특성을 나노 단위로 자유롭게 변경하고 조절하는 시대로 변화시키고 있다.

이와 같은 기술의 변화를 미국 나노기술분과위원회에서는 국가 나노기술개발전략(National Nanotechnology Initiative, NNI)이라고 정의하였으며, 미국은 인류의 수명연장을 위한 유전자 조작과, 분자 구조 변경을 이용한 의약품 및 의료기술 개발에 사용되는 의료 바이오 기술, 그리고 반도체 및 통신, 자동차, 로봇, 자율 주행 자동차와 같은 공학 분야에 응용되는 나노 기술 등의 분야에서 다른 국가와 비교하여 우월성을 확보하기 위해 노력하고 있다. 이에 맞춰 일본, 영국, 독일, 프랑스, 러시아, 중국, 한국 등과 같은 선진 강대국들도 나노 기술이 4차 산업혁명에 미치는 영향에 주목하였고, 막대한 개발비용과 시간, 인력을 투자하여 경쟁하고 있다. 또한 실시간 화상 통신과 무인 자율 주행 자동차 등의 나노 기술 관련 분야에서, 기술을 가진 나라와 그렇지 못한 나라들의 발전 차이를 보면서 나노 기술의 중요성을 다시 한 번 실감하게 된다.

이에 저자는 무한한 잠재력과 함께 반도체와 통신 분야에서 최강국의 위치를 지키고 있는 우리나라가 기술력을 더욱 발전시키고 다른 선진국들과의 경쟁에서 우위를 점하기 위해서는 인재를 양성해야 한다는 필요성을 느끼게 되었으며, 이는 이 책을 집필하게 되는 계기가 되었다. 이 책은 전자, 전기, 생명, 자동차, 반도체 등 여러 공학 분야를 전공하는 학부생들, 그리고 미래의 주인공인 중 · 고등학생들을 대상으로 나노 반도체 기술을 최대한 쉽게 이해할 수 있도록 집필하였다. 참고로, 이 책은 저자가 집필한 책 〈나노 반도체 소자 설계 및 제조공정 기술〉의 내용 중 일부를 그 기반으로 하여 나노 반도체 제조공정의 최신 기술 변화, MEMS, 메모리 소자, IoT 융합 기술 등의 내용을 추가해 집필하였음을 밝혀둔다.

좋은 책을 위해 최선을 다했지만 부족한 부분이나 오류가 있을 수 있다. 이 점은 양해를 구하며, 출간 후에라도 수정 사항이 있을 경우에는 자유아카데미 홈페이지(www.freeaca.com) 자료실에 제공할 예정이니 참고하기를 바란다.

끝으로, 이 교재를 출간하는 데 사용된 다양한 형태의 참고문헌의 저자들에게 감사드리며, 이 책의 원고를 탈고할 수 있도록 묵묵히 내조를 아끼지 않은 가족들, 그리고 이 책의 출간을 결정해 준 자유아카데미 출판사에 감사의 말씀을 전한다.

2022년 1월

저자 씀

차례

5장 | 나노 반도체의 박막 증착 공정

6장 | 화학적 기상 증착 공정

7장 | 포토리소그래피 공정

8장 | 식각 공정

1장

나노 반도체 기술

1. 나노 반도체의 정의와 개발과정
2. 나노 반도체의 경향
3. 반도체 제조 기술의 혁신
4. 나노 반도체의 제조공정

1 나노 반도체의 정의와 개발과정

과거에는 대학에서 물리학이나 전자공학, 전기공학을 전공하는 공학도 이외에는 자주 사용하지 않는 단위이기 때문에 중고등학교 학생이나 일반인들에게는 나노(nano)라는 용어가 생소했지만, 리그오브레전드와 같은 고성능 게임이 실시간으로 가능한 컴퓨터, 화상회의를 통한 인터넷 강의가 가능한 노트북, 아무리 멀리 떨어진 외국과도 실시간 화상통신이 가능한 고가의 최신형 핸드폰, 고화질의 동영상 재생이 가능한 태블릿 PC와 같은 전자기기를 사용하는 현실에서는 나노 반도체, 나노 기술이라는 용어에 대해 친숙한 상태가 되었다.

미국전기전자협회(Institute of Electrical and Electronic Engineers, IEEE)와 국제표준협회(National Bureau of Standards) 등의 표준제정기관에서 국제 표준단위(International System of Units, SI 단위)를 채택하였다.

표 1.1 전기공학 분야에서 사용되는 미터법 접두어

배율	접두어	기호	발음
10^{12}	tera	T	테라
10^{9}	giga	G	기가
10^{6}	mega	M	메가
10^{3}	kilo	k	킬로
10^{2}	hecto	h	헥토
10^{1}	deka	da	데카
10^{-1}	deci	d	데시
10^{-2}	centi	c	센티
10^{-3}	mili	m	밀리
10^{-6}	micro	μ	마이크로
10^{-9}	nano	n	나노
10^{-12}	pico	p	피코
10^{-15}	femto	f	펨토
10^{-18}	atto	a	애토

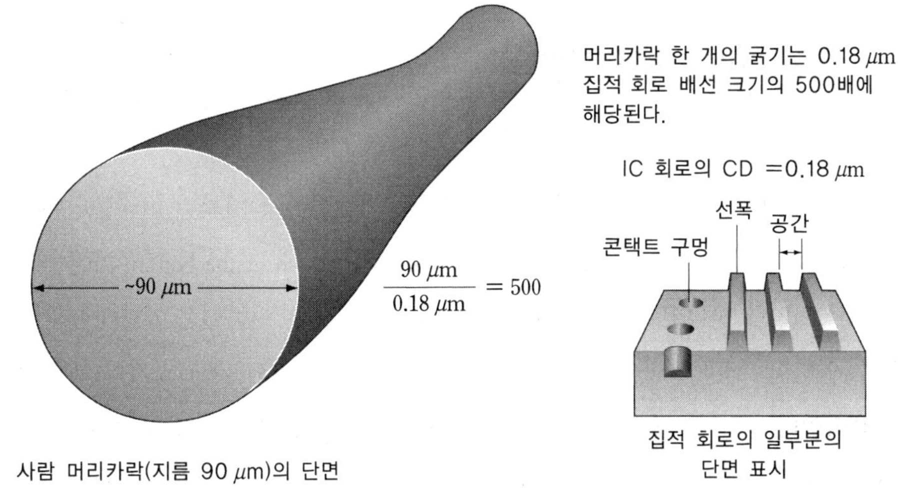

그림 1.1 90 μm 단면적 두께를 갖는 사람의 머리카락과 0.18 μm 기술을 사용하는 경우 도선의 크기 (1 nm 기술을 사용한다면 도선의 크기는 머리카락을 9만 개로 쪼갠 크기가 된다.)

나노(nano)는 [표 1.1]에 표시된 것처럼 미터법에서 10억 분의 1(10^{-9}) 크기를 나타내는 표준단위의 접두어 표시이다. 나노의 어원은 그리스어의 '난쟁이(nanos)'라는 말에서 나왔다고 한다. 1나노미터는 1 nm라 쓰고 10억 분의 1 m를 나타낸다. 1천 분의 1 m가 1 mm인데, 그것을 다시 백만 번 쪼갠 것 중의 하나를 의미한다.

[그림 1.1]에 표시된 것처럼 사람의 머리카락 굵기가 대략 90 μm라고 가정하면 1 nm는 사람의 머리카락 한 가닥을 9만 개로 쪼갠 것과 같은 두께를 나타낸다. 원자 한 개의 크기를 대략 0.2 nm 정도라고 가정한다면, 원자 5개가 겹쳐진 정도는 사람의 눈으로 확인이 불가능하고 특수한 측정 장비인 투사 전자현미경을 이용해서 수십만 배 확대한 사진을 통해서 확인할 수 있다.

나노 반도체를 포함하는 마이크로칩의 특성을 표시하는 물리적 차원을 feature size라고 부르는데, feature size는 임계 차원(critical dimension, CD)으로 표시된다. [그림 1.1]에 표시된 것처럼 선폭 0.18 μm 기술은 180 nm 기술과 같은 의미이다. 1950년대 초반 임계 차원은 125 μm였지만 2000년도에는 0.18 μm로 감소하였고 2020년도에는 10 nm 기술을 적용한 반도체 메모리가 판매되고 있다. 2021년 삼성전자와 대만의 TSMC는 7나노 기술을 상용화하였고 2023년을 기점으로 삼성전자는 3나노 기술을 적용한 나노 반도체 생산을 공개적으로 발표한 바 있다.

2 나노 반도체의 경향

나노 기술에 대한 언급은 1959년 캘리포니아 공과대학에서 개최된 미국물리학회 학술세미나에서 파인만(Feynman) 교수가 "there's plenty of room at the bottom"라는 제목의 강연에서 "원자를 하나씩 조작함으로써 궁극적으로 새로운 신물질을 창출하는 기계를 만들 수 있다"는 내용의 파인만 머신(machine)을 발표함으로써 나노 입자에 대한 정의가 시작되었다. 파인만 교수는 "브리태니커 백과사전 24권의 내용을 폭 1.6 mm 크기의 핀 머리에 저장할 수 있고, 아주 작은 의료용 기계를 제작해서 사람의 혈관에 주입하면, 이런 미소 로봇이 혈관 속을 돌아다니면서 병을 치료하는 세상이 올 것이다"라고 하며, 이것은 원자의 결정 구조를 마음대로 조작하여 물질을 합성하는 기술이 도래하였을 때 가능해질 것이라 하였다. 당시 청중들은 농담도 잘한다고 평가하였지만, 파인만 교수의 주장은 나노 기술을 통해서 점차 현실처럼 다가오고 있다. 이후 파인만 교수는 1965년에 노벨물리학상을 공동 수상하면서 나노 기술의 아버지로 불리게 되었다.

2000년대를 넘어서면서 초대규모 집적 회로를 제조하는 것이 가능해졌다. 2021년의 나노 스케일에 따르면 1칩당 집적되는 트랜지스터(TR)의 숫자는 수억 개에서 수십억 개에 이른다. 대략적으로 1칩당 집적되는 구성요소의 수에 따라 수십 개의 트랜지스터를 집적하는 경우는 SSI(small scale IC). 수백 개에서 5,000개 정도의 트랜지스터를 집적하는 경우 MSI(medium scale IC), 5,000개에서 10만 개의 트랜지스터를 집

그림 1.2 나노 기술의 아버지 리처드 파인만 교수
(출처: Wikimedia, Tamiko Thiel)

적하는 경우 LSI(large scale IC), 10만 개에서 100만 개 정도의 트랜지스터를 집적하는 경우 VLSI(very large scale IC), 100만 개를 넘어서는 경우는 SVLSI(super very large scale IC) 또는 ULSI(ultra large scale IC)로 분류한다. 2000년 초반부터는 모든 종류의 IC를 ASIC(Application Specific Integrated Circuit)으로 통칭하고 있다.

ULSI급 소자 제조와 설계에 필요한 급격한 기술의 변화는 새로운 장비와 공정의 지속적인 변화이다. 웨이퍼 제조공정 기술은 소비자의 요구에 의해서 변화되어왔다. 고객들은 더 빠른 것, 더 안전한 것, 더 낮은 가격을 원하였고, 칩 제조업체에서는 고객들의 요구를 만족시키기 위해서 칩에 집적되는 소자의 크기를 감소시키는 연구를 진행하였다. 결국 개선된 설계 기술의 발전은 칩의 물리적 사이즈의 감소, 집적도의 증가와 함께 집적된 소자의 통신 속도의 향상, 전력 소비의 감소를 이루었다.

표 1.2 인텔사의 마이크로프로세서 칩 특성

Processor	Year	Feature Size(㎛)	Transistors	Frequency (MHz)	Word Size	Power (W)	Cache (L/L2/L3)	Package
4004	1971	10	2.3k	0.75	4	0.5	none	16-pin DIP
8008	1972	10	3.5k	0.5~0.8	8	0.5	none	18-pin DIP
8080	1974	6	6k	2	8	0.5	none	40-pin DIP
8086	1978	3	29k	5~10	16	2	none	40-pin DIP
80286	1982	1.5	134k	6~12	16	3	none	68-pin PGA
Intel1386	1985	1.5~1.0	275k	16~25	32	1-1.5	none	100-pin PGA
Intel1486	1989	1~0.6	1.2M	25~100	32	0.3~2.5	8K	168-pin PGA
Pentium	1993	0.8~0.35	3.2-4.5M	60~300	32	8~17	16K	296-pin PGA
Pentium Pro	1995	0.6~0.35	5.5M	166~200	32	29~47	16K/256K+	387-MCM PGA
Pentium Ⅱ	1997	0.35~0.25	7.5M	233~450	32	17~43	32K/256K+	242-pin SECC
Pentium Ⅲ	1999	0.25~0.18	9.5~28M	450~1000	32	14~44	16K/512K	330-pin SECC2
Pentium 4	2000	180~65 nm	42~178M	1400~3800	32/64	21~115	20K/256K+	478-pin PGA
Pentium M	2003	130~90 nm	77~140M	1300~2130	32	5~27	64K/1M	179-pin FCBGA
Core	2006	65 nm	152M	1000~1860	32	6~31	64K/2M	479-pin FCBGA
Core 2 Duo	2006	65~45 nm	167~410M	1060~3160	32/64	10~65	64K/4M+	775-pin LGA
Core i7	2008	45 nm	731M	2660~3330	32/64	45~130	64K/256K/8M	1366-pin LGA
Atom	2008	45 nm	47M	800-1860	32/64	1.4-13	56K/512K+	441-pin LGA

[표 1.2]에는 인텔사의 마이크로프로세서의 집적도, CD, 클럭 주파수, 소비전력, 핀 사이즈가 표시되어 있다.

3 반도체 제조 기술의 혁신

[표 1.2]에 표시된 것처럼 반도체 제조 기술의 혁신은 임계 차원(CD)을 줄임으로써 칩의 집적도 증가와 연산속도의 증가, 소비전력의 감소와 같은 칩의 성능을 개선시켰다. 인텔의 설립자이면서 초기 반도체 산업의 선구자 중 한 명인 고든 무어는 1964년에 칩에 집적되는 소자의 수는 매년 거의 두 배씩 증가할 것으로 예측했다. 이런 예측을 무어의 법칙이라고 부른다(후일 1975년에는 18개월마다 2배씩 증가하는 것으로 수정되었다). 무어 법칙의 핵심은 새로운 제품이 만들어질 때 칩에 집적되는 트랜지스터 수의 증가와 새로운 CD를 성취하기 위해서 소자의 체적을 감소시켜서 웨이퍼를 제작하는 능력을 말한다. [그림 1.3]에 표시된 것처럼 마이크로프로세서의 트랜지스터 집적도를 통해서 무어의 법칙이 놀랍도록 정확하다는 사실이 밝혀진 바 있다.

무어의 법칙으로부터 예상되는 반도체 소자의 크기 감소는 더 작은 마이크로칩 패키징의 개발을 의미하기 때문에 대단히 중요하다. 더 작아진 마이크로칩은 작은 부피를 갖게 하였고, 더 작아진 상업용 제품들을 생산하게 하였다. 칩 성능을 판단하는 또 다른 파라미터는 동작 중에 발생하는 소자의 전력 소비이다. [그림 1.4(a)]에 표시된 것처럼 소자의 사이즈가 소형화되어감에 따라 전력 소비 또한 이에 상응하여 감소하고 있다.

칩 하나당 집적되는 트랜지스터들의 숫자는 빠르게 증가하는 반면에 칩의 전력 소비는 매우 느린 비율로 증가하고 있다. 이와 같은 적은 전력 소비는 휴대용 전자 장비의 시장 성장에 중요한 성능 변수가 된다. 칩의 신뢰도는 칩의 예상 수명을 얼마나 능가하는지를 의도적으로 나타내는 칩의 성능이다. 공정 기술의 진보는 [그림 1.4(b)]에 표시된 것처럼 칩의 신뢰도를 증가시켰다. 예를 들면 불순물들은 화학적 순도를 제어하고 공기 중의 미립자를 제거한 무균실(클린룸) 공정과 같은 엄격한 적용을 통해서 제어된다. 제조공정에서는 항상 장비의 신뢰도를 개선하기 위한 분석이 이루어진다.

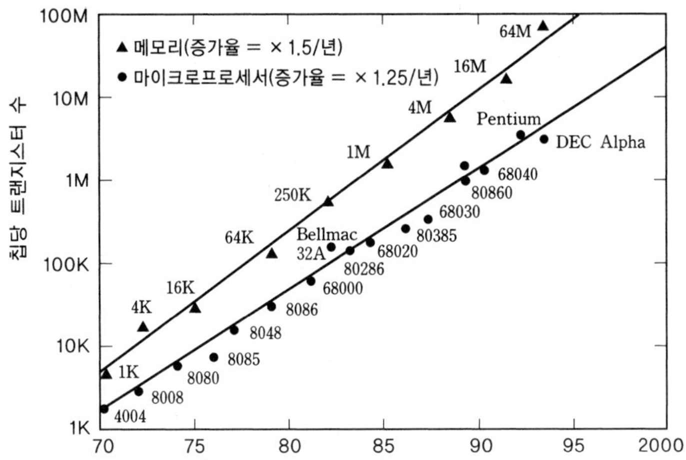

그림 1.3 무어의 법칙

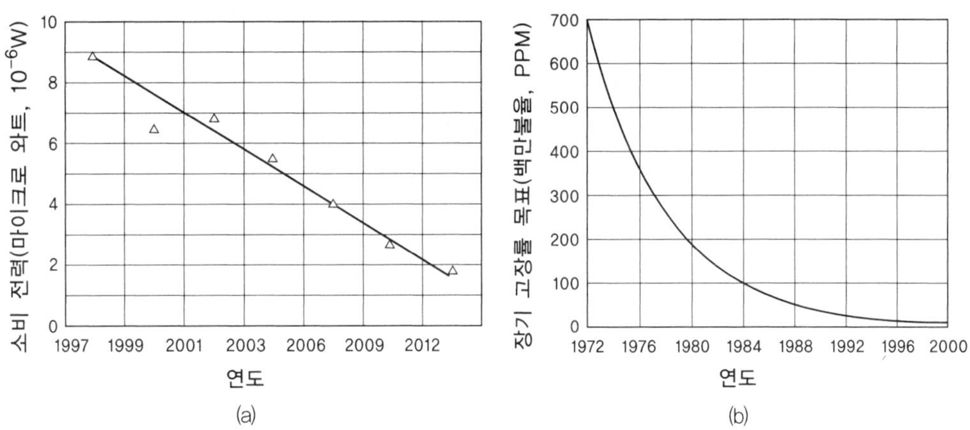

그림 1.4 (a) 칩당 소비되는 전력의 감소, (b) 칩의 신뢰도 개선

4 나노 반도체의 제조공정

현대사회는 20세기 동안 기계공학적인 기술로 만들어진 생산제품이 전자공학 기술

로 초점이 맞춰지기까지의 기술혁명을 목격하였다. [그림1.5]와 같은 마이크로 스케일(micro scale)의 초고집적 회로(VLSI) 생산을 거쳐 21세기에는 인공지능을 이용하여 5세대 통신에 사용되는 나노 스케일(nano scale)로 제조되는 초미세 전자회로 소자를 개발하기까지 엄청난 변화와 기술의 혁신이 이루어져 왔다.

마이크로칩 제조는 [그림 1.6]에 표시된 것처럼 웨이퍼 준비 단계, 웨이퍼 제조공정 단계, 웨이퍼 시험 및 정렬 단계, 조립 및 포장 단계, 최종 검사 단계와 같이 다섯 단계의 제조공정 단계로 구성된다.

첫 번째 단계에서 실리콘(Si) 결정을 성장하기 위해서는 [그림1.7]에 표시된 것처럼 도가니(용광로)에 SiO_2 성분의 모래를 넣고 1,412℃ 이상의 고온으로 가열해서 용융상태로 만든 다음 초크랄스키법(인상법)을 적용하고 단결정 실리콘 잉곳을 생산한다. 이때 단결정 실리콘 잉곳의 순도를 높이기 위해서 모래 대신 지멘스 법을 이용하는 화학반응에 의해 생산된 고순도의 폴리실리콘을 원료로 사용하기도 한다.

200 mm, 300 mm와 같은 적절한 직경을 갖는 실리콘 잉곳을 생산하기 위해서는 특별한 공정을 거쳐야 한다. 실리콘 잉곳은 직경연마와 flat 가공을 거친 후 다이아몬드 톱을 이용해서 슬라이싱 공정을 거치면, 적절한 두께로 얇게 절단된 웨이퍼가 생산된다. 이때 웨이퍼의 표면은 거칠기 때문에 회로 패턴 공정을 위한 사전 준비 단계로 표면 연마 과정과 가장자리 연마 등의 공정을 거치고 세척을 거쳐서 검사 단계를 통과해야만 진정한 웨이퍼 기판이 된다.

마이크로칩 제조의 두 번째 단계는 웨이퍼 제조공정이라고 부른다. 99.9999999999%의 순도를 갖는 순수한 실리콘 웨이퍼가 웨이퍼 제조공정에 도착하면 세척(cleaning), 레

인텔 코어 i7 | AMD 라이젠9 3900X | 도시바 마이크로칩 | 퀄컴 스냅드래곤 칩

그림 1.5 다양한 형태의 마이크로칩

(출처: Wikimedia, Eric Gaba / Wikimedia, P399915243 (Diskussion) / Wikimedia, ZyMOS / Wikimedia, Raimond Spekking)

1	**웨이퍼 준비** 결정 성장, 라운딩, 슬라이싱, 폴리싱이 포함된다.  단결정 실리콘 잉곳을 절단하면 웨이퍼가 만들어진다.	4	**조립 및 포장 공정** 웨이퍼를 스크라이브 선을 따라 절단하고 칩을 분리한다. 각 칩을 프레임에 부착하고 배선을 연결한 다음 플라스틱으로 캡슐화한다. 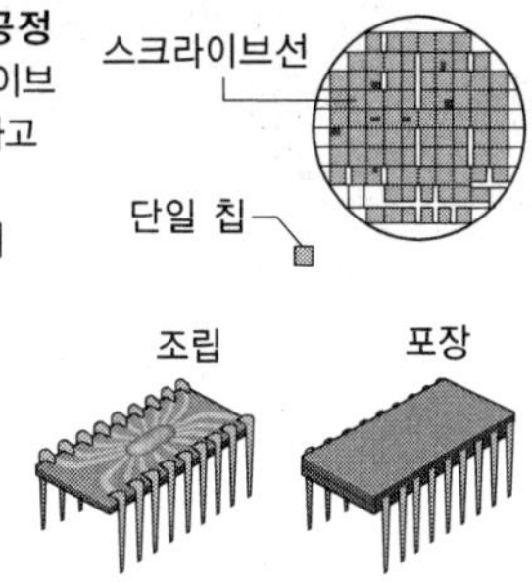 스크라이브선 단일 칩 조립 포장
2	**웨이퍼 제조공정** 세정, 레이어링, 패턴닝, 식각, 도핑이 포함된다. 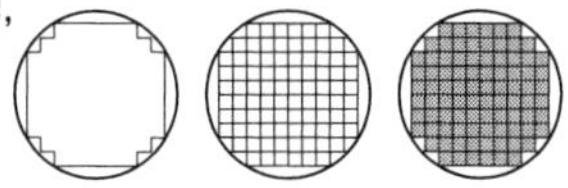		
3	**검사/분류 공정** 프로브 검사, 웨이퍼에 제조된 칩을 분류한다. 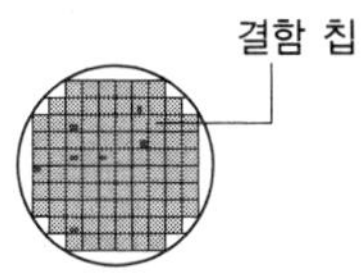 결함 칩	5	**최종 검사** 전기적인 검사를 통해 제품의 신뢰성을 보장한다. 

그림 1.6 마이크로칩 제조공정의 단계별 분류

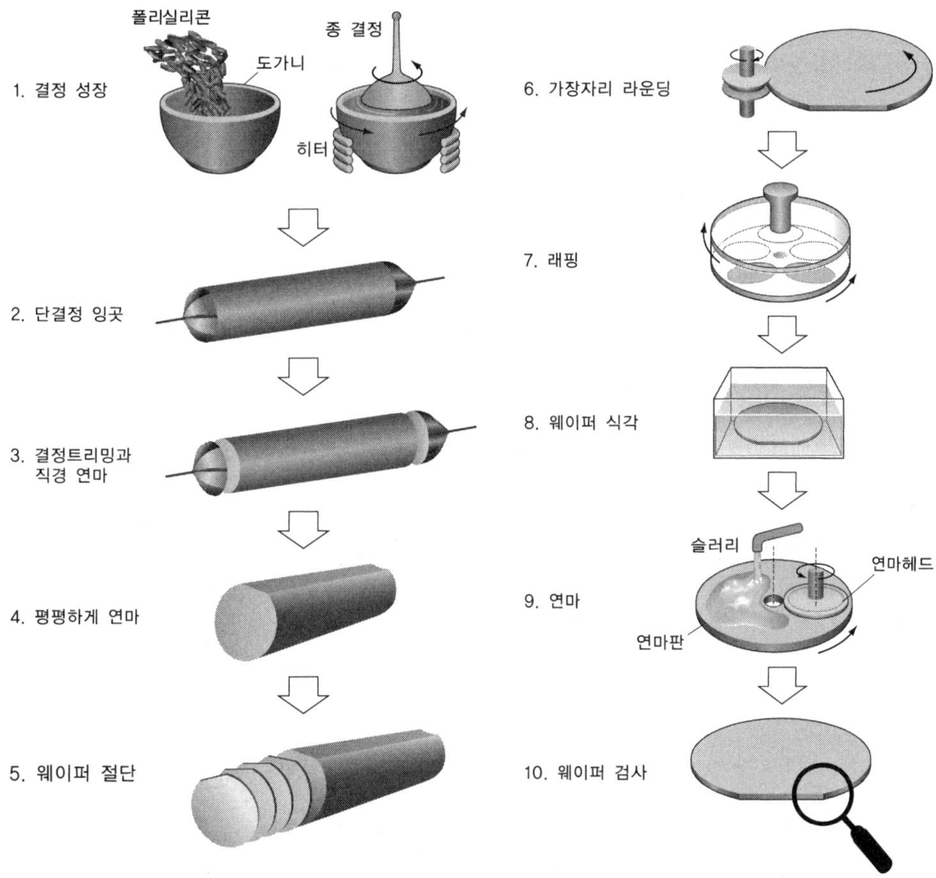

그림 1.7 실리콘 웨이퍼의 준비 단계

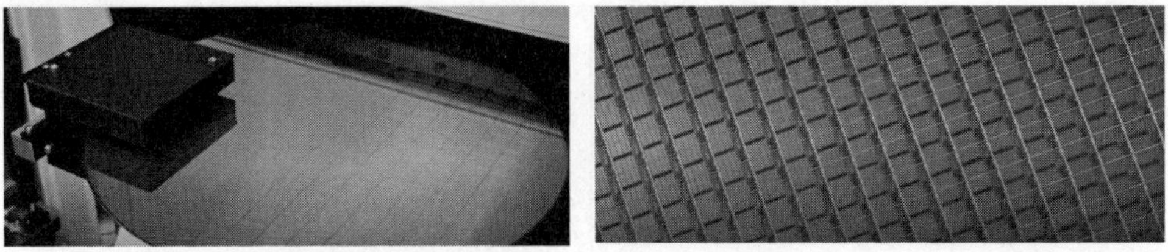

그림 1.8 가공 전 웨이퍼(왼쪽)와 웨이퍼 공정 처리 후의 가공된 칩(오른쪽)
(출처: Wikimedia, Goldenvu / Wikimedia, Ehsanshahoseini)

이어링(layering), 패터닝(patterning), 식각(etching), 도핑(doping) 등 여러 단계를 거치게 된다. 완료된 웨이퍼는 각각 실리콘 웨이퍼에 영구적으로 IC 회로를 식각한다. 웨이퍼 제조가 끝나면 웨이퍼는 개별적인 칩(다이)의 탐침 검사와 전기 검사가 이루어지는 3단계 공정인 검사 및 분류 공간으로 보내진다. 손상된 칩은 받아들일 것인지 받아들이지 않을 것인지를 분류하기 위해서 유성매직으로 고장 표시를 한다. 웨이퍼 테스트에서 통과하지 못한 칩은 소비자에게 보내지지 않고 통과된 칩은 다른 검사를 계속 진행한다.

검사 및 분류가 끝난 웨이퍼는 보호용 패키지로 개별 칩을 감싸는 4단계 공정인 조립과 포장 공정에 들어간다. 회로 기판의 두께를 줄이기 위해서 웨이퍼 뒷면을 안전하게 갈아낸다. 아세테이트 테이프의 두꺼운 막을 각각 웨이퍼 뒷면에 붙이고, 웨이퍼 앞면을 그어진 선을 따라 다이아몬드 톱으로 잘라 각각의 웨이퍼를 떼어낸다. 조립 공정에서 양질의 칩(good chip)은 에폭시 수지를 이용해서 IC 리드 프레임에 부착되고 도선으로 본딩(bonding)된 후 플라스틱이나 세라믹 패키지에 밀봉된다. 마지막 5단계 공정으로는 칩의 기능을 보장하기 위해 각각 포장된 IC 회로가 제조업자가 가지고 있는 전기 스펙과 환경 스펙을 만족하는지를 검사해야 한다.

웨이퍼의 직경은 서서히 발전하였다. [그림 1.10]에 표시된 것처럼 초기 웨이퍼의 직경은 2인치보다 작은 웨이퍼에서부터 90년대 초기 8인치(200 mm)에서 2000년대 12인치(300 mm)에 이르기까지 많은 변화를 겪었다. 최근에는 웨이퍼의 직경을 450 mm까지 증가시키는 표준 설계가 글로벌450 프로젝트라는 이름으로 인텔, 삼성, TSMC 3사에 의해 이루어지고 있다. 이와 같이 웨이퍼의 직경을 늘리는 것은 동일한 노력으로 더 많은 칩을 생산하게 됨으로써 경제적인 스케일로 이득을 발생시키기 때문이다. 웨

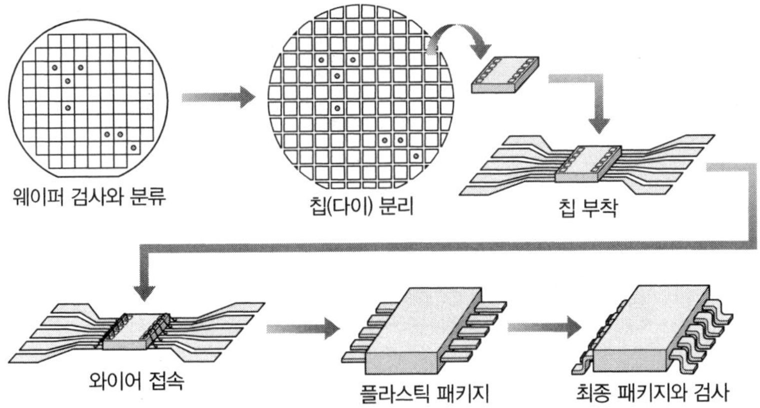

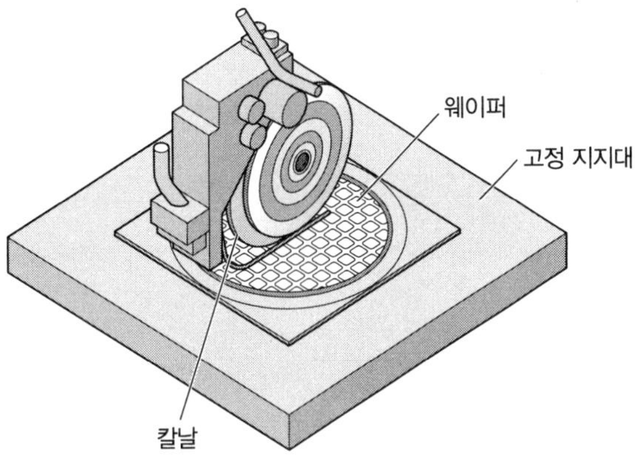

웨이퍼 톱과 얇게 잘려진 웨이퍼

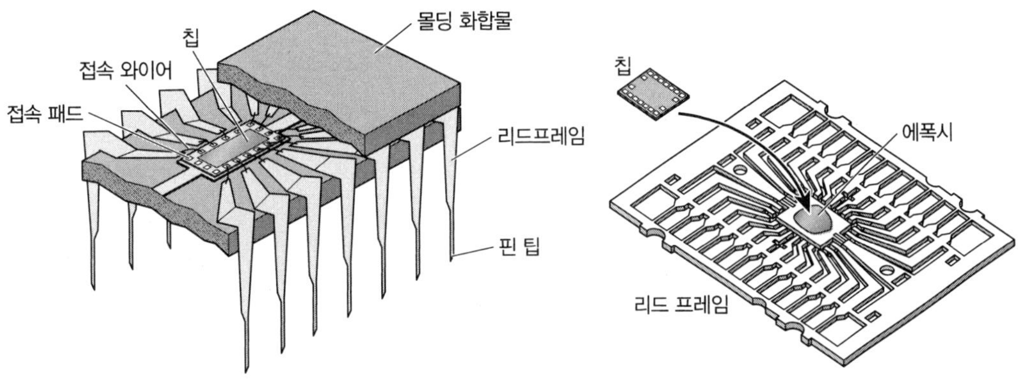

칩이 부착된 패드로부터 리드 프레임으로의 와이어 접속

에폭시칩 부착

그림 1.9 일반적인 조립과 포장 공정

이퍼 위에 더 많은 칩을 생산할 수 있다면 IC의 제조 가격은 급격히 감소하게 될 것이다.

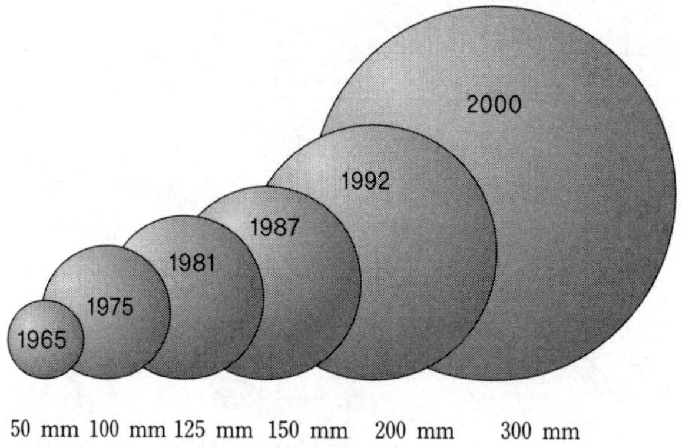

그림 1.10 웨이퍼 직경의 변화

1 나노 기술을 정의하시오.

2 임계 차원(critical dimension, CD)의 의미를 설명하시오.

3 SSI, MSI, LSI , VLSI , SVLSI, ULSI, ASIC을 정의 하시오.

4 무어의 법칙을 설명하시오.

5 칩의 신뢰도를 높이기 위한 방안은 무엇인지 설명하시오.

6 나노 반도체의 제조공정을 5단계로 분류하시오.

7 실리콘 웨이퍼의 준비 단계를 설명하시오.

8 일반적인 조립과 포장 공정을 설명하시오.

9 웨이퍼의 직경이 커질수록 어떤 이점이 있는지 설명하시오.

2장

나노 반도체 재료의 기초물성

1. 고순도의 웨이퍼와 공정 화학 물질의 중요성
2. 갈륨비소 물질의 전기적 특성
3. 탄소 풀러렌과 탄소나노튜브
4. 탄소섬유

1 고순도의 웨이퍼와 공정 화학 물질의 중요성

1장에서 설명한 것처럼 나노급 반도체를 생산하기 위해서는 순도가 100%에 근접하는 웨이퍼나 공정에 사용되는 불산(HF)과 같은 공정 화학 물질, 나노 공정에 필수적인 무균실(클린룸) 설비, 10나노 이하의 포토리소그래피 공정 기술에 사용되는 EUV와 같은 초정밀 공정 장비를 필요로 한다.

2021년의 EUV 공정 장비는 네덜란드의 ASML사에서만 독점으로 제작 공급되고 있으며, EUV 장비 한 대의 가격은 한화로 1,600억 원 정도이다. [그림 2.1]에는 나노급 반도체 제작에 사용되는 전자기 스펙트럼의 파장에 대해 표시하였다.

ASML사의 EUV 장비는 1년에 40대 정도만 생산할 수 있어서 미국, 일본, 한국, 대만, 중국의 반도체 회사들이 서로 경쟁적으로 구매신청을 하는 실정이다. 한때 미국의 트럼프 대통령은 중국의 무자비한 반도체 생산설비 확충을 방지하기 위해 ASML사에 EUV 장비의 중국 수출을 자제하도록 요청한 바도 있다. 웨이퍼와 공정 화학 물질은 이미 일본의 전략 수출 무기화가 되어 있는 실정이다. 일본은 이미 24명의 생리의학, 물리학, 화학, 전자공학 분야의 노벨 수상자를 보유하고 있고, 이들의 특허 기술을 통해 막강한 힘을 발휘하고 있다.

일본은 후지필름이라는 상표의 카메라 필름으로 전 세계 필름 시장을 석권한 박막 기술의 노하우도 갖추고 있어서 100%의 순도를 갖는 불산과 웨이퍼 생산 기술을 보유

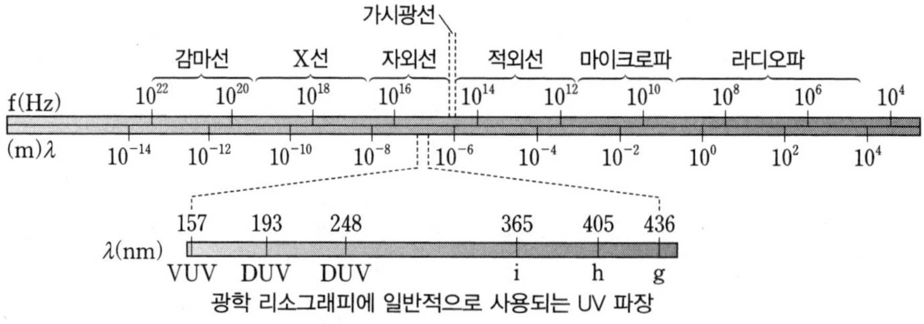

그림 2.1 나노급 반도체 제작의 포토리소그래피 공정에 사용되는 전자기 스펙트럼

및 생산하고 있다. 2020년에는 일본이 한국과의 외교 문제를 핑계로 한국의 삼성전자를 견제하기 위해서 초순도의 불산과 웨이퍼를 한국에 수출하지 못하도록 하는 법령을 시행했던 것처럼 나노급 반도체 생산에 대한 반도체 재료의 공급과 수요가 중요한 변수가 된다.

반도체(semiconductor)는 도체(conductor)와 절연체(insulator) 사이의 전도도(conductivity)를 갖는 물질이라고 정의되지만, 엄격하게 말하면 경우에 따라서 도체로 동작하거나 부도체로 동작하는 물질이다. 전기전도도(σ)는 온도변화, 진성 반도체에 첨가되는 불순물의 함량에 따라서 변화된다. [그림 2.2]에는 도체, 반도체, 절연체 재료의 고유 저항

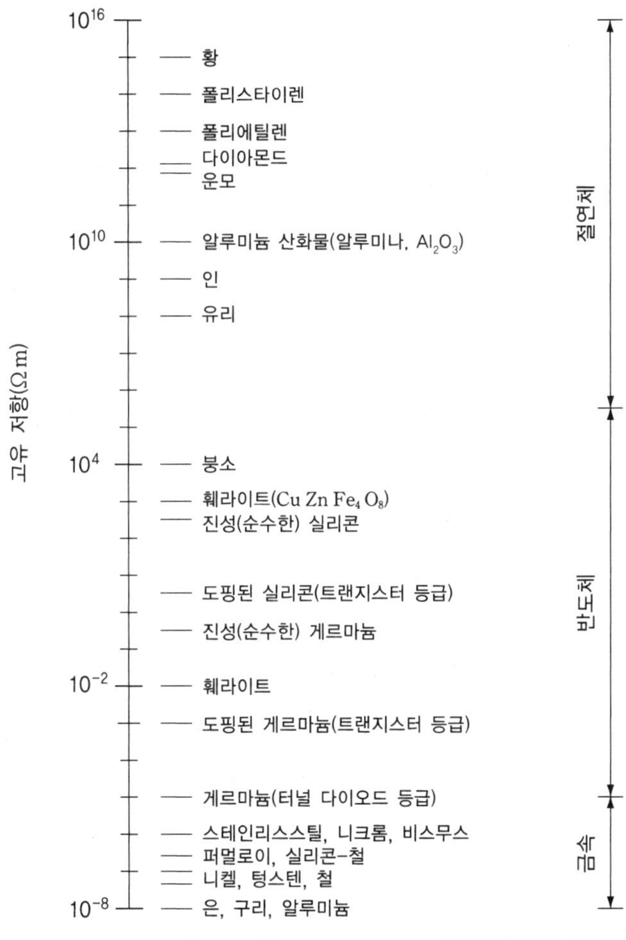

그림 2.2 도체, 반도체, 절연체 재료의 고유 저항 범위

범위가 표시되어 있다.

반도체의 재료는 [그림 2.3]에 표시된 것처럼 주기율표의 4족에 위치하는 원소 반도체(elemental semiconductor)와 3족과 5족에 위치하는 원소들의 결합으로 만들어지는 화합물 반도체(compound semiconductor)로 분류된다.

원소 반도체로는 실리콘(Si)과 게르마늄(Ge)이 있고 화합물 반도체의 종류에는 GaN, GaP, GaAs, GaSb, InP, InAs, AlAs, AlP, GeSi와 같은 2원소(binary) 화합물 반도체와 GaAsP, AlGaAs와 같은 3원소(ternary) 화합물 반도체, AlGaInP, InGaAsP 와 같은 4원소(quaternary) 화합물 반도체로 분류된다. 화합물 반도체는 LED와 같은 광전 소자를 제조하는 데 사용된다. 화합물 반도체는 첨가되는 원소의 함량비에 따라 전기적 특성과 광학적 특성이 달라지기 때문에 반도체 소자 제조 시 어려움이 따른다.

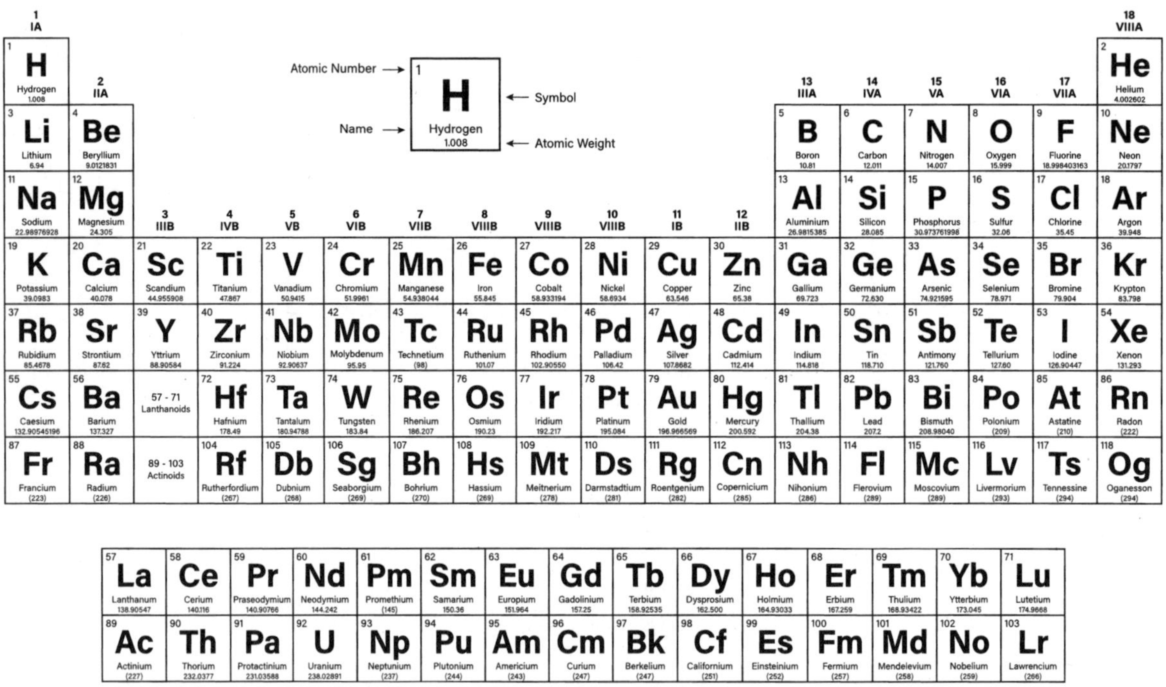

그림 2.3 주기율표

2 갈륨비소(GaAs) 물질의 전기적 특성

전자공학의 눈부신 발전에 따라 실리콘의 특성이 현대의 소비자들이 요구하는 성능을 만족시키지 못하게 되면서 시장은 실리콘을 대체할 재료를 찾기 시작하였다. 결국 2원소(GaAs, GaP, GaN, InN,AlN), 3원소(AlGaAs), 4원소(AlGaInP, AlGaInN)의 복합 물질로 만들어지는 합성 반도체를 만들었는데, 대표적인 재료가 갈륨비소(GaAs)이다.

집적 회로의 핵심 요소는 바로 속도이다. 무선, 고속 디지털 통신, 우주선, 자동차 산업과 같은 소비자 시장 등은 반도체 시장과 같은 특별한 분야, 즉 고주파 신호를 지원할 수 있는 고속화 산업의 중심에 있다. GaAs가 발견됨으로써 MOS 소자를 개발하게 되었고 집적 회로의 집적도는 혁신적으로 증가하게 되었다. 청색 반도체 레이저와 LED 제조에 사용되는 GaN(gallium nitride), ZnSe(zinc sellenide)과 GaAs를 대체할 SiGe(silicon germanium), 적외선 감지 장치에 주로 이용되는 CdTe(cadmium telluride) 등에 대한 연구도 지속해서 이루어지고 있다. SiGe는 고주파 대역의 통신 분야에서 대단히 중요한 소자로 디지털 셋톱박스, DBS(Direct Broadcast Satellite), PDA(Personal Digital Assistants) 장비에 응용된다.

GaAs는 가장 대중적인 III−V족 화합물 반도체 재료로 3A족 Ga(gallium)과 5A족 As(arsenic)와의 결합으로 합성된다. GaAs는 [표 2.1]에 표시된 것처럼 실리콘과 비교하여 엄청난 전자 이동도를 갖는다. GaAs 반도체 물질은 기생 커패시턴스와 신호 손실을

표 2.1 반도체 물질의 전자와 정공의 이동도 비교

반도체 물질의 종류	전자의 이동도(cm^2/V−s)	정공의 이동도(cm^2/V−s)
silicon(Si)	1,500	600
germanium(Ge)	3,900	1,900
gallium arsenide(GaAs)	8,500	400
gallium antimonide(GaSb)	4,000	1,400
indium phosphide(InP)	4,600	150
indium arsenide(InAs)	3,300	460
indium antimonide(InSb)	78,000	750

감소시키는 특성 때문에 실리콘 물질로 제조되는 IC보다 더 빠른 응답속도로 동작하게 되어서 고주파, 마이크로파 신호 처리를 가능하게 하고, 통신 시스템에서 오차 없이 정확한 전기 신호로 변환하는 역할을 한다.

GaAs의 장점 중에는 재료 저항이 10^8 Ω-cm에 가깝게 증가한다는 것을 들 수 있다. 이것은 전기적 기능을 잃지 않으면서 GaAs 기판에 독립된 반도체 소자를 제조하기 쉽게 해준다. 또한, GaAs 소자는 실리콘보다 더 높은 방사선 억제력을 가진다. 이는 군용, 우주선용으로도 응용할 수 있게 한다. [표 2.2]에는 Si, Ge, GaAs, SiO_2의 물리적 특성이 비교되어있다.

GaAs 반도체 물질의 가장 큰 단점은 자연 산화물 성장이 어렵다는 점인데, 이런 특징은 표면 유전체 성장력이 요구되는 표준 MOS 소자의 개발을 방해한다. 또 다른 문제는 GaAs가 깨지기 쉬운 재료라는 것이다. 이는 웨이퍼 제조 시 웨이퍼 핸들링이 가장 중요한 문제가 되게 한다. GaAs의 제조 가격은 실리콘과 비교하여 10배나 비싸다. 이는 갈륨이 희소 물질임과 동시에 정제에 많은 에너지가 필요하기 때문이다. 마지막으로 As의 무한한 독성을 말할 수 있다. 따라서 설비, 공정, 폐기물 처리 시설의 관리에 특별한 관리가 요구된다.

GaAs는 [그림 2.4(a)]의 섬아연광 구조(Zinc-blende structure)를 갖는다. 하나의 fcc가 다른 fcc로부터 입방체의 대각선을 따라서 대각선 길이의 1/4만큼 변위된 두 개의 fcc가 얽힌 것 같은 구조로 되어있는 다이아몬드 구조(diamond structure)로부터 Ga 원자들이 하나의 fcc 격자에 위치하고 As 원자들이 다른 fcc 격자에 위치하는 것으로 섬아연광 구조를 갖는 물질들에는 Gap(gallium phosphide), ZnS(zinc sulfide), CdS(cadimium sulfide) 등이 있다.

표 2.2 반도체 물질의 물리적 특성 비교

특성	Si	Ge	GaAs	SiO_2
용융 온도(℃)	1,412	937	1,238	1,700
원자량	28.09	72.60	144.63	60.08
원자 밀도(원자/cm^3)	4.99×10^{22}	4.42×10^{22}	2.21×10^{22}	2.3×10^{22}
에너지 밴드갭(eV)	1.11	0.67	1.40	8

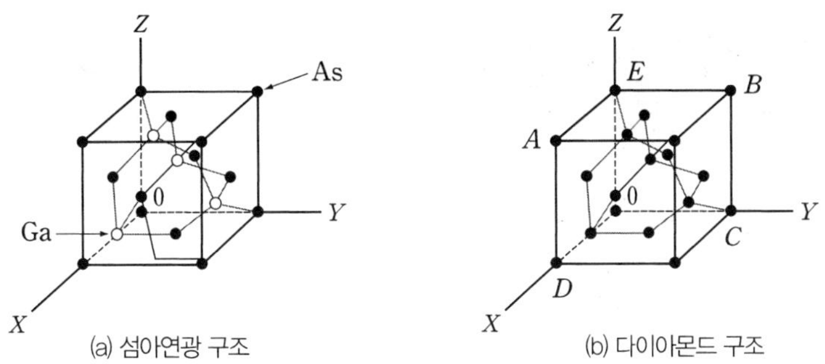

그림 2.4 입방 결정의 단위 격자

3 탄소 풀러렌과 탄소나노튜브

특수한 나노 재료로는 실리콘과 게르마늄과 동일한 4가의 원소인 탄소를 활용하는 탄소 풀러렌과 탄소나노튜브가 있다. 탄소는 흑연(graphite)이라고 부르는데, [그림 2.5(a)]에 표시된 결정 구조를 가진다. 1991년 일본 NEC 부설 연구소의 이이지마 스미오 박사(飯島 澄男)가 전기정전법으로 풀러렌을 합성하면서 흑연 음극에 형성된 탄소 물질을 전자투과 현미경을 통해 분석하는 과정에서 발견되었다. [그림 2.5(b)]는 탄소 원자 한 층(single layer)으로 구성되는 얇은 막인 그래핀이고, [그림 2.5(d)]는 그래핀을 벽으로 해서 길고 속이 비어있는 튜브 모양으로 만들어지기 때문에 탄소나노튜브(CNT)라고 부른다. 탄소나노튜브는 지름이 머리카락의 10만 분의 1에 불과하지만, 전기전도도는 은(Ag)과 유사하고 강도는 철강의 100배보다 단단하다.

그래핀은 2010년 노벨물리학상을 수상한 안드레 가임(Andre Konstantin Geim)이라는 공학자에 의해 발견되었다. 안드레 가임은 호기심이 많은 공학자였는데, 미세한 탄소 가루에 10일에 걸쳐서 매일 스카치테이프를 반복적으로 덮었다 떼기를 반복하는 과정에서 발견되었다고 한다. 안드레 가임은 자기장을 이용해서 개구리를 부상시키는 것과 같은 특이한 연구를 진행하는 사람들에게 수여하는 이그 노벨(Ig Nobel) 물리학상을 2000년에 수상하였다. 안드레 가임의 경우처럼 단순한 호기심이 위대한 과학적 업적을 달성하는 경우도 있다.

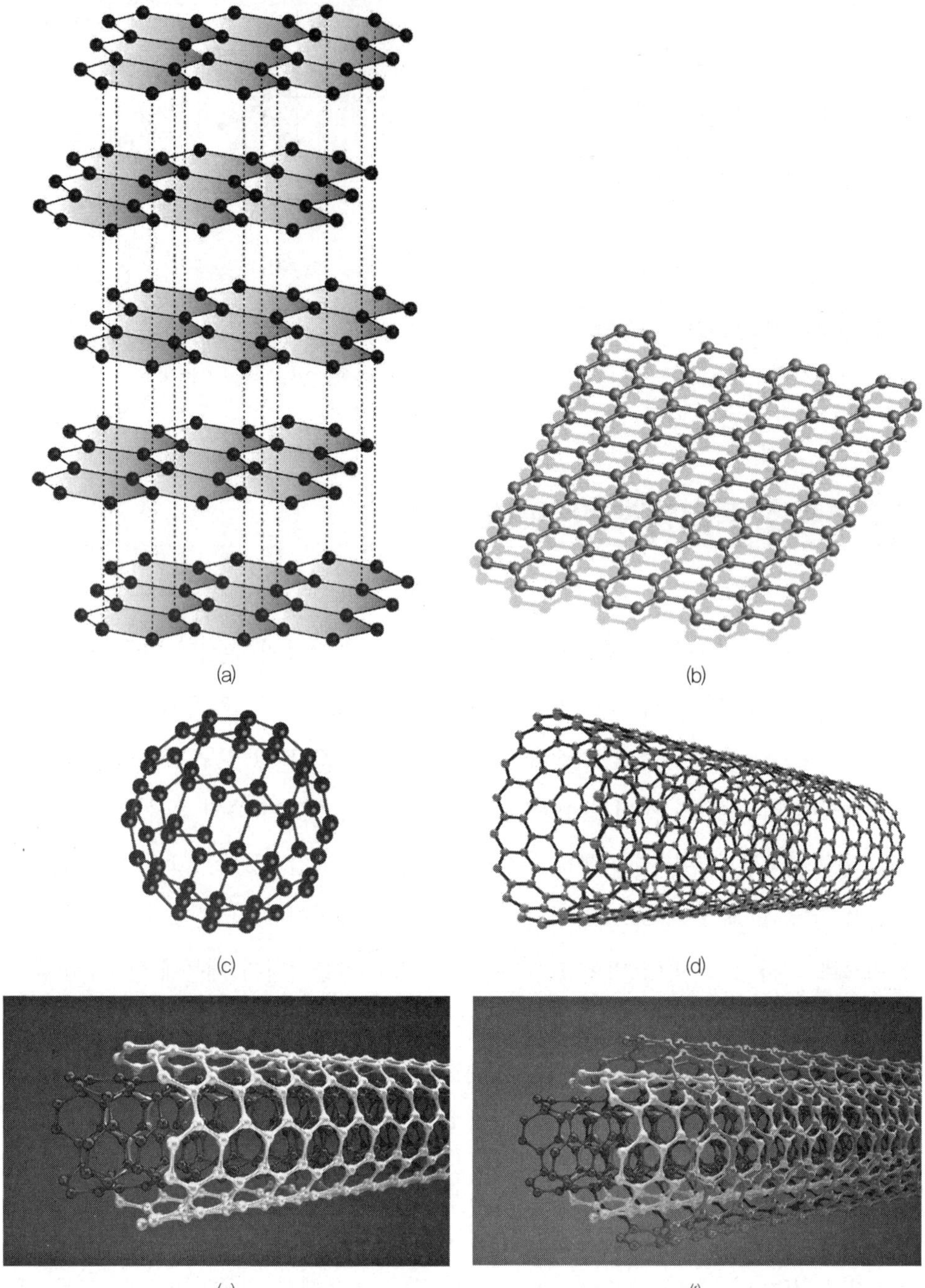

그림 2.5 (a) 흑연의 구조, (b) 그래핀, (c) 풀러렌, (d) 탄소나노튜브, (e) 이중벽 탄소나노튜브, (f) 다중벽 탄소나노튜브

(출처: Shutterstock)

이후 언급될 일본의 물리학자 레오 에사키(江崎 玲於奈)는 LED라고 부르는 발광 다이오드를 실험하던 중 실리콘에 첨가해야 하는 불순물 물질을 1,000배 이상 과도하게 투입했지만, 이를 실험의 실패로 생각하지 않고 지속적인 분석을 통해 터널 현상이라는 새로운 특성을 발견함으로써 노벨 물리학상을 수상하는 영광을 누리게 되었다. 레오 에사키 교수의 노벨상 수상은 일본이라는 섬나라에서도 노력하면 누구나 노벨상을 수상할 수 있다는 자신감을 갖게 해주었고, 2020년까지 일본은 24명의 노벨상 수상자를 배출하게 되었다.

풀러렌은 축구공의 모양을 가지는데, [그림 2.5(c)]에 표시된 것처럼 육각형 모양의 탄소 결정 60개가 결합된 형태이기 때문에 버킷 볼(C_{60})이라고도 부른다. C_{70} 형태로 구성하는 풀러렌은 럭비공의 형태를 가지게 된다. 그래핀은 탄소 원자가 육각형 벌집 모양으로 결합한 평면구조이고 탄소나노튜브는 그래핀이 말려 빨대 같은 구조가 된 물질이다. 그래핀과 탄소나노튜브는 화학적, 물리적, 기계적 특성이 우수하여 차세대 전자소자 소재로 주목받고 있다.

탄소나노튜브는 기계적, 전기적, 열적 특성이 매우 우수해서 나노 복합재료 제조 분야에서 기존의 첨가제를 대체할 수 있는 혁신적인 물질로 여겨지고 있다. 나노튜브의 화학 결합은 흑연과 같은 sp^2 결합만으로 구성된다. sp^2 결합은 알케인, 다이아몬드에서 볼 수 있는 sp^3 결합보다 강하기 때문에 탄소나노튜브는 매우 높은 강도를 가진다.

탄소나노튜브는 벽을 이루고 있는 탄소 원자의 결합 수에 따라 구분한다. 우선 단일벽 나노튜브(single-wall nanotube)는 탄소 원자로 구성된 벽이 하나인 튜브 형태로 전기전도성, 열전도성이 가장 우수하지만, 대량 합성이 어렵고 가격이 높다는 단점이 있다. 탄소 원자로 구성된 벽이 두 개인 이중벽 나노튜브(double-wall nanotube)는 전기전도성과 기계적 특성이 뛰어나다. 마지막으로 다중벽 나노튜브(multi-wall nanotube)는 하나의 튜브에 탄소 원자로 구성된 벽이 여러 겹인 튜브 형태로 전기 및 열적 특성은 다소 떨어지지만, 기계적 특성이 우수하고 제조가 쉬워 응용 범위가 넓다. 이밖에도 단일벽 나노튜브가 여러 개 붙어서 다발을 이룬 튜브 형태인 다발형 나노튜브(rope nanotube)가 존재한다.

국내의 경우는 이영희 성균관대 교수 연구팀이 차세대 전자소자 소재로 주목받는 탄소나노튜브와 그래핀을 [그림 2.6]과 같이 고층건물처럼 다층구조로 만들어 전기를 대

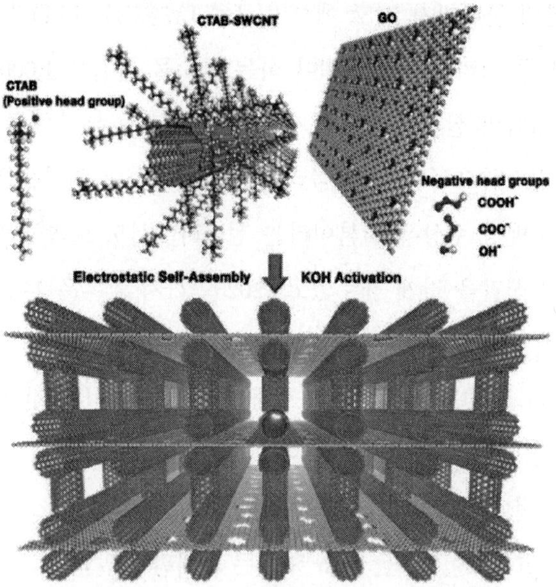

그림 2.6 슈퍼커패시터
(출처: 성균관대 물리학과 이영희 교수팀)

량 저장할 수 있는 초고용량 전기 저장장치(슈퍼커패시터)를 개발하였다.

슈퍼커패시터(Super capacitor)는 용량이 큰 전기 저장장치로 전기자동차나 수소자동차 등 신산업 분야의 핵심기술로 꼽히며, 이온 흡착 성능이 좋은 탄소나노튜브나 그래핀 등 탄소 전극 소재를 활용하는 연구가 세계적으로 진행되고 있다.

제조방법은 수용액 속에서 탄소나노튜브 주위에 고분자 물질(CTAB, 양이온 계면활성제)을 흡착시키고 여기에 그래핀 구조가 들어 있는 산화 흑연을 반응시켜 그래핀 층 사이에 탄소나노튜브가 수직 수평으로 끼어들어 간 3차원 빌딩구조를 만든다. 이런 3차원 물질을 200℃ 이상 처리하면 탄소나노튜브 주위의 고분자 물질이 제거되면서 탄소나노튜브-그래핀 빌딩구조만 남게 되고, 이런 빌딩구조에는 그래핀 사이에 탄소나노튜브가 수직으로 배열돼 있어 이온이 출입할 수 있는 공간이 많기 때문에 이온을 흡착할 수 있는 표면적도 넓어 전기 저장 용량이 크게 증가한다. 따라서 상용화된 리튬이온전지에 버금가는 성능을 보이기 때문에 전기자동차 시장의 실용화에 크게 기여할 것으로 기대된다.

4 탄소섬유

탄소섬유(Carbon Fiber)는 [그림 2.7]에 표시된 것처럼 수많은 탄소 원자가 결정 구조를 이루어 길게 늘어선 분자 사슬로 이루어진 섬유로 직경이 10 μm 내외로 극히 가늘지만, 인장강도와 강성도가 높으며, 고온과 화학 물질에 대한 내성이 우수하고, 열팽창이 적기 때문에 항공기, 자동차, 담배 필터, 각종 스포츠 등에 널리 사용되는 재료이다. 특히, 에폭시 등의 수지와 혼합하여 중합체(플라스틱)로 만든 탄소섬유 강화 중합체(CFRP)의 형태로 많이 이용된다.

탄소섬유는 탄성과 강도가 크기 때문에 흔히 철보다 강하고 알루미늄보다 가볍다. 원료에 따라 폴리아크릴로니트릴(PAN)계, 피치계, 레이온계로 분류되지만, PAN계와 레이온계가 대부분을 차지한다. PAN계의 고품위 품목은 인장강도와 내열성이 강하고 가벼워서 항공기의 동체나 날개 등의 구조재와 골프채나 라켓, 낚싯대의 소재로 사용된다. 피치계는 값이 싸기 때문에 고온단열재나 보강재로 이용되고 있다.

탄소섬유-폴리에테르에테르케톤 복합재료는 PEEK를 기질로 하고 탄소섬유를 강화재로 한 섬유강화 플라스틱(FRP)으로 항공기의 구조재료용의 복합재료로 사용된다.

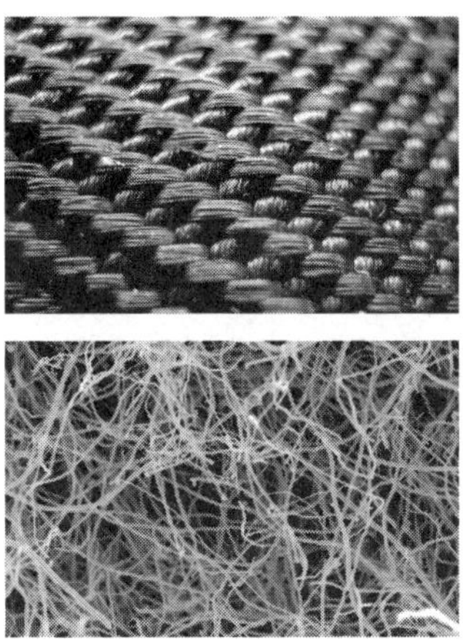

탄소섬유의 구조

탄소섬유를 이용한 방탄복

그림 2.7 탄소섬유의 구조와 활용
(출처: 셔터스톡 / Wikimedia, Liberata Guadagno 외)

연습문제

1 EUV 장비의 용도를 설명하시오.

2 불산(HF)의 용도를 설명하시오.

3 반도체, 도체, 부도체를 정의하시오.

4 반도체 공정에 사용되는 2원소 화합물, 3원소 화합물, 4원소 화합물을 설명하시오.

5 갈륨비소의 전기적인 특성을 설명하시오.

6 GaN, SiGe의 특성을 설명하시오.

7 탄소 풀러렌과 탄소나노튜브를 설명하시오.

8 슈퍼커패시터의 용도에 대해 설명하시오.

9 탄소섬유의 특성에 대해 설명하시오.

3장

이산 소자와 나노 반도체 소자의 집적공정 기술

1. 이산 소자와 집적 회로 소자
2. CMOS 제조공정 기술과 스케일링
3. CMOS 제조공정

1 이산 소자(discrete element)와 집적 회로 소자(Integrated Circuit element)

[그림 3.1]에는 950 MHz에서 1.9 GHz 사이의 고주파(radio frequency, RF) 신호에서 동작하는 핸드폰의 기본 구동 회로 칩의 표준 설계도가 표시되어 있다. 회로도에 표시된 것처럼 전자회로는 아날로그 회로(analog circuit)와 디지털 회로(digital circuit)로 구분된다. 아날로그 회로는 직류전류, 교류전류, 직류와 교류가 중첩되는 경우, 직류성 맥류에서 동작하도록 설계되는데, 일반적으로는 이를 선형 회로라고 부르기도 한다. 아날로그 회로로 동작하는 전자제품의 예로는 라디오 전송기(radio transmitters) 및 수신기(receivers), 오디오 녹음기, 플레이백 시스템, X선 기계, 자동차 점화장치(automotive ignition systems) 등이 있다.

전자회로는 전력을 소비하기 때문에 수동 소자라고 불리는 3대 수동 소자 저항(R), 인덕터(L), 커패시터(C)와 전력을 증폭하는 기능을 가지기 때문에 능동 소자라고 불리는 다이오드(diode), 트랜지스터(Transistor, TR), 전계 효과 트랜지스터(Field Effect TR, FET), 금속 산화물 전계효과 트랜지스터(Metal Oxide Semiconductor FET, MOSFET),

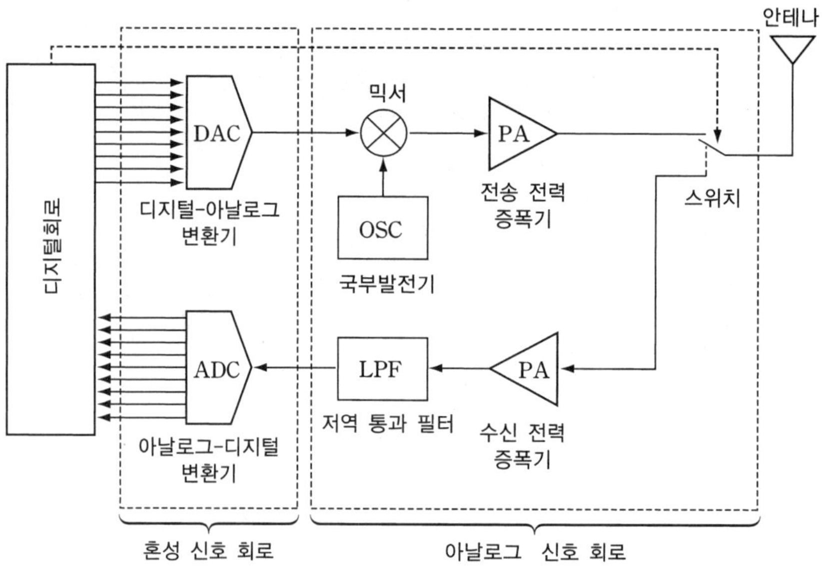

그림 3.1 핸드폰의 기본 구성회로

CMOS(Complementary MOSFET)로 구성된다.

ASIC(Application Specific Integrated Circuit)이라고 부르는 SVLSI(Super Very Large Scale IC)나 ULSI(Ultra Large Scale IC) 급 나노 반도체 소자는 [그림 3.2]에 표시된 것처럼 옹스트롬(A^O) 단위의 두께로 증착되는 다양한 형태의 박막(thin film)제조 공정 기술을 사용해서 다층 구조로 제작된다. 현재 삼성전자와 SK 하이닉스 반도체와 같은 국내 반도체 회사와 대만의 TSMC, 미국의 마이크론, 인텔과 같은 회사의 메모리칩은 176층 기술을 상용화하고 있고, 삼성전자가 2024년 상용화 전략을 세우고 있는 3나노 기술이 적용된다면 256층의 적층이 가능할 것으로 예상된다.

현재 노트북과 컴퓨터의 하드 디스크는 대부분 SSD로 교체되는 추세에 있다. SSD의 사용으로 인해 데이터의 저장 속도가 급속히 증가하여 영화 한 편을 다운로드하는 데 1분에서 2~3분 정도면 가능할 정도이다. 또한, 소비전력 역시 급격하게 감소하여 한 번 충전으로 일주일 이상에서 심지어는 한 달을 사용할 수도 있을 정도이다.

손톱 크기(가로세로 5 mm 정도)의 면적에 수억 개에서 수십억 개의 트랜지스터가 집적되는 나노급 반도체 소자를 제조하기 위해서는 [그림 3.2]에 표시된 것처럼 CMOS 소자를 이용해서 다층 구조로 칩을 설계하는 것이 가장 효과적이다. 과거 개인용 이동식 저장장치인 USB의 메모리 저장능력이 수백 MB였다면 현재는 1 TB 정도로 저장능력이 증대되었고, 삼성전자의 갤럭시21이나 아이폰13의 경우 메모리 저장능력이 256 GB를 넘어 512 GB까지 확장되어 향후 수년 이내에는 1 TB까지 늘어날 수 있을 것으로 예측되는데, 이 역시 나노급 반도체 소자의 영향으로 분석된다.

[그림 3.2(a)]는 인접한 배선 쌍(wire pair)을 표시하고 있다. 배선은 폭이 ω, 길이 l, 두께 t, 이웃 간 간격 s, 아래의 도전 층 사이에 높이 h의 유전체가 있다. 폭과 간격의 합을 피치(pitch)라 부른다. 두께 대 폭의 비율인 t/ω는 외관비(aspect ratio)라고 정의한다. [표 3.1]에는 다양한 형태의 금속 배선 물질이 가지는 고유저항 특성이 표시되어 있다.

ULSI 회로에서 상호 연결(interconnect) 저항과 기생하는 커패시턴스가 증가되고 ULSI의 소자 밀도가 증가하기 때문에 신호의 전파는 느려지게 된다. 웨이퍼 제조 기술에서 최근에 주목해야 할 변화는 상호 연결 금속 저항(ρ)의 감소이다. 전도성이 좋은 금속인 구리로 알루미늄 합금을 대체하면서 상호연결 저항이 감소하였으며, 서브 미크론의

(a)

(b)

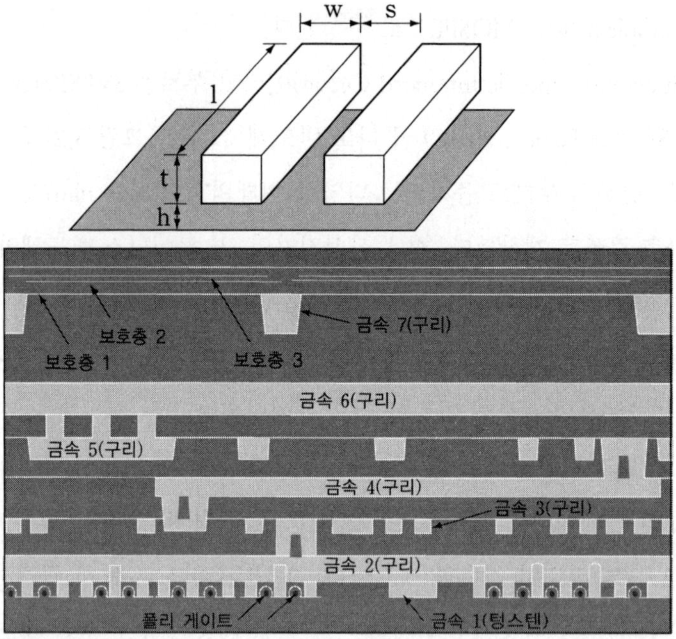

그림 3.2 (a) 금속 배선의 상호 연결, (b) 다층 구리 배선의 구조

선폭을 갖는 낮은 k를 갖는 층간 유전체가 필요하게 되었다. 유전 상수를 낮추는 것이 신호 지연의 원인인 기생 커패시턴스를 감소시키게 된다.

표 3.1 실리콘과 선택된 금속 배선 물질의 저항률(25℃)

재료	융점(℃)	저항률(μΩ−cm)
실리콘(Si)	1,412	≅10
도핑 처리된 폴리실리콘	1,412	≅500～525
알루미늄(Al)	660	2.65
구리(Cu)	1,083	1.678
텅스텐(W)	3,417	8
티타늄(Ti)	1,670	60
탄탈륨(Ta)	2,996	13～16
몰리브덴(Mo)	2,620	5
백금(Pt)	1,772	10

2 CMOS 제조공정 기술과 스케일링

CMOS는 동일한 집적 회로 안에 nMOS와 pMOS를 넣은 것이다. 소비전력 효율(power efficiency)의 결합과 설계 스케일링 기술, 제조공정의 향상은 CMOS를 1980년대 초 가장 인기 있는 반도체 소자 제조 기술 중 하나였다. 스케일링(Scaling)이란 말은 보통 소형화뿐만 아니라 향상된 동작 수행을 얻기 위해 현재 IC의 전체 부피나 동작전압을 줄이는 수축(Shrinking) 과정을 묘사하는 데에도 쓰인다. 모든 차원과 전압을 회로 설계와 배치 단계에서 집적 회로 설계자에 의해 선택된 모델의 사용을 통해서 조화롭게 감소시켜야 한다.

간단한 CMOS 인버터 회로의 개략적인 회로도가 [그림 3.3]에 나타나 있다. 회로도는 두 트랜지스터의 게이트가 서로 연결되어있는 것을 보여준다. 이 게이트들은 인버터에 단일 입력으로 사용되며, 인버터의 출력은 서로 결합된 두 드레인의 외부에 있다. n-채널 트랜지스터의 소스가 접지되는 것과는 다르게 p-채널 트랜지스터의 소스가 바이어스 전압 V_{DD}에 연결된다.

CMOS에 입력된 신호는 출력에서 반전된 형태로 나타난다. 정상 동작은 입력신호가 positive인 동안 n-채널 동작을 하고, negative인 동안에는 p-채널로 동작하는 것이다. CMOS 인버터 회로의 효율은 입력신호가 0에서 과도기 동안에 발생된다.

CMOS 제조공정은 식각 공정, 포토리소그래피 공정, 이온 주입 공정, CVD 공정, CMP 공정, 세정 공정 등을 거쳐서 완성된다. CMOS로 구성되는 논리 회로들은 MEAD-CONWAY 설계 규칙에 따라 레이아웃한 표준 설계도면은 [그림 3.4]처럼 나타낼 수 있다.

[그림 3.5]는 1bit full adder 회로 설계도를 표시하고 있다. 순서대로 논리 게이트 회로, 트랜지스터 레벨로 표시된 회로도, CMOS로 구성된 또 다른 회로도, 초기의 레이아웃, 수정된 최적화된 레이아웃을 나타내고 있다.

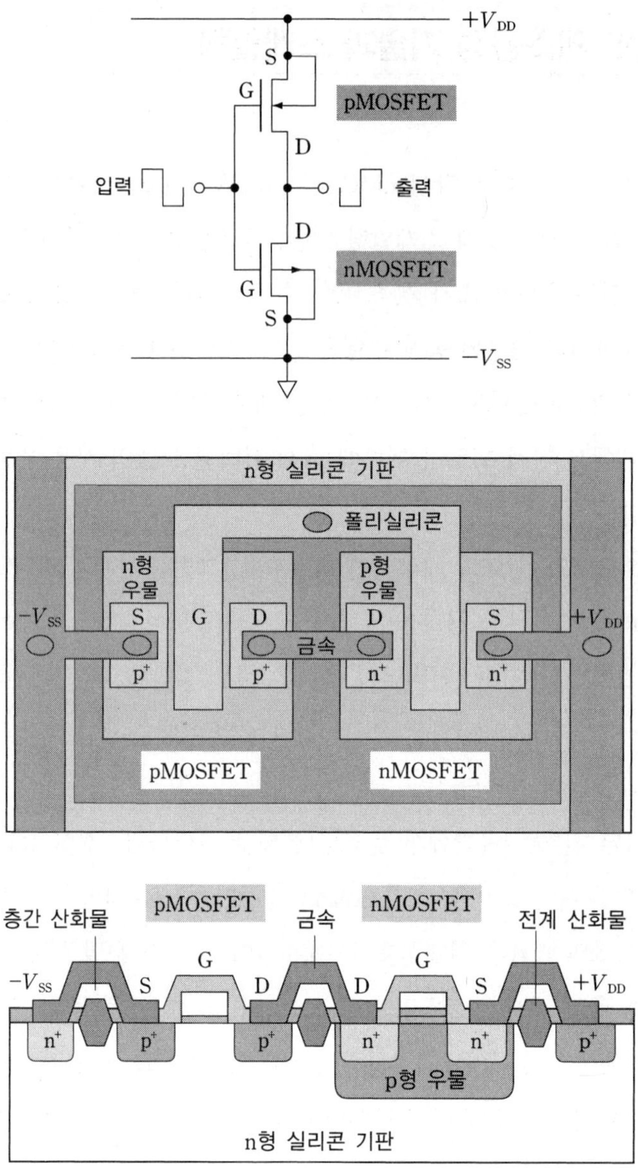

그림 3.3 CMOS 인버터의 개략적인 회로도와 단면도

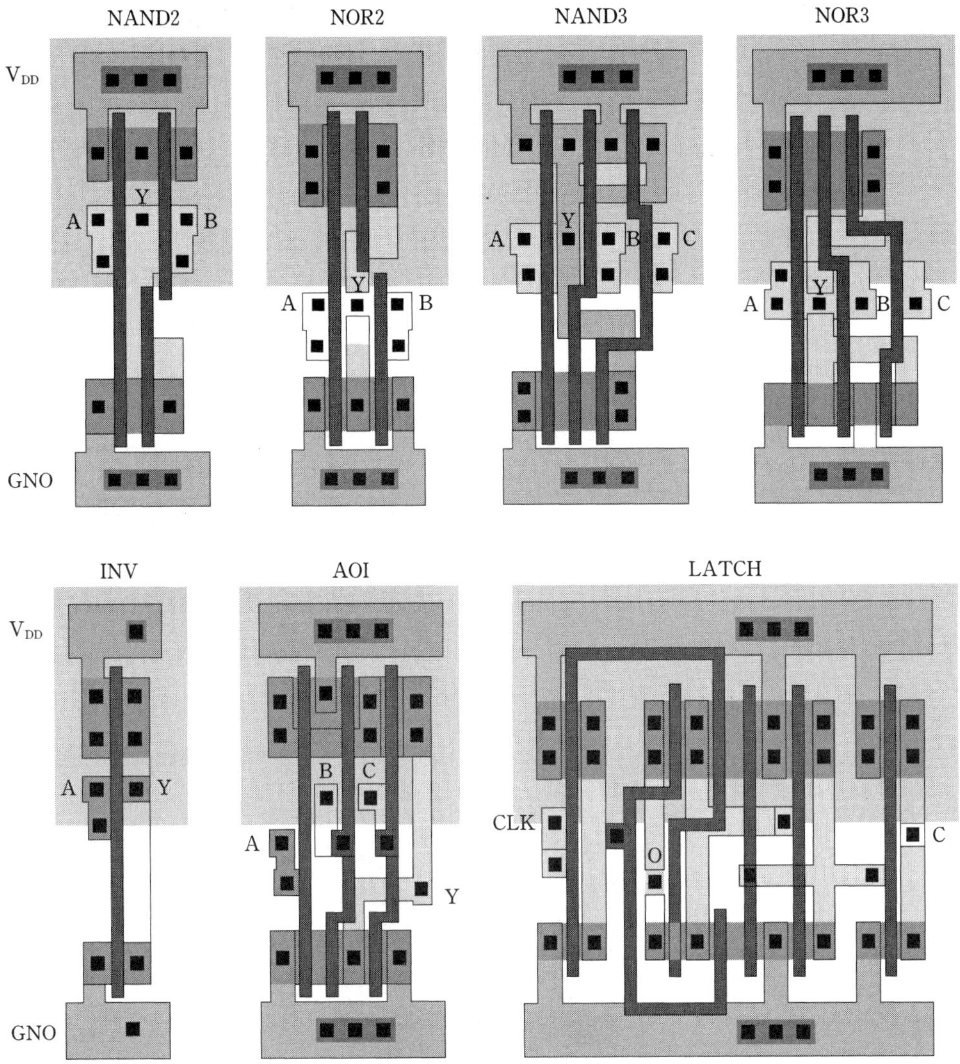

그림 3.4 논리 게이트의 표준 셀 레이아웃

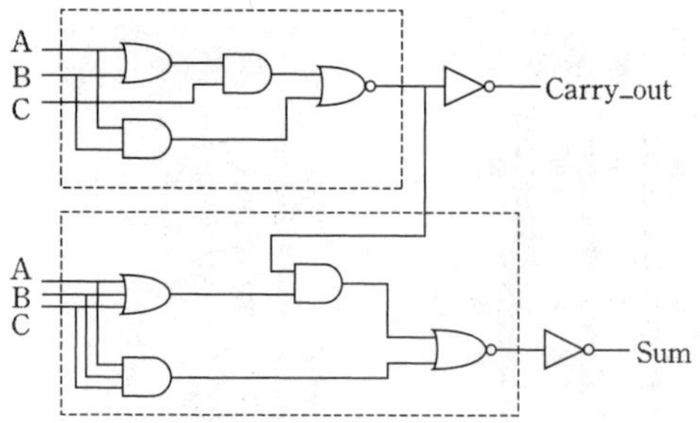

논리 게이트 회로

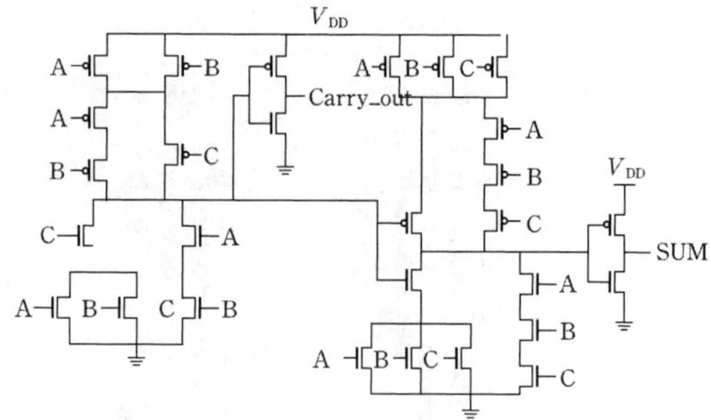

트랜지스터 레벨 회로도

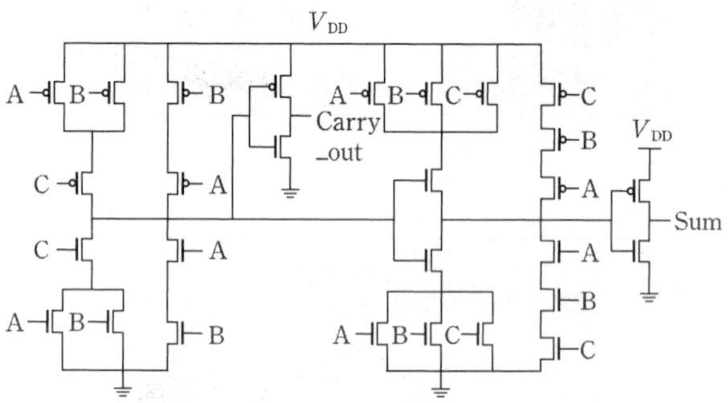

CMOS로 구성된 또 다른 회로

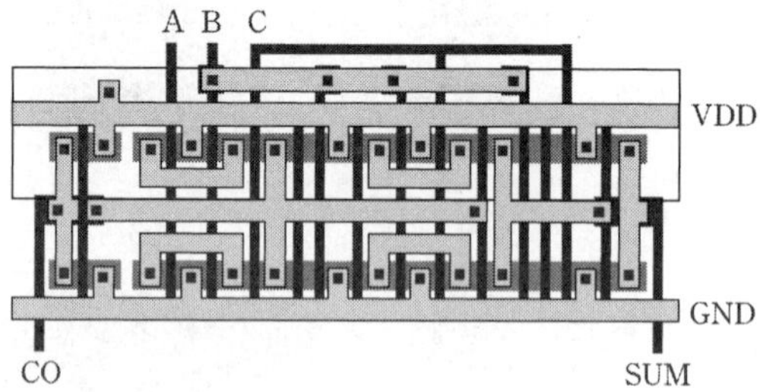

초기의 레이아웃

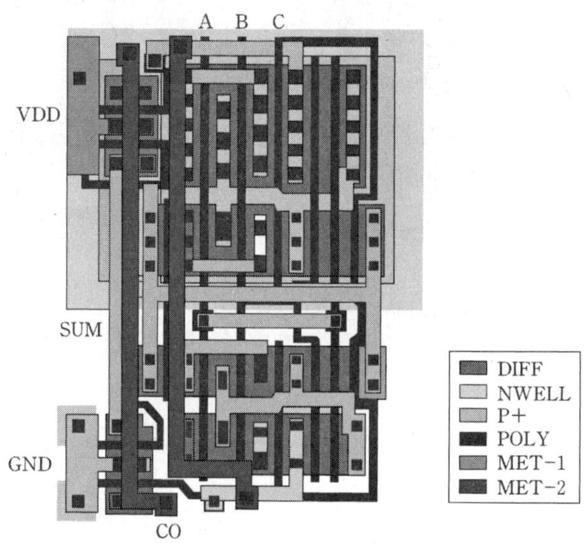

수정된 최적화된 레이아웃

그림 3.5 1bit full adder

3 CMOS 제조공정

고밀도 집적 회로 소자를 제작하기 위해서는 대략 6주에서 8주 정도의 공정시간이 소요되고, 대략 400개 이상의 공정 단계를 거쳐야 완전한 제조공정이 완성된다. 제조 공정의 CD(critical dimension, 임계 차원)가 μm에서 nm로 축소됨에 따라 공정의 복잡도 역시 증가하게 되었다. 최근의 10 nm 기술이 적용되는 경우 128층 적층 기술이 상용화된 상태이고 일부 제조업체의 경우에는 176단 적층 기술까지도 시험 제작을 시행하고 있다.

[그림 3.6]은 단일 MOS 트랜지스터의 제조공정을 간략한 흐름도로 표시한 것이고, 나노 반도체급 CMOS IC 제조공정은 [그림 3.7]에 표시된 것처럼 크게 6개의 영역으

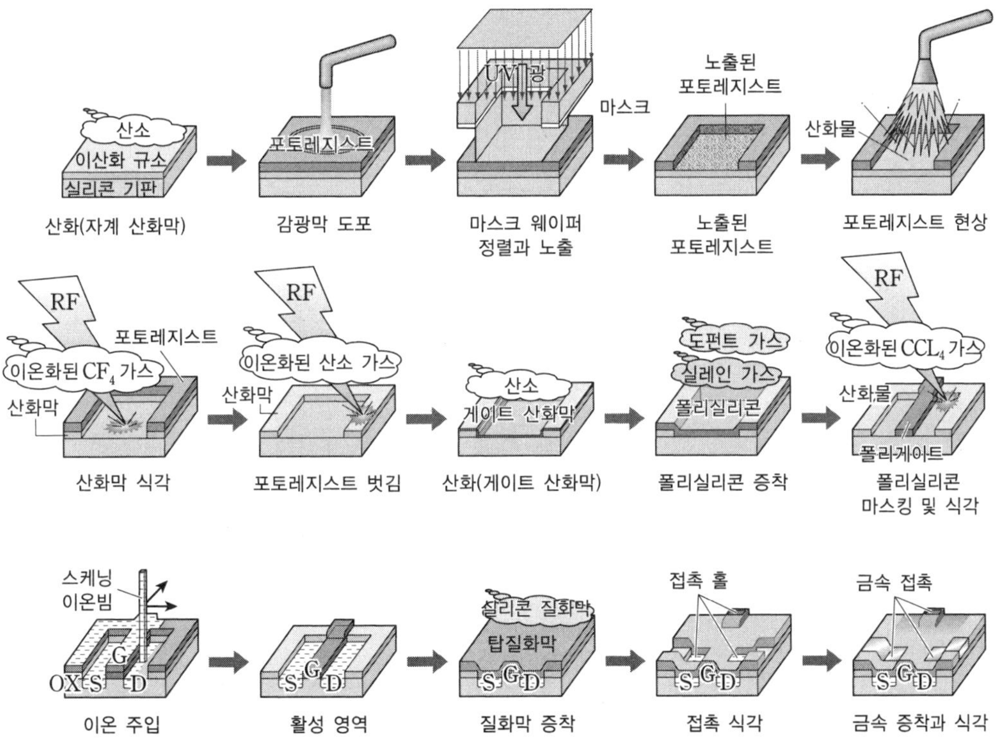

그림 3.6 MOS 트랜지스터 제조공정의 흐름도

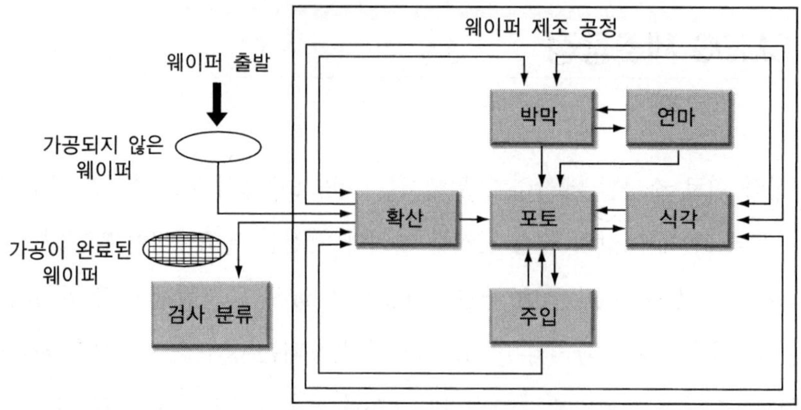

그림 3.7 CMOS IC 제조공정의 블록도

로 분류된다.

확산 영역(diffusion bay)은 고온 공정과 막 증착(film depositions)이 수행되는 영역이다. 확산 영역의 첫 번째 도구(tool)들에는 고온 확산로(furnace)와 습식 세정기(wet cleaning station)가 포함된다. [그림 3.8]에 표시된 고온 확산로는 대략 1,200℃ 근처에서 동작하고 산화, 확산, 증착, 어닐링(anneals), 합금과 같은 다양한 공정을 실행할 수 있도록 구성되어있다. 웨이퍼가 확산로 속으로 삽입되기 전에 웨이퍼 표면 위에 생성된 자연 산

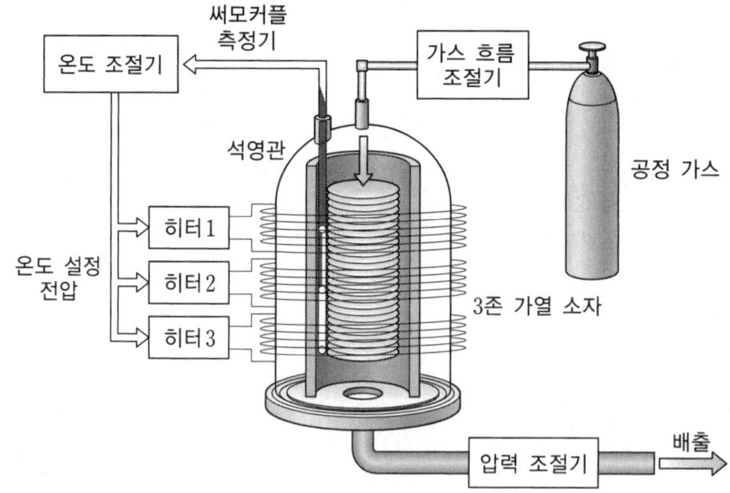

그림 3.8 수직 고온로의 개략도

화막과 오염을 제거하기 위해서 웨이퍼들은 반드시 세정 과정을 거쳐야 한다.

포토리소그래피(사진 석판 기술) 영역은 생산 영역에서 노란색의 형광 관(yellow fluorescent tubes)을 통해 빛을 강화하기 때문에 다른 제조설비 영역과 차이점을 가진다. 포토리소그래피의 목적은 웨이퍼 표면에 코팅된 포토레지스터(감광 물질) 위에 회로패턴의 이미지를 '사진 찍게(photograph)' 하는 데 있다. 포토레지스트는 자외선의 노출로부터 마스크 패턴의 이미지를 포획하는 빛에 민감한 화학 물질이다.

포토레지스트는 자외선과 백색광과 같은 빛의 파장에는 확실히 민감하지만, 노란빛의 파장에는 영향을 받지 않는다. 외막 현상 트랙(coater/developer track)은 포토리소그래피에서 수많은 동작을 수행하기 위한 클러스터 도구로 사용된다. 이런 도구들은 로봇을 이용하여 웨이퍼를 준비하고, 포토레지스트를 코팅하고, 포토레지스트가 부드럽

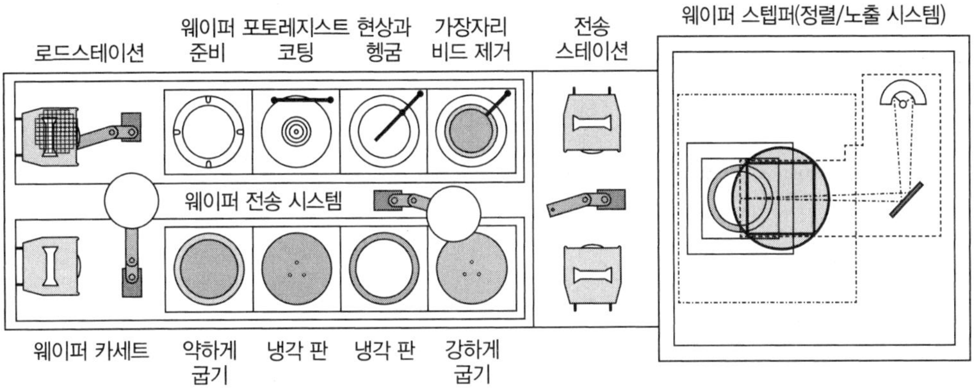

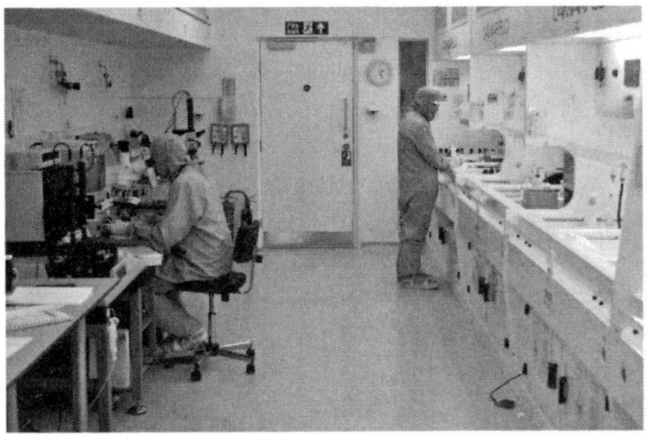

그림 3.9 포토리소그래피 공정 모듈의 개략도와 공정실 사진
(출처: Wikimedia, UCL Mathematical and Physical Sciences from London)

게 코팅되도록 웨이퍼를 회전시키고, 웨이퍼를 굽고, 감광물질이 코팅된 웨이퍼를 정렬시키고 노출시키기 위해 전송을 수행한다. [그림 3.9]에는 포토리소그래피 공정 모듈의 개략도와 공정실 사진을 나타내고 있다.

식각 공정은 포토레지스트 패턴에 의해서 보호되지 않는 영역에서 웨이퍼에 영구적인 패턴을 발생시킨다. 식각 영역에서 가장 많이 사용되는 도구들은 플라스마 식각, 플라스마 레지스트 제거기, 습식 세정기 등이 있다. 특별한 경우에 사용되는 습식 식각을 제외하고는 오늘날 대다수의 식각 과정들은 [그림 3.10]에 표시된 것처럼 건식 플라스마 식각을 이용한다.

이온 주입기(ion implanter)는 미크론 이하의 공정에서 웨이퍼의 도핑에 가장 널리 사용되는 도구이다. 가스들은 이온 주입기 안에서 이온화되는 비소(arsenic, As), 인(phosphorus, P), 붕소(boron, B)와 같은 불순물들을 운반한다. 이온들을 가속시키고 제어하는 데 고전압과 자기장이 사용된다. 불순물의 높은 에너지는 레지스트가 코팅된 웨이퍼의 표면을 통과하게 된다. 이온 주입이 완료되면 포토레지스트는 제거되고 웨이퍼는 세척된다. [그림 3.11]은 이온 주입기의 개략도이다.

박막(thin film) 영역은 제조공정의 다른 단계가 진행되는 동안 금속층(metal layer)과 절연층(dielectric layer)들을 증착시키는 데 가장 중요한 역할을 한다. 박막 영역에서의

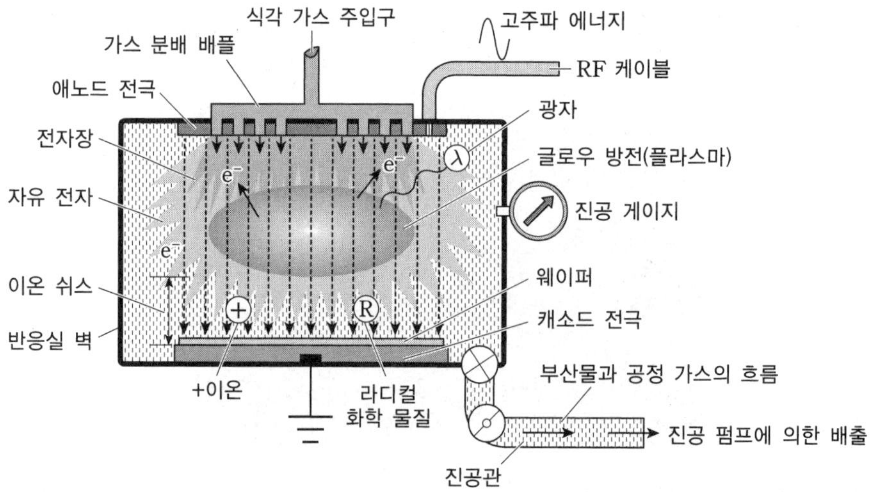

그림 3.10 건식 플라스마 식각기의 개략도

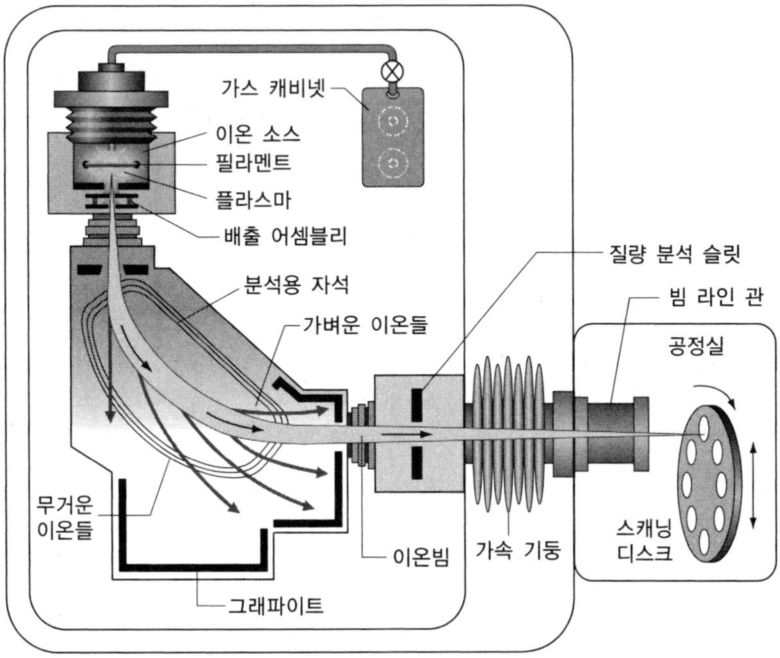

그림 3.11 이온 주입기의 개략도

공정은 확산 영역에서 사용되는 고온로(furnaces)보다 저온에서 동작한다. 이런 영역에는 많은 다양한 도구들이 사용된다. 모든 박막 증착 장비는 화학적 기상 증착(CVD, chemical vapor deposition)과 금속 스퍼터링(sputtering) 기술인 물리적 기상 증착(PVD, physical vapor deposition)을 포함하는 중간의 진공 상태보다 낮은 조건에서 동작한다.

박막제조공정 영역에서 사용되는 또 다른 장비들로는 SOG(spin-on-glass) 시스템, RTP(rapid thermal processor) 시스템, 습식 세정기 등이 있다. SOG는 아래쪽 영역을 채워서 웨이퍼의 표면을 평탄화하기 위한 목적으로 사용된다. 급속 열처리 공정(RTA)은 실리콘 회로 기판의 이온 주입 손상과 금속 합금 공정 과정의 어닐링(단련)을 위해 사용된다. [그림 3.12]에는 CVD 클러스터 도구와 공정실의 개략도를 나타내고 있다.

CMP(화학적인 기계의 평탄화) 공정의 목적은 웨이퍼의 아래쪽 표면 지역의 레벨과 상측의 위상을 낮추어 줌으로써 웨이퍼의 위쪽 표면을 평탄화하는 데 있다. CMP는 공정을 어렵게 만들게 되는 웨이퍼 표면들을 최소화한다. CMP 영역에서의 최초의 사용 도구로 연마(광택)기를 사용하기 때문에 이런 공정은 연마로 간주한다. CMP는 웨이

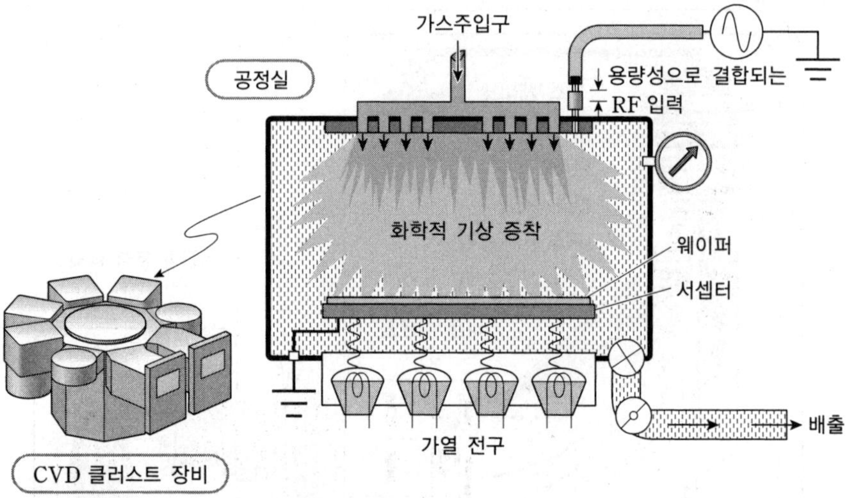

그림 3.12 CVD 클러스터 도구와 공정실의 개략도

퍼의 상부층을 원하는 만큼 제거하기 위해 화학적인 식각과 기계적인 연마를 조합해서 사용한다. CMP를 보조하는 또 다른 도구들은 [그림 3.13]에 표시된 것처럼 웨이퍼 세광기(scrubbers), 세정기, 도량학적 도구들이 있다.

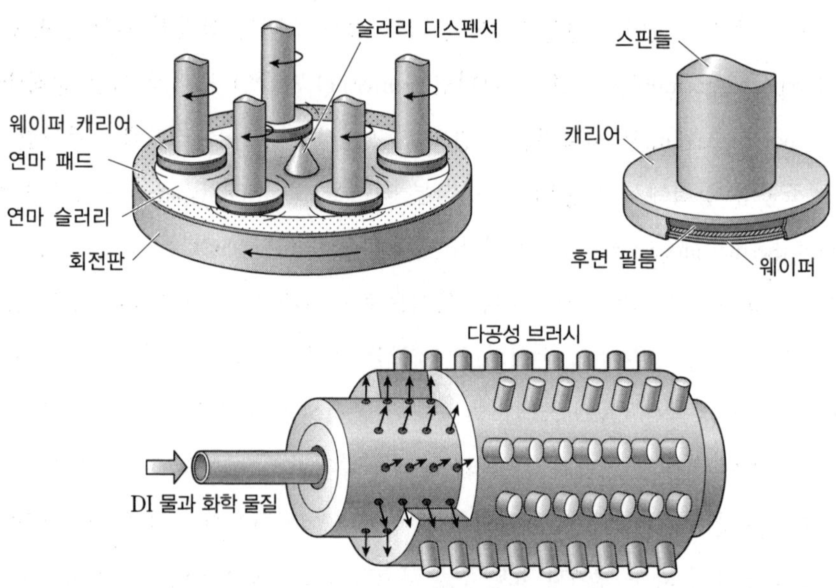

그림 3.13 CMP 도구의 모식도

1 RF 신호에서 동작하는 핸드폰의 기본 구동 회로 구성을 설명하시오.

2 외관비(aspect ratio)에 대해 설명하시오.

3 수축(shrinking)의 의미를 설명하시오.

4 Mead-Conway 설계규칙을 설명하시오.

5 1 bit 전가산기 회로를 논리도와 스틱도를 사용해서 설명하시오.

6 CMOS 소자 제조공정을 블록도를 사용해서 설명하시오.

7 수직 고온로의 개략적인 구성에 대해 설명하시오.

8 포토리소그래피의 목적을 설명하시오.

9 건식 플라스마 식각기의 개략적인에 대해 설명하시오.

10 이온 주입기의 개략적인 구성에 대해 설명하시오.

11 CVD, 스퍼터링, PVD 공정에 대해 설명하시오.

12 CMP에 대해 설명하시오.

4장

나노 반도체 품질 측정 장비와 분석 장비

1. 나노 반도체 품질 측정
2. 주사 전자 현미경과 투과 전자 현미경

1 나노 반도체 품질 측정

칩의 성능을 증가시키기 위해 임계 차원이 마이크로 스케일에서 나노 스케일로 변화하면서 칩의 제조공정은 더욱 복잡해지고 공정상 발생되는 결함 역시 지속적으로 증가하고 있다. 칩을 파괴시키는 중대한 결함을 감소시키기 위해서 오염 물질들은 칩 제조 공정에서 분자 단위 레벨로 제어된다.

공정 기술의 혁신적인 개선과 함께 공정 장비의 개발도 함께 이루어졌다. 여하튼 집적 회로 설계의 목표는 더 저렴한 가격으로 더 높은 기능을 가지는 신뢰성 있는 칩을 생산 및 판매하는 것이다. 이런 목표를 만족하지 못한다면 치킨 게임이 가장 심각하게 적용되는 반도체 시장에서 살아남기 어렵게 된다. 마치 63빌딩이나 123층의 롯데월드 타워를 건설하기 위해 기초를 튼튼히 쌓아야 하는 것과 같다. 최근 삼성전자나 SK 하이닉스의 적층 기술은 이미 128단을 넘어서고 있고, 128단을 3층으로 다시 겹쳐 쌓는 기술을 상용화하고 있다. [그림 4.1]처럼 다양한 형태의 도량형학 장비가 웨이퍼 품질 측정을 위해 사용되고 있다.

웨이퍼 제조공정은 다층 공정으로 이루어지기 때문에 웨이퍼 표면에는 금속막, 절연체막, 포토레지스트막, 폴리실리콘막과 같은 수많은 다른 형태의 막(film)이 존재하게 된다. 신뢰성 있는 칩을 생산하기 위해 우수한 수율을 갖는 제조공정에 있어서 이런 막의 품질 측정은 필수적이다. 막의 품질을 결정하는 주요 파라미터(매개변수)는 막의 두께(thickness)이다. 생산 공정에 의한 웨이퍼 제조에서의 품질 측정에는 [표 4.1]에 표

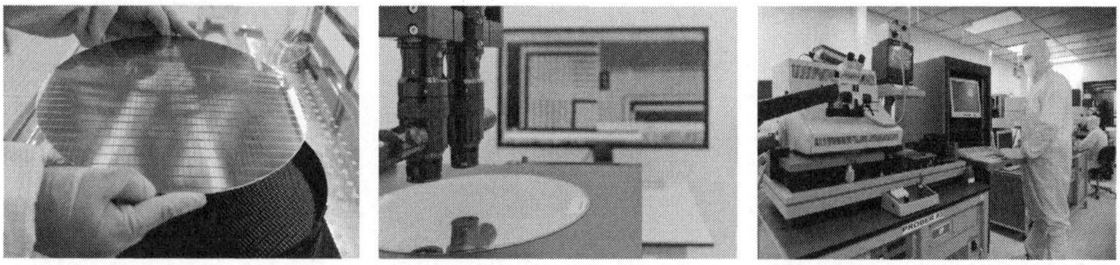

그림 4.1 웨이퍼 측정 사진
(출처: Shutterstock)

표 4.1 생산 공정에 의한 웨이퍼 제조에서의 품질 측정 파라미터

	품질 측정	주입	확산*	박막		광택	식각	포토
				금속	유전체			
1	박막 두께		√	√	√	√	√	√
2	시트 저항	√	√	√				
3	막 응력		√	√	√			
4	굴절률		√		√			
5	불순물 농도	√	√					
6	패턴화되지 않은 표면 결함	√	√	√	√	√	√	
7	패턴 표면 결함						√	√
8	임계 차원(CDs)						√	√
9	계단 범위(Step Coverage)					√	√	
10	중복 인쇄 (Overlay Registration)							√
11	커패시턴스-전압		√					
12	접촉각							√

* 확산은 산화, 증착, 확산, 어닐링, 함금 등의 공정 속에 포함된다.

시된 파라미터들이 포함된다.

시트 저항을 측정하기 위해서는 4탐침(four-point probe)법이 사용된다. 4탐침법은 [그림 4.2]에 표시된 것처럼 웨이퍼 표면에 동일한 거리를 두고 일렬로 평행하게 접촉하는 4개의 직렬 탐침을 사용한다. 두 개의 내부 탐침은 양단에 나타나는 전위차를 측정하고 바깥쪽 두 개의 탐침 사이를 통과해 흐르는 전류를 측정한다. 이런 접근 방식으로 접촉 저항의 영향을 무시할 수 있다. 탐침(s) 사이의 공간 간격은 웨이퍼의 직경 및 막의 두께보다 작아야만 한다. 박막의 고유 저항은 4탐침의 전류와 전압에 의해서 결정된다.

$$\rho_s = \frac{V}{I} \times 2\pi s \ \ (ohms\text{-}cm)$$

여기서 ρ_s = 시트 고유 저항[ohms-cm], V = 전압 탐침 양단에 나타나는 전압[volts], I = 전류 탐침을 통해 흘러가는 직류 전류[amperes], s =탐침 사이의 공간을 의미한다.

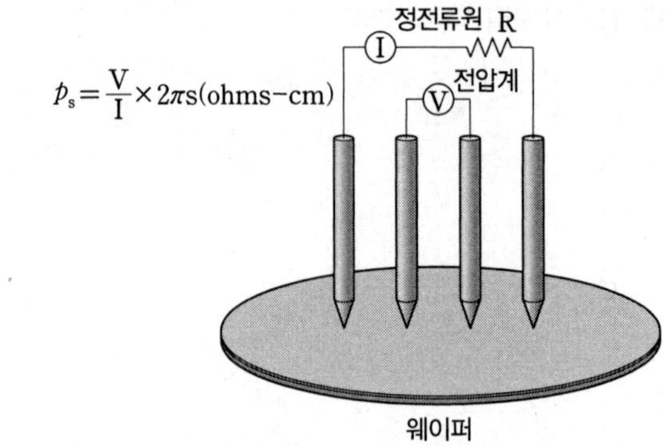

그림 4.2 4탐침법

만약 탐침의 압력과 전류의 수준을 결정하는 데 중점을 둔다면, 4 탐침을 이용한 측정에서 고유 저항은 ±2% 이내로 편차를 감소시킬 수 있다. 4탐침은 비파괴 측정법이다(즉, 웨이퍼는 측정이 이루어진 이후에도 영구적인 손상을 입지 않는다). [그림 4.3]에 표시된 것처럼 자유로운 형태를 띤 샘플의 주위에 4개의 탐침을 사용하여 표면 고유 저항을 측정하는 방법은 Van der Pauw 방식이다. 이 방식은 사각형 형태의 두 모서리에서 전류를 측정하고 다른 두 곳에서 전압을 측정하는 것을 토대로 한다. 측정 결과는 4탐침법을 사용하여 측정한 값과 같다.

타원 편광 분석법(ellipsometry)은 얇고 투명한 막(transparent films)을 측정하는 데 사용되는 비파괴적, 비접촉적인 광학 막 두께 측정법이다. 웨이퍼 제조공정에서 막 두께 측정을 목적으로 하는 중요한 측정법이다. 타원 편광 분석법의 기본적인 원리는 [그림

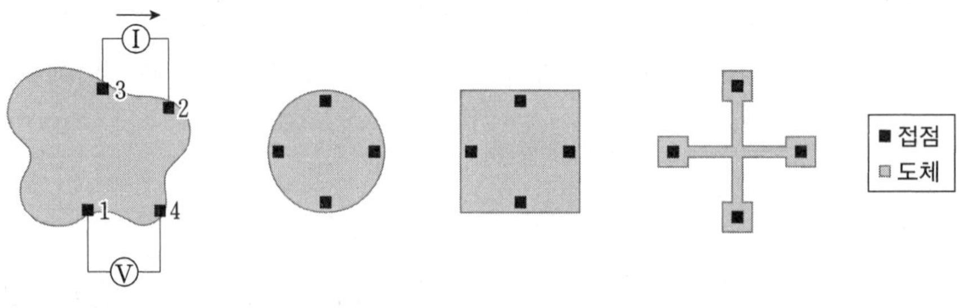

그림 4.3 Van der Pauw 시트 저항 측정법 $\rho = \frac{\pi d}{\ln 2} \times (\frac{R_{12,34}+R_{23,41}}{2}) \times F(Q)$, $R_{12,34} = \frac{V_{12}}{I_{34}}$, $R = \frac{V_{23}}{I_{41}}$, $R = \frac{1}{4}(\frac{V_{12}}{I_{34}} + \frac{V_{23}}{I_{41}} + \frac{V_{34}}{I_{12}} + \frac{V_{41}}{I_{23}})$ [ohms/square, 혹은 $\frac{\text{ohm}}{\square}$], $R_2 = \frac{\pi}{\ln 2} \times R = 4.53 \times R$ [ohms/square, 혹은 $\frac{\text{ohm}}{\square}$]

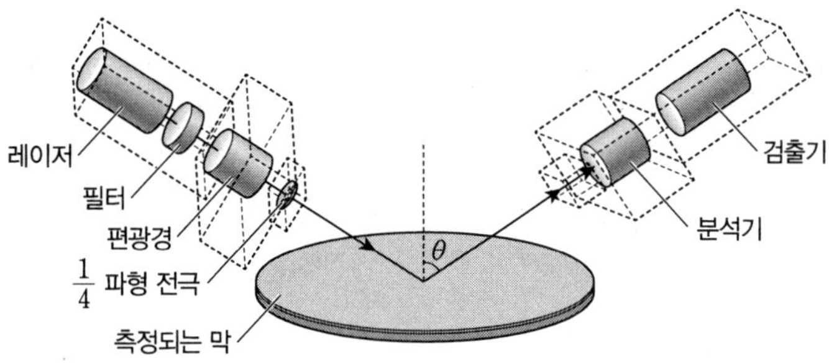

그림 4.4 타원 편광 분석법의 기본 원리

4.4]에 표시된 것처럼 선형의 편광원을 사용하는 것이다. 선형의 편광원이 샘플로부터 반사되었을 때 타원형의 편광이 된다. 모든 광선으로 구성된 편광은 하나의 평면에서 이동하여 방사한다. 타원 편광 분석법은 반사된 타원 편광의 형태를 측정한 뒤, 반사각(reflection angle)처럼 이미 알고 있는 입력값을 토대로 정확하게 막의 두께를 결정한다. 또한, 타원 편광 분석법은 막의 재료로써 활용될 더 많은 측정 샘플을 제공하기 위해 일반적으로 변화되는 빛의 입사각을 이용한다.

X선은 표면에서 초점을 맞출 수 있고 X선 편광(XRF)으로 알려진 비교적 덜 사용된 기술을 통해 막의 두께를 측정하는 데 사용될 수 있다. X선 광선이 필름에 충돌하면, 방사된 빛이 막에 흡수되면서 막 내의 전자들을 들뜨게(excite) 한다. 들뜬 전자들은 다시 저에너지 상태(바닥 상태)로 떨어지면서 막 원자와 동일하게 표현되는 에너지를 갖는 X선 광자(형광으로 알려진)를 발산한다. [그림 4.5]에 표시된 것처럼 이런 X선 광자를 측정하여 막의 두께를 결정할 수 있다. 측정법을 변형하여 전반사 XRF(TRXRF)(형광 분석기)를 사용할 수도 있는데, 이는 측정 감도를 향상시키려고 작은 각을 사용하여 X선의 산란량을 감소시키는 것이다.

금속 박막의 측정에는 비접촉 방식 기술인 광음향 측정법이 사용된다. 이 기술은 막 스택에 유도되어 음향 펄스를 발생하는 광 유도(light-induced) 음향 펄스를 기초로 한다. 음향 펄스가 표면과 아래에 있는 막의 접촉면에 부딪히면, 표면 방향으로 돌아오는 반향이 만들어진다. 이런 반향은 [그림 4.6]에 표시된 것처럼 웨이퍼 표면에서 보이는 반사율에 따라 약간의 변화를 발생시킨다.

때에 따라서는 열 음파복사 시스템을 사용하거나 프로브를 이용해서 분포 저항을 측

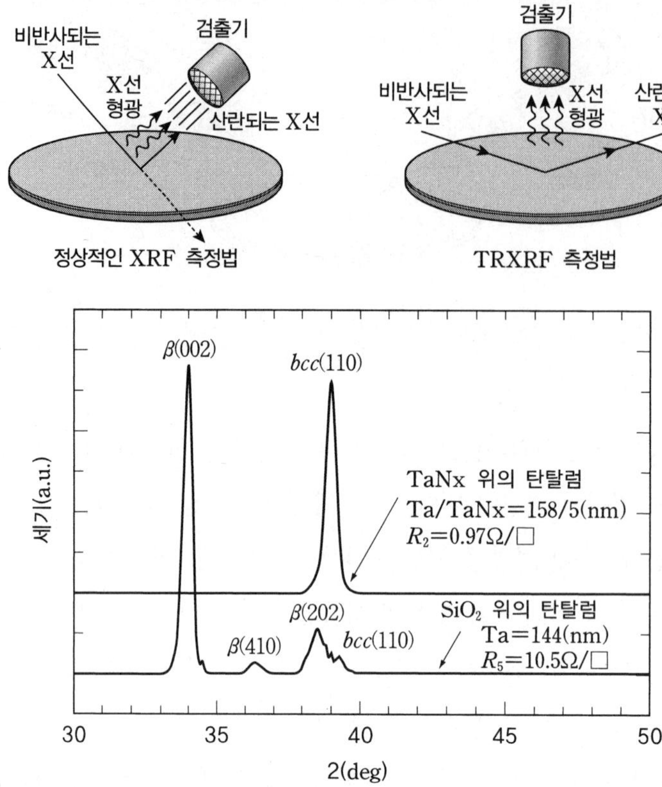

그림 4.5 XRF를 이용하여 측정한 탄탈럼 박막의 두께와 결정 구조

정하기도 한다. 빛의 산란 현상을 이용해서 웨이퍼 표면의 결함을 검사할 수도 있는데, 이때 이용되는 되는 방법이 [그림 4.6]에 나타나 있다.

광학 현미경은 반도체 제조에서 발생하는 웨이퍼 표면의 결함인 미립자와 긁힘 등을 관측하기 위해 널리 사용되어왔다. 광학 현미경은 일반적으로 1,000배 이내의 적은

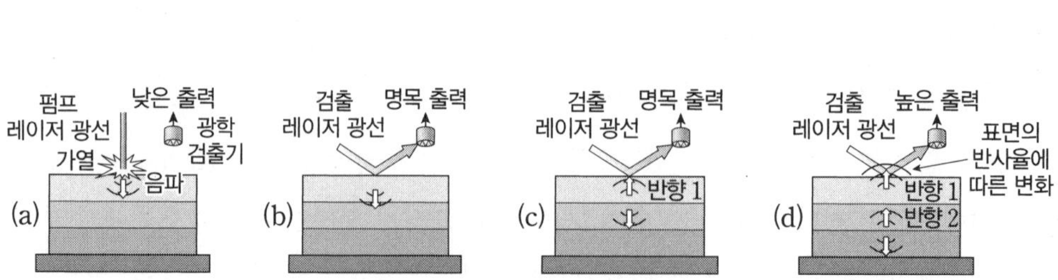

그림 4.6 광음향 기술에 의한 금속 박막 측정

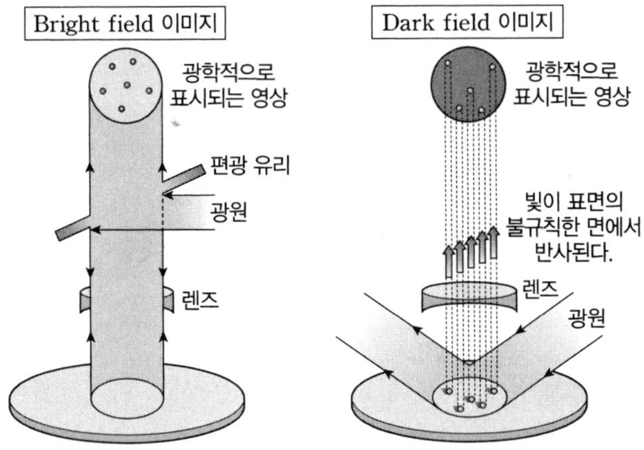

그림 4.7 Dark field 이미지와 Bright field 이미지 탐지법

배율로 웨이퍼를 관찰하는 데 사용된다. 과거의 광학 현미경 검사법은 마이크론 이하의 범위에서는 실행할 수 없었다. 기하학적인 장치의 소형화와 함께 수년에 걸쳐 광학 현미경의 기능도 향상되어 더 작은 크기의 중대 결함도 측정할 수 있게 되었다. 사용되는 광학 시스템의 종류에 따라 현재는 0.1 μm 이하의 입자 결함까지 검출할 수 있게

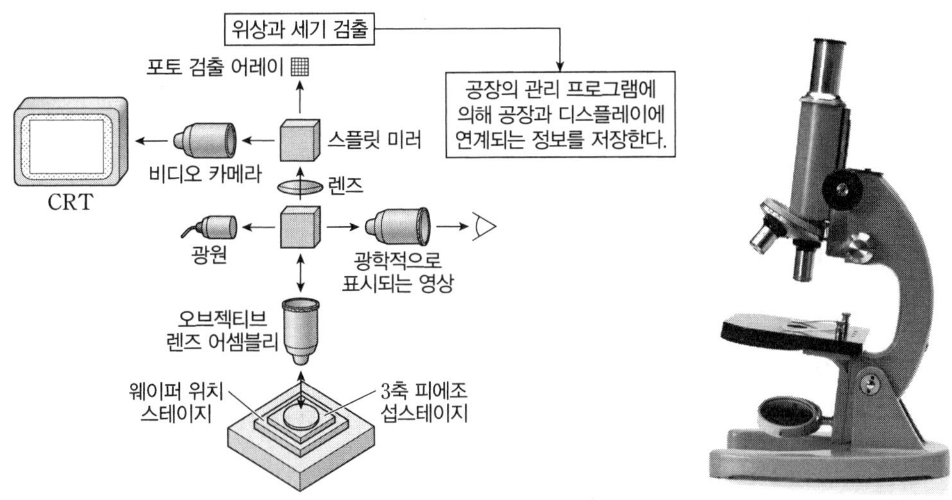

그림 4.8 광학 현미경의 구성도
(출처: Shutterstock)

되었다. 칩상의 모든 층에 적용할 수는 없지만 대부분의 성장 결함을 광학 현미경으로 관측할 수 있다. 이런 경우의 광학 현미경은 빠르고 비용이 효과적이다.

2 주사 전자 현미경과 투과 전자 현미경

주사 전자 현미경(SEM)은 1990년대 초기부터 모든 서브 마이크론의 시대의 CD 제어를 받아들일 수 있게 검증하기 위한 중요한 측정 도구로 사용되고 있다. 최초의 시판용 SEM은 1960년대에 생산되었다. SEM은 100,000배에서 300,000배의 배율을 얻을 수 있는 중요한 광학 현미경이며, 40~50 Å 정도까지 분별할 수 있다. SEM을 통해 시각화되는 웨이퍼의 단면은 결함 정보를 제공한다. 서브 마이크론의 선폭을 제어하기 때문에 SEM 기술은 1980년대에 CD 측정을 위해 특별하게 개발되었고 CD-SEM이라고도 불리었다. SEM은 대개 다른 분석 기술인 EDX 또는 FIB와 연결해서 사용된다.

SEM은 검출기가 결과적으로 산란되는 전자들을 측정하는 동안 강하게 포커싱된 전자빔을 발생시켜 물체를 스캔하는 기능을 가진 복합적인 현미경이다. SEM은 비파괴적이면서 비접촉적인 도량형학 기술이다. [그림 4.9]에서 나타낸 것처럼 전자총(electron gun), 전자들을 빔의 형태로 만드는 포커싱(focusing) 소자, 전자들을 2~6 nm 사이의 작은 점에서 충돌시키는 정전 자기 포커싱 시스템(electrostatic-magnetic focusing system)으로 구성된다. 가시광선이 5,500 Å의 파장을 갖는 데 비해 100 eV의 전자인 경우는 1.22 Å의 아주 짧은 파장을 가지기 때문에 원자 스케일의 물체를 SEM 전자 시각화를 통해 볼 수 있다.

SEM 장비들이 갖는 문제는 매우 가는 저항선이나 절연층 위의 깊고 좁은 접촉 정공과 같은 밀집된 이미지 또는 심층 구조를 대부분 뭉뚱그린다는 데 있다. 이런 문제점은 2차 전자의 신호를 만족스럽게 얻기 어렵다는 점에서 기인한다. SEM의 한계는 높은 진공을 필요로 하고 이미징 작업을 위해서 전도성 막에 코팅을 하는 것이 필수적이라는 것이다.

투과 전자 현미경(TEM)의 구동 원리는 전자빔이 10~100 nm 단위의 두께를 가지는 샘플의 매우 얇은 조각을 통해 전송된다는 점에서 SEM과 유사하다. 전자 파장 길이, 가속 전압과 시료의 두께, 이미지와 같은 요인들에 기초하여 대략 2 Å까지 분별하여 스크린에 형성되고 확대된다. TEM은 웨이퍼 위에 매우 작은 미세 특징들의 양을 결정할 수 있는 유일한 도량형 도구이다. 이온 주입에 의해 활성 접합 속으로 삽입되는 단일 전위와 같은 실리콘 결정의 점 결함 측정에 사용되고 패턴화 공정, 금속화 공정, 이온 주입 공정 및 마이크로미터 이하의 박막 오염을 측정하는 장비로 사용된다.

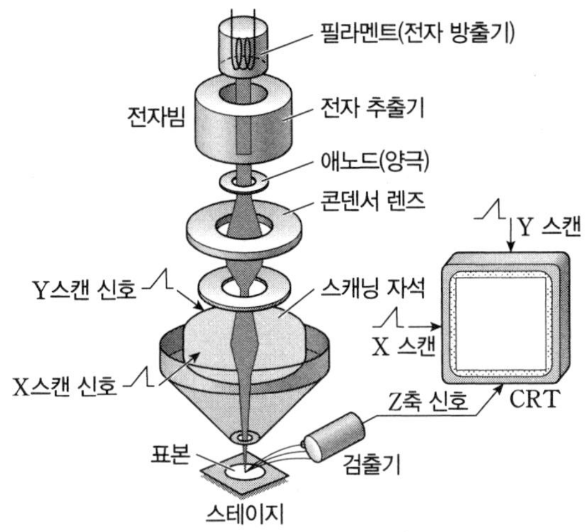

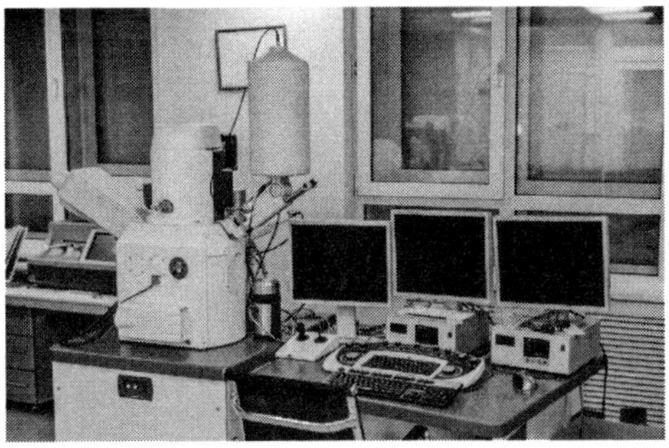

그림 4.9 CD SEM의 간략화된 회로도
(출처: Shutterstock)

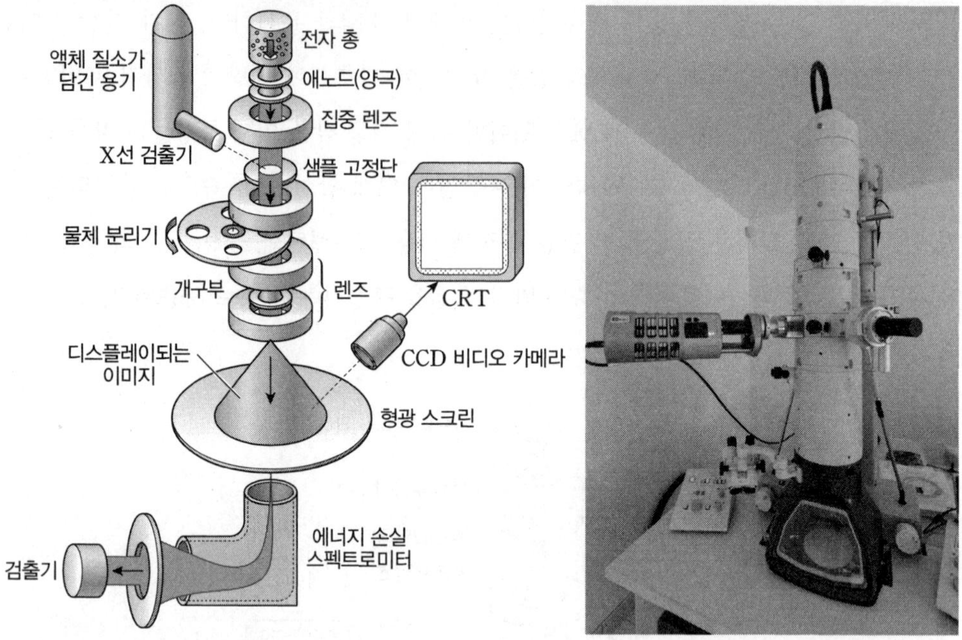

그림 4.10 TEM의 개략도
(출처: Shutterstock)

1 웨이퍼의 품질 측정 파라미터를 설명하시오.

2 4탐침법을 설명하시오.

3 Van der Pauw 측정법을 설명하시오.

4 타원 편광 분석법을 설명하시오.

5 X선 편광(XRF)을 설명하시오.

6 광음향 기술을 사용한 금속 박막 측정법을 설명하시오.

7 Dark field 이미지와 Bright field 이미지를 비교 설명하시오.

8 광학 현미경의 용도를 설명하시오.

9 SEM을 설명하시오.

10 TEM을 설명하시오.

5장

나노 반도체의 박막 증착 공정

1. 산화 공정의 개요
2. 습식 산화 공정과 건식 산화 공정
3. LOCOS 공정 기술
4. STI 공정 기술
5. 수직 반응로와 급속 열처리기(RTP)

1 산화 공정의 개요

[그림 5.1]과 같이 실리콘 웨이퍼 위에 산화막(oxide)을 생성시키는 산화 공정은 집적회로 제작을 위한 필수적인 공정으로 750℃에서 1200℃ 사이의 열적 산화 온도에서 4개의 산소 원자에 둘러싸인 실리콘 원자의 결정 구조를 가지는 산화물(SiO_2)층을 웨이퍼 위에 열적으로 성장시킨다. 이산화 규소(SiO_2)는 우수한 절연 특성을 갖는 물질로 전기를 도통시키지 않는다. 순수한 실리콘의 용융 온도는 1412℃이지만 이산화 규소는 1732℃의 용융 온도를 가진다. 나노 반도체 소자 제조를 위해 양질의 산화막을 성장시키기 위한 다양한 공정 기술이 개발됨으로써 산화막의 품질이 개선되었다. MOS 소자의 게이트 박막 산화층 성장 기술의 진보로 인해 고밀도 집적이 가능해졌고, 소자의 성능과 신뢰성이 향상된 ASIC 제품의 생산이 가능해졌다.

열 산화물은 소자 격리, 이온 주입 시의 절연층, 응력이 감소된 패드 산화막층, 광경화성수지 접착과 압력 감소를 위해 사용되는 질화물처럼 절연 물질로 이용된다. 산화막을 성장시키는 대표적인 기술로는 열 산화(thermal oxidation) 공정, 화학적 기상 증착(chemical vapor deposition, CVD) 공정, 플라스마 산화(plasma oxidation) 공정이 있다.

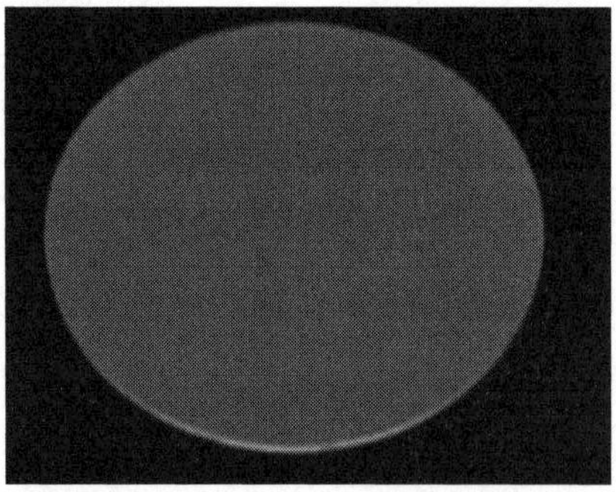

SiO_2 막

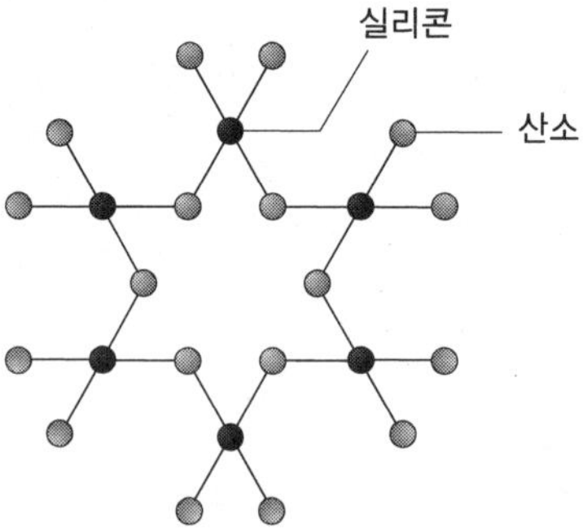

SiO_2 원자 구조

그림 5.1 이산화 규소의 막과 원자 구조
(출처: Wikimedia, Armin Kübelbeck)

2 습식 산화 공정과 건식 산화 공정

열적 산화 공정으로 성장되는 중요한 산화막은 MOS 소자의 소스와 드레인 사이의 채널을 형성하는 게이트 산화물층과 필드 산화물로, 일반적으로 낮은 계면 트랩 밀도를 필요로 하는 경우이다. CVD 기술은 금속층 사이에 얇은 산화막을 성장시켜야 하는 다층 금속화 공정(Multi layer metallization)에 사용된다. 마이크로칩 제조공정 중 증착된 막들은 너무 얇아서 동일한 물질의 두꺼운 벌크 박막과는 전기적 기계적 특성이 구별되기 때문에 흔히 박막이라고 부른다.

실온에서 실리콘이 산소와의 접촉으로 생성되는 자연 산화막은 시간당 15 Å의 비율로 최대 40 Å까지 성장된다. SiO_2는 실리콘 표면에서 활성 소자를 분리시키는 데 효과적인 매우 강하고 조밀한 구조를 갖는 물질이기 때문에 오염물질로부터 물리적으로 소자를 보호한다. 단단한 SiO_2층은 마이크로 소자 제조공정 동안 발생할지도 모르는 공정상의 손상과 긁힘으로부터 실리콘을 보호한다. BJT, MOS, CMOS와 같은 소자들은 국부적 산화(Local Oxidation of Silicon, LOCOS) 공정을 사용해서 열적으로 성장되는 두꺼운 SiO_2 막인 자계 산화물(field oxide layer, FOX)에 의해서 전기적으로 분리된다. LOCOS 공정은 0.25 μm 이하의 기술에서는 적합하지 않기 때문에 좁은(얕은) 트렌치 격리(STI) 기술로 대체된다.

열적으로 성장된 SiO_2의 또 다른 이점은 표면 안정화(surface passivation)로, 전기적 특성의 저하를 방지하고 습기, 이온 혹은 다른 외부에서의 오염물질로 인해 발생하는 반도체 전류 누설을 감소시킨다. 표면 안정화를 충족시키기 위해서는 SiO_2층은 균일한 두께를 갖는 양질의 산화막으로 성장되고 물질 내의 작은 구멍(pinholes)이나 빈틈(voids)과 같은 결함을 갖지 않는다.

2,500~15,000 Å 사이의 두께를 갖는 자계 산화물층은 실리콘 웨이퍼 표면에서 전하 축적에 의해 발생되는 금속층에서 전기적 충전을 방지하기 위해 필요하다. 자계 산화물은 [그림 5.2]에 표시된 습식 산화 공정에 의해 성장된다. 습식 산화 공정은 건식 산소 대신에 수증기로 포화된 산소를 사용하게 된다.

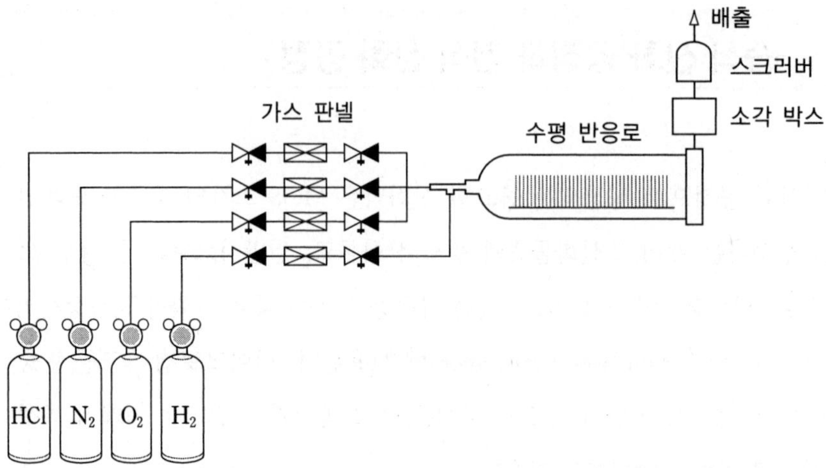

그림 5.2 습식 산화 공정

$$Si(solid) + 2H_2O(gas) \rightarrow SiO_2(solid) + 2H_2(gas)$$

습식으로 증착되는 산화막은 건식으로 증착되는 산화막보다 덜 조밀한 층을 만들기 때문에 화학 반응으로 만들어진 수소 분자들은 고체 SiO_2층에서 트랩(trapped)된다. 따라서 건식 산화막과 유사한 특성을 가지도록 습식 공정 이후에는 산화막의 가열 과정을 거치게 된다. 습식 산화 공정에 사용되는 고순도의 N_2 가스는 1000℃의 고온에서 실리콘과 반응하지 않기 때문에 마치 불활성 가스처럼 동작한다(낮은 순도를 가지는 경우에는 챔버 정화용으로 사용된다). HCl은 산화막에서의 이동성 이온 오염(mobile ionic contaminants, MIC)의 감소와 계면 상태 전하의 최소화에 사용되고 건식 산화에 사용되는 경우에는 이동성이온 오염 물질을 제거하는 게터로 사용된다.

CMOS 제조공정에서 사용되는 게이트 산화물은 약 20 Å에서 수백 Å 사이의 두께를 갖는 박막(thin film) 절연층이 사용된다. 고품질과 안정성이 요구는 게이트 산화물은 건식 산화 공정으로 성장된다. SiO_2는 10^7 volts/cm의 높은 유전 강도와 대략 10^{17} ohms-cm의 높은 저항률을 갖는다. 0.18 μm 공정 기술이 적용되는 경우의 전형적인 게이트 산화물의 두께는 20~40 Å의 두께와 ±1.5 Å의 오차를 가지고 성장되고, 0.15 μm 공정 기술이 적용되는 경우에는 20~30 Å의 사이의 두께로 성장된다. 커패시터 유전체로 응용되는 경우는 5~100 Å, STI 장벽 산화물 응용에서는 150 Å, LOCOS 패드 산화물은 200~500 Å, 자계 산화물인 경우는 2,500~15,000 Å, 불순물의 에너지 주입과 시간의 온도 차에 의해서 변화되는 불순물 마스킹 산화물인 경우는 400~1,200 Å 사이의 두께로 성장된다. 건식 산화막의 품질은 균일한 집적도가 보장되고, 핀홀과 같은 결함이 존재하지 않고, 우수한 품질의 질화막을 성장시킬 수 있기 때문에 습식 산화막과 비교하여 우수한 특성을 가진다.

$$Si(solid) + O_2(gas) \rightarrow SiO_2(solid)$$

1000℃의 공정 온도에서 1,000 Å의 두께를 갖는 산화막을 성장시키기 위해서는 습식 산화인 경우 대략 12분 이 소요되고, 건식 산화인 경우 대략 2시간의 공정 시간이 필요하다.

3 LOCOS 공정 기술

0.25 μm보다 큰 CD를 가지는 소자를 격리시키는 기술로 사용되는 실리콘 웨이퍼의 선택적인 부분의 산화는 LOCOS(local oxidation of silicon) 공정 기술로 알려져 있다. LOCOS 기술은 소자의 패킹 밀도를 증가시키고 평탄화시키기 때문에 MOS 공정에서 중요하게 취급된다. [그림 5.3]에 표시된 것처럼 실리콘 표면 위의 인접한 장치를 전기적으로 격리시키기 위해 SiO_2를 사용한다. 증착된 실리콘 질화물(Si_3N_4)층이 산화 장벽으로 이용된다.

실리콘을 덮고 있는 질화물에서는 산화물이 성장하지 않기 때문에 선택적으로 열적 산화물 성장을 식각할 수 있다. 열적 산화 후에 질화물과 밑에 놓인 모든 산화 장벽은 소자 형성을 위해 준비되어 있는 노출된 실리콘 표면 부분을 제거시킨다. 산소는 산화물을 통해 모든 방향으로 확산되며, 산소 중 일부는 다른 산소 원자와 실리콘을 이동시키기도 한다. 이는 질화물 마스크 아래 산화물의 측면 성장이 약간 있다는 것을 의미한다.

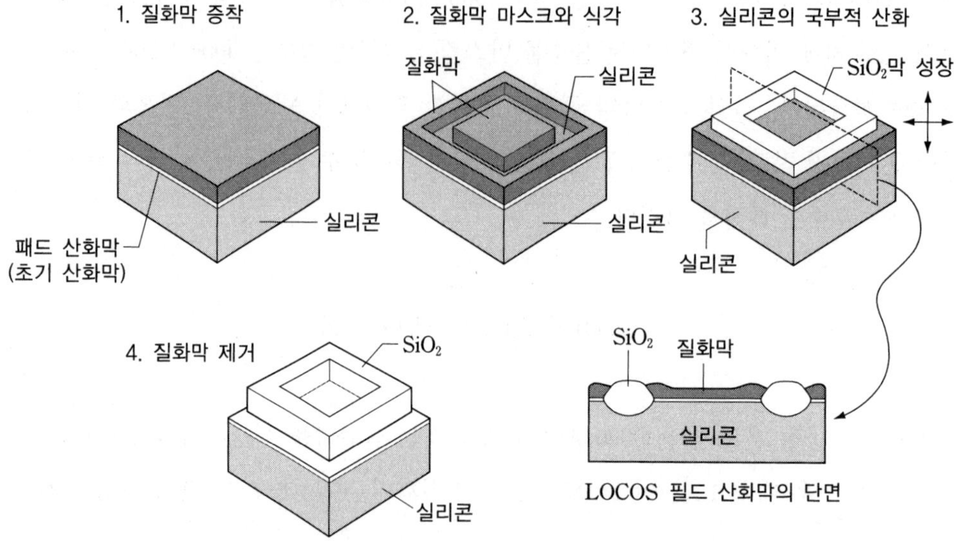

그림 5.3 LOCOS 공정 기술

[그림 5.4]에 표시된 것처럼 산화물이 소비된 어떤 실리콘보다 더 두껍기 때문에 질화물 마스크에서의 성장은 질화물 가장자리로 밀어 올리게 되는데, 이런 작용을 '새의 부리 효과(bird's beak effect)'라고 부른다. 이런 현상은 LOCOS 산화 공정에서 나타나는 원하지 않는 부산물이다. '새의 부리 효과'는 산화물이 비교적 두꺼울 때 가장 뚜렷하게 나타난다. 질화물 마스크와 실리콘 사이의 응력을 줄이기 위해 열적 산화물의 얇은 장벽층이 패드 산화물로 사용된다.

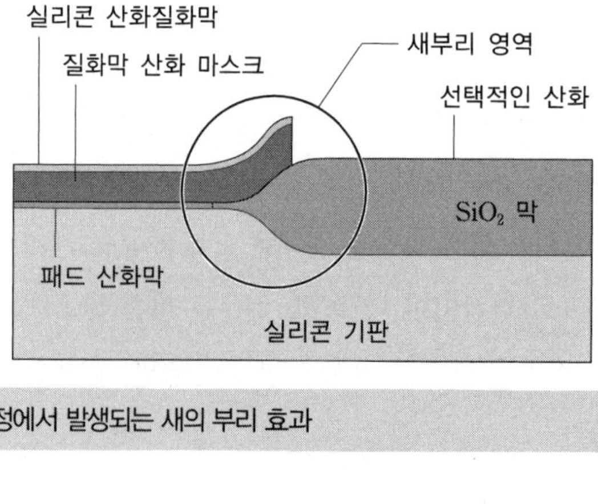

그림 5.4 LOCOS 공정에서 발생되는 새의 부리 효과

4 STI 공정 기술

선택적인 산화의 주요한 형태에 사용된 0.25 μm 이하 기술은 얕은 트렌치 격리(Shallow Trench Isolation, STI)이다. STI의 주요한 유전체 물질은 증착된 산화물이다. 선택적인 산화는 보통 실리콘 질화물(Si_3N_4)의 마스크를 만드는 것으로 이루어진다. 마스크는 트렌치를 구성하기 위해 실리콘 식각에 의해 증착되고 패턴화된다. [그림 5.5]에 표시된 것처럼 150~200 Å의 두꺼운 산화물층의 열적 산화에 의해 마스크를 통해 노출된 영역에서 실리콘 트렌치를 식각한다. 이렇게 열적으로 성장된 산화막은 실리콘 표면을 보호하고, 실리콘과 증착된 트렌치 채움 산화막 사이의 장벽 역할을 한다. 이는 완료된 소자의 측벽 전류 누설을 방지하는 효과적인 장벽이다.

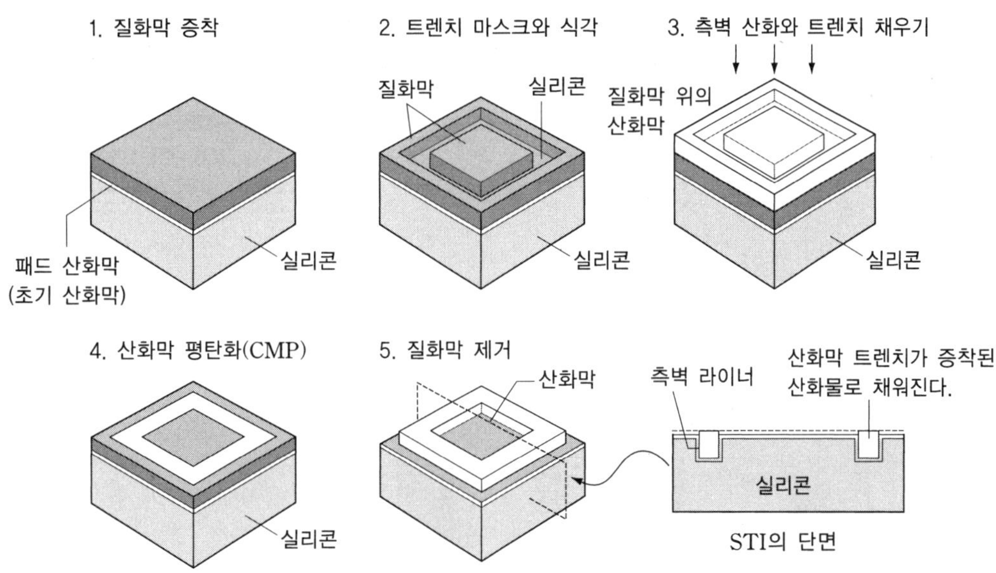

그림 5.5 STI 공정 기술

5 수직 반응로와 급속 열처리기(RTP)

반응로(furnace)는 수평 반응로(horizontal furnace), 수직 반응로(vertical furnace), 고속 열적 프로세서(rapid thermal processor, RTP)로 분류된다. 반응로의 장비는 웨이퍼 제작 공정이 진행되는 동안 도핑되거나 도핑되지 않은 폴리 실리콘과 질화 실리콘, 이산화 규소와 같은 다양한 형태의 증착 공정, 유리의 재유입 공정, 실리사이드 막 형성 공정, 이온 주입 공정이 이루어진 후에 시행하는 웨이퍼 표면의 열적 어닐링 공정 등과 같이 다양한 목적에 이용된다.

수직 반응로 시스템은 [그림 5.6]에 표시된 것처럼 공정실, 웨이퍼 이송 시스템, 가스 분배 시스템, 배기관 시스템, 온도 제어 시스템으로 구분된다. 한 개의 마이크로 컨

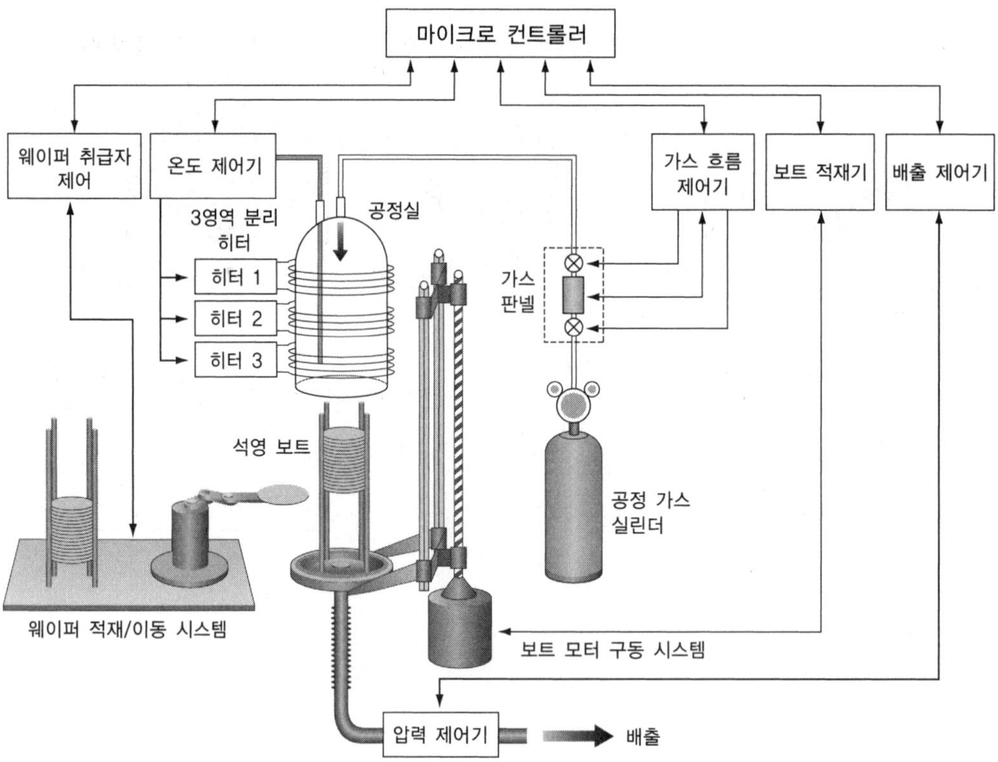

그림 5.6 수직 반응로의 블록도

트롤러에 의해서 제어된다. 공정실(processor chamber)은 반응로에서 웨이퍼가 가열되는 곳으로 반응로에서의 열적 공정을 위한 웨이퍼와 다중 가열 구획(three zone heater)이 있는 가열 요소와 가열 재킷을 에워싸는 수직적인 석영 종(bell-jar) 모양의 반응로 튜브로 구성된다.

수평 반응로와 수직 반응로 모두 웨이퍼와 반응로의 벽면이 가열되기 때문에 뜨거운 벽 집합 반응로 간주된다. 수직 반응로와 수평 반응로의 경우는 분당 20℃의 비율로 웨이퍼 온도에서 위아래로 가변시키게 된다. 그러나 빠른 열적 프로세서(RTP)는 지극히 빠른 국부적인 가열시간 때문에 반응로의 벽이 아니고 웨이퍼만을 가열한다. 전형적인 RTP에서는 250℃/sec까지의 비율을 가지도록 양면을 가진 웨이퍼 가열을 사용하는 모델이 준비되어 있고, 10℃/sec의 비율로 기울기를 가지게 할 수도 있다. 실리콘 기판을 어닐링 시킬 때 사용하는 경우는 빠른 열적 어닐링(RTA)이라고도 한다. [그림 5.7]에 표시된 급속 열처리기(RTP)는 수초의 아주 짧은 시간에 400~1300℃의 온도 범위에서 단일 웨이퍼를 가열하는 공정 기계이다.

기존의 수직 반응로를 능가하는 RTP의 중요한 이점으로는 열 공급량의 감소시키고, 실리콘으로 이동하는 불순물의 확산을 최소화시키며, 다중 기술을 접목시키는

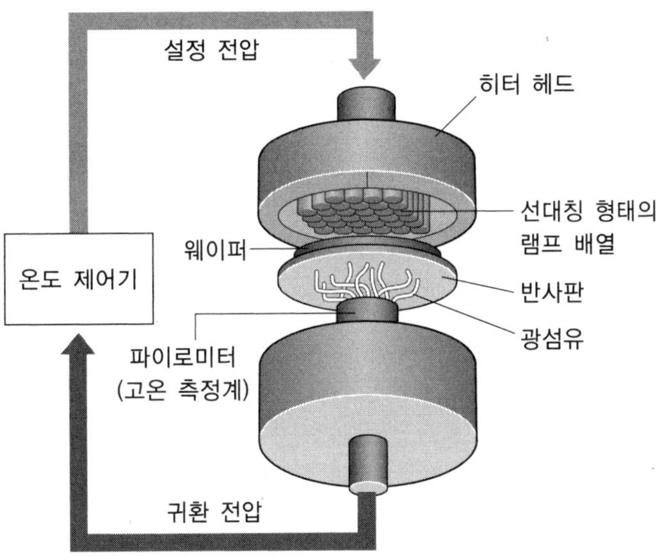

그림 5.7 급속 열처리기(RTP)의 개략적인 구조

것이 용이하다는 점과 냉각 벽 가열로 촉발되는 오염을 감소시킬 수 있다는 점, 작은 공정실 용량으로 인해 대기가 청결하다는 점, 웨이퍼 공정 시간이 단축된다는 점을 들 수 있다. RTP는 웨이퍼 제조공정이 진행되는 동안 불순물을 확산시키고 활성화하며 결함을 제거하는 어닐링 공정, 증착된 막의 조밀화(densification) 공정, BPSG(borophosphosilicate glass)의 재유입, 질화 티타늄과 같은 장벽층의 어닐링, 티타늄 실리사이드와 같은 실리사이드 구성, 접촉부 합금과 같은 다양한 공정에 사용된다.

1 이산화 규소(SiO_2)의 특성을 설명하시오.

2 습식 산화 공정을 설명하시오.

3 건식 산화 공정을 설명하시오.

4 LOCOS 공정 기술을 설명하시오.

5 N_2 가스와 HCl 가스의 동작 특성을 설명하시오.

6 게터링을 설명하시오.

7 새 부리 효과(bird's beak effect)를 설명하시오.

8 STI 공정 기술을 설명하시오.

9 수직 반응로의 구성을 설명하시오.

10 RTP를 설명하시오.

11 BPSG(borophosilicate glass)를 설명하시오.

6장

화학적 기상 증착 공정

1. 화학적 기상 증착법
2. 대기압 CVD 공정
3. 저압 CVD 공정
4. 플라스마 보조형 CVD
5. 기상 에피택시

1 화학적 기상 증착법

화학적 기상 증착법(CVD)은 가스 혼합물의 화학적 반응을 통해서 웨이퍼 표면 위에 고체 박막을 증착하는 공정이다. CVD 공정에서 사용되는 다섯 종류의 기본적 화학 반응에는 보통 산소 없이 열을 이용하여 혼합물을 분해하는 열분해(pyrolysis), 복사에너지로 혼합물의 결속을 깨뜨려 분해하는 광분해(photolysis), 분자와 수소를 반응시킴으로써 발생하는 화학적 반응인 환원(reduction), 원자 또는 분자를 산소와 반응시키는 화학 반응인 산화(oxidation), 2개의 새로운 화합물의 형태와 함께 3, 4번째 반응의 조합 형태인 산화·환원 반응이 있다.

기본적인 CVD 반응은 [그림 6.1]에 표시된 것처럼 진행된다. 반응기의 입구에서 웨이퍼의 증착 존(zone)으로 흐르는 주요 가스의 대량 전송이 발생되면, 박막 전구체(박막을 구성하는 초기의 원자와 분자들)의 형성과 부산물의 형성을 이끌어내는 가스-단계의 반응이 일어난다.

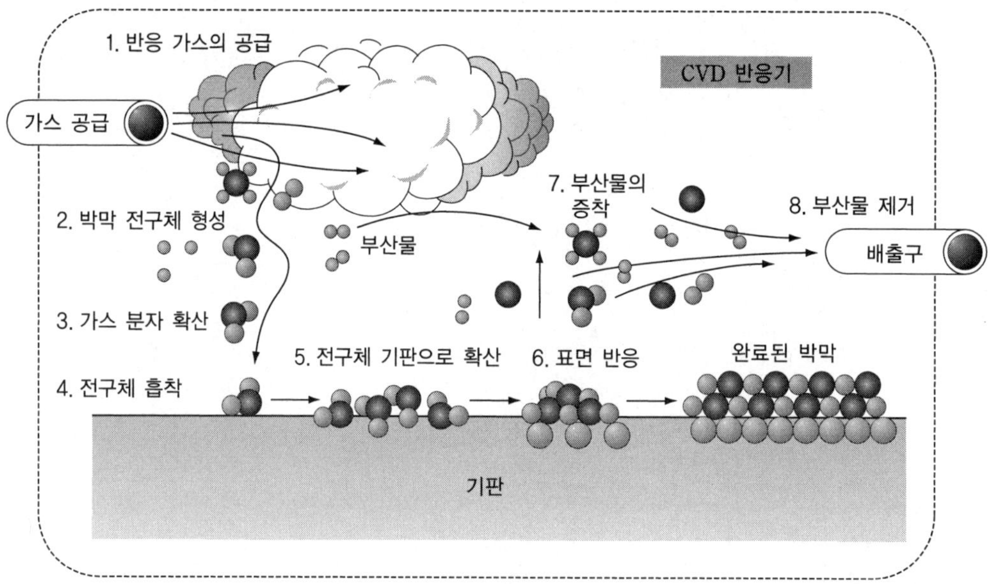

그림 6.1 CVD 증착의 개략도와 반응 단계

이어서 웨이퍼 성장 표면으로 박막 전구체 들이 대량 전송되고, 기판 표면에서 박막 전구체의 흡착이 일어난다. 흡착 작용은 증착 동안 가스 상태의 원자들과 분자들이 화학적으로 고체 웨이퍼 표면에 붙도록 화학적으로 접합하는 것이다. 분해 작용은 웨이퍼 표면 반응들로부터 부산물을 떼어놓거나 제거하는 것이다. 흡착된 전구체는 표면 확산이 이루어지고, 박막 성장 면을 만드는 표면 화학 반응이 지속된다. 표면 반응의 부산물이 제거되고, 반응기의 출구 방향에서 분리되어 대량의 가스가 흐르는 구역 내에서의 부산물이 제거되면 CVD 공정은 완성된다.

다음의 화학 반응식으로 실레인의 열분해 과정, 실리콘 수소화물 전구체인 다이실레인(disilane) 생성 반응 및 CVD 반응 동안에 실리콘 수소화물이 실레인과 함께 웨이퍼 표면으로 흡수된 뒤에 다이실레인이 최종적인 실리콘 고체막 부산물로 분해되는 과정을 이해할 수 있다.

1) SiH_4(실레인 가스) → SiH_2(수소화 실리콘 가스) + H_2(가스)
2) SiH_4(실레인 가스) + SiH_2(수소화 실리콘 가스) → Si_2H_6(다이실레인 가스)
3) Si_2H_6(다이실레인 가스) → 2Si(실리콘 고체막) + $3H_2$(부산물 가스)

2 대기압 CVD 공정

대기압 CVD(Atmospheric Pressure CVD, APCVD) 공정은 [그림 6.2]에 표시된 것처럼 두 가지 형태의 반응기 설비를 사용한다. 반응기 중앙을 통해 흐르는 반응기 가스를 통해 웨이퍼 샘플을 옮길 수 있는 벨트나 컨베이어를 사용한다. 연속 공정 APCVD 시스템은 높은 작업 처리량과 우수한 균일성, 큰 직경의 웨이퍼를 처리할 수 있는 능력이 있지만, 가스 소모량이 많고 반응기 내부 청결 문제가 요구된다. 막 증착은 웨이퍼처럼 컨베이어 위의 장소에서도 발생되므로 벨트 운반 시스템은 항상 청결해야 한다. 저온에서 빠른 산화막 증착이 이루어지는 장점이 있지만, 단차 피복 특성이 빈약하고 입자 오염 발생과 낮은 처리율이 단점으로 지적된다.

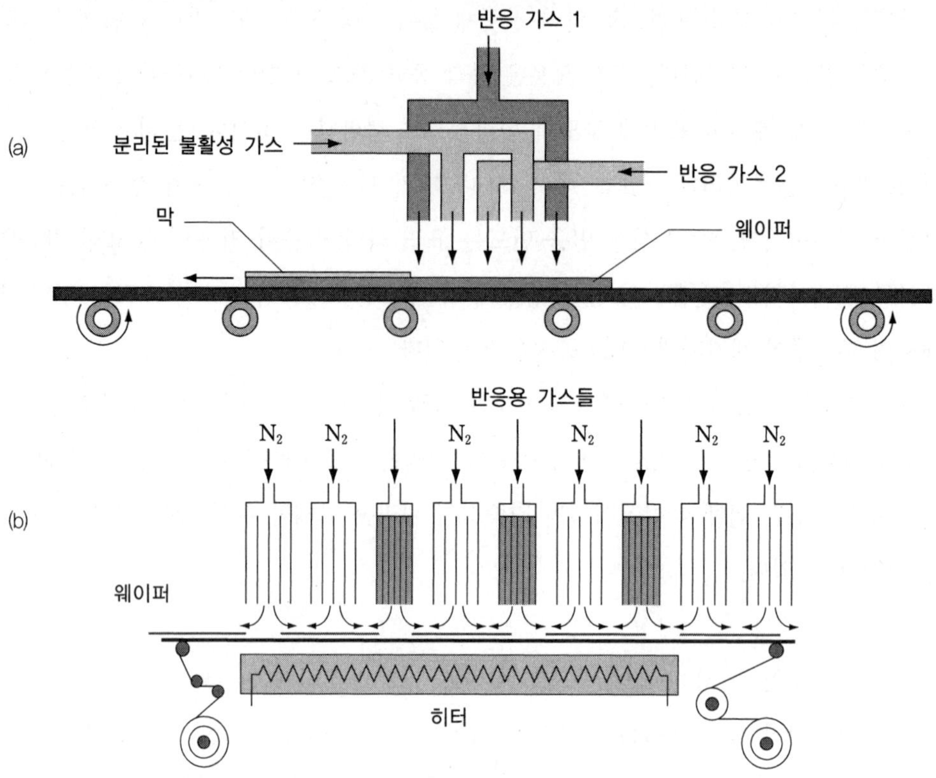

그림 6.2 APCVD 공정. (a) 가스 주입형, (b) plenum 형

산소(O_2) 가스와 실레인(SiH_4) 가스의 반응으로 SiO_2(고체)막이 증착된다. 순수한 실레인은 불안정한 가스로, 자연발화성이 높기 때문에 공기 중에 노출되면 타버린다. 실레인을 안전하게 사용하기 위해 아르곤과 질소를 2~10% 농도로 묽게 희석해서 첨가한다. 이런 화학 반응은 450~500℃의 낮은 온도에서 가능하고, 층간 유전체(ILD)처럼 알루미늄 금속선에 SiO_2를 증착시키는 이점을 갖지만, 경계층을 통한 표면 이동이 어렵고 평균 이동 거리가 적기 때문에 단차 피복 적용 범위와 틈 채우기 특성이 빈약하다.

이런 단점을 개선하기 위해 고밀도 플라스마 CVD 공정에서는 포스포실리케이트 유리(phosphosilicate glass, PSG), 보로포스실리케이트 유리(borophosilicate glass, BPSG), 플루오로실리케이트 유리(flurosilicate glass, FSG)의 증착막을 만들게 된다. 일반적인 APCVD는 테트라에틸오쏘실리케이트(TEOS, $Si(C_2H_5O)_4$)와 오존(O_3)의 화학 반응의 결과로 이산화 규소 산화막을 증착시키는 공정에 사용된다.

3 저압 CVD 공정

저압 CVD(Atmospheric Pressure CVD, LPCVD) 공정은 고순도와 균일성, 안정한 단차 피복 특성을 가지고 대규모 웨이퍼 처리에서 우수한 특성을 갖지만, 고온 공정, 낮은 증착률, 진공이 필수로 요구된다는 점이 단점인 고온 증착 공정으로, 질화 실리콘, 폴리실리콘, 텅스텐. WSi_2 증착에 이용된다.

저압 CVD(LPCVD) 시스템은 낮은 가격, 높은 생산 처리량, 우수한 막 특성 때문에 APCVD보다 일반적으로 더 많이 사용된다. LPCVD는 중간 진공 상태(약 0.1~5토르)에서 작동하고, 200~900℃ 사이 온도에서 사용된다. 일반적으로 산화 작용 형태의 반응로(수평적 혹은 수직적)와 다중 공정실 집적 기술이 LPCVD 공정에 사용된다. LPCVD 반응기는 대체로 제한된 반응률 상태에서 동작한다. LPCVD 반응기는 일정한 온도 조절이 긴 작동 길이 이상에서 달성되므로 열 벽 반응기 형태로 설계하는 것이 선호된다. 대표적인 반응기 공정실은 [그림 6.3]에 표시되어 있다.

LPCVD 산화물들은 ULSI 다층 금속화 공정에서 다양하게 응용된다. LPCVD 산화물은 층간 유전체(ILD), 측벽 공간, 얕은 트렌치 고립 산화막 채우기에 사용된다. 산화규소를 증착시키는 일반적인 LPCVD 공정은 낮은 압력과 650~750℃ 사이 온도에서 산소의 존재 여부와 상관없이 TEOS를 분해시킨다. 이런 방법은 낮은 압력의 TEOS 때

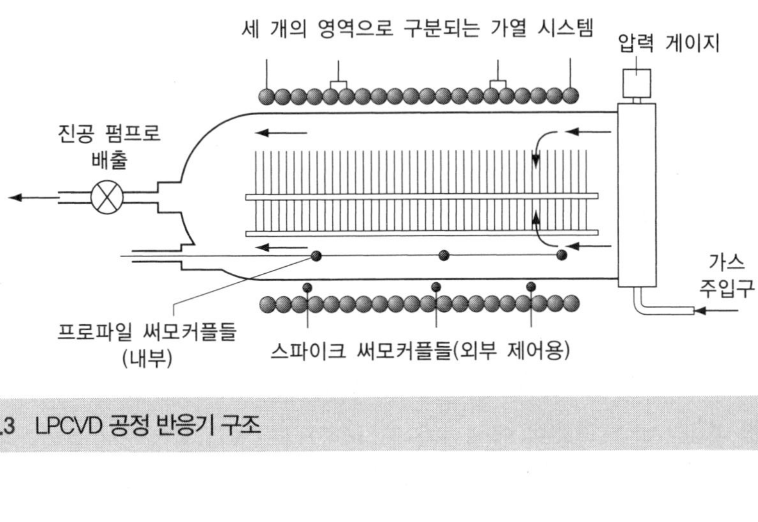

그림 6.3 LPCVD 공정 반응기 구조

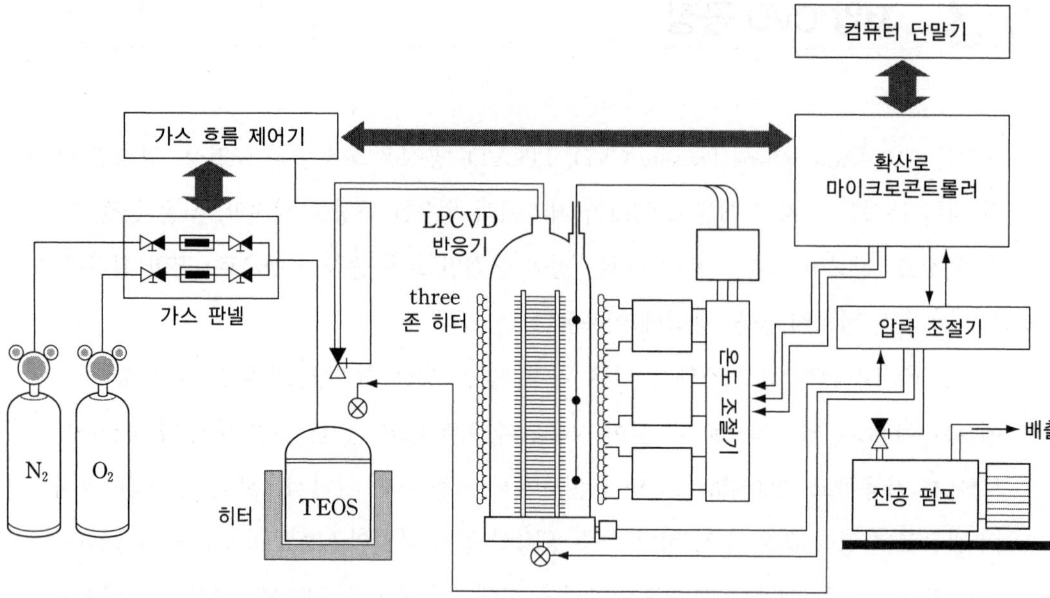

그림 6.4 TEOS LPCVD를 이용하는 산화막 증착

문에 때때로 LPTEOS라고 언급된다.

LPTEOS는 가스 입자의 급속한 표면 확산 때문에 좋은 산화막이 얻어진다. 액체 TEOS 소스는 N_2, O_2, He의 운반자 가스를 버블링해서 사용된다. 액체 소스는 자신의 독립적인 열원에 의해 가열되고, 반응기로 들어가는 액체 소스 증기의 농도는 운반자 기체 흐름율과 액체 소스의 온도로 조절한다. 일반적인 TEOS 증착 시스템의 회로도는 [그림 6.4]에 표시되어 있다. LPCVD 산화물의 막 성장률은 APCVD 막의 경우보다 현저하게 느리다(100~150Å/분당).

4 플라스마 보조형 CVD

CVD 장비의 세 가지 중요한 형태들은 CVD에 필요한 화학 반응을 시작하고 유지하는 데 필요한 플라스마 에너지와 열에너지에 의존한다. CVD 공정에서 플라스마를 사

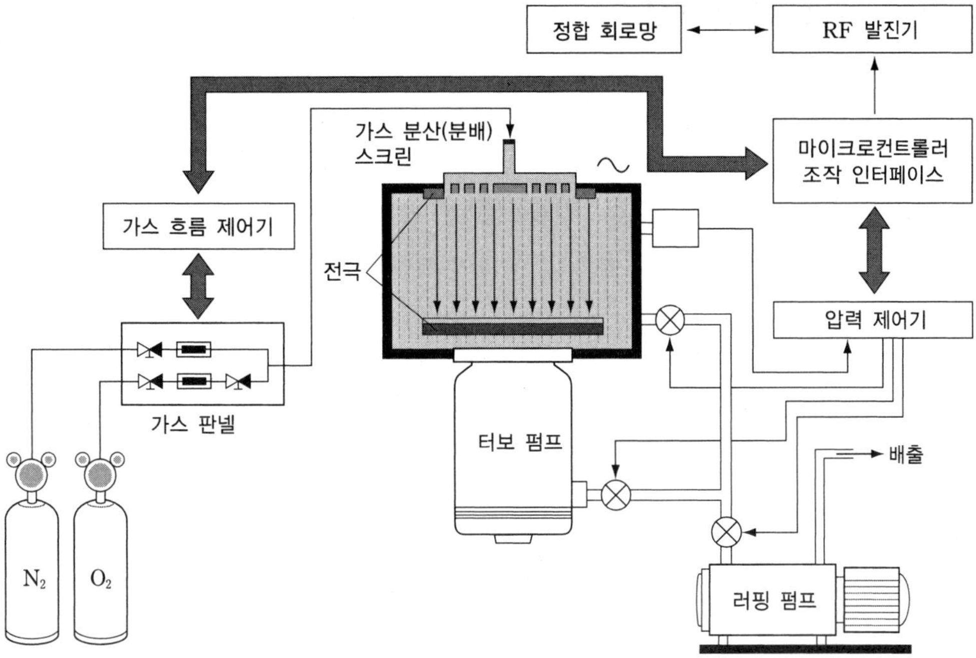

그림 6.5 PECVD 공정의 개략도

용할 때 발생하는 장점은 250~450℃의 낮은 공정 온도, 고밀도 플라스마의 사용으로 인한 높은 외관비를 갖는 우수한 갭 채우기, 웨이퍼에 부착력이 뛰어난 막, 높은 증착률, 핀홀 및 결함이 적게 발생되는 우수한 막, 낮은 공정 온도에 기인한 다양한 응용 범위 등이 있다.

플라스마를 이용하는 CVD의 경우에는 저온 공정으로 고속 증착과 우수한 단차 피복 특성 및 양호한 틈 채우기 특정이 장점으로 평가되고, 높은 외관비의 틈 채우기, 저온 산화막, 금속, ILD-1, ILD-2, 이중 다마신 공정에서의 구리 seed층, 질화물층 증착에 응용된다. 플라스마 공정의 단점을 꼽자면 RF 시스템이 필수적이고 공정비용이 추가된다는 점, 응력 증가와 화학적 오염과 입자 오염이 발생 된다는 점을 들 수 있다. [그림 6.5]에는 PECVD 공정의 개략도가 표시되어 있다.

5 기상 에피택시

에피택시는 [그림 6.6]에 표시된 것처럼 단일 결정체의 기판 표면 위의 단일 결정 물질의 얇은 층을 증착하는 것이다. 에피택셜층은 간혹 에피층이라고 부른다. 에피택시는 에피층 도핑 두께, 농도, 프로파일, 물과의 독립성에 의해서 성능이 최적화되도록 소자를 설계하기 위해 유연성이 제공된다. 이런 제어는 에피택셜 성장 공정에서 불순물을 의도적으로 첨가하여 진행한다. 에피층은 CMOS 소자에서 래치업 발생을 감소시킨다. 일반적인 에피택셜 반응 장치는 대부분 고온 CVD 시스템을 사용한다.

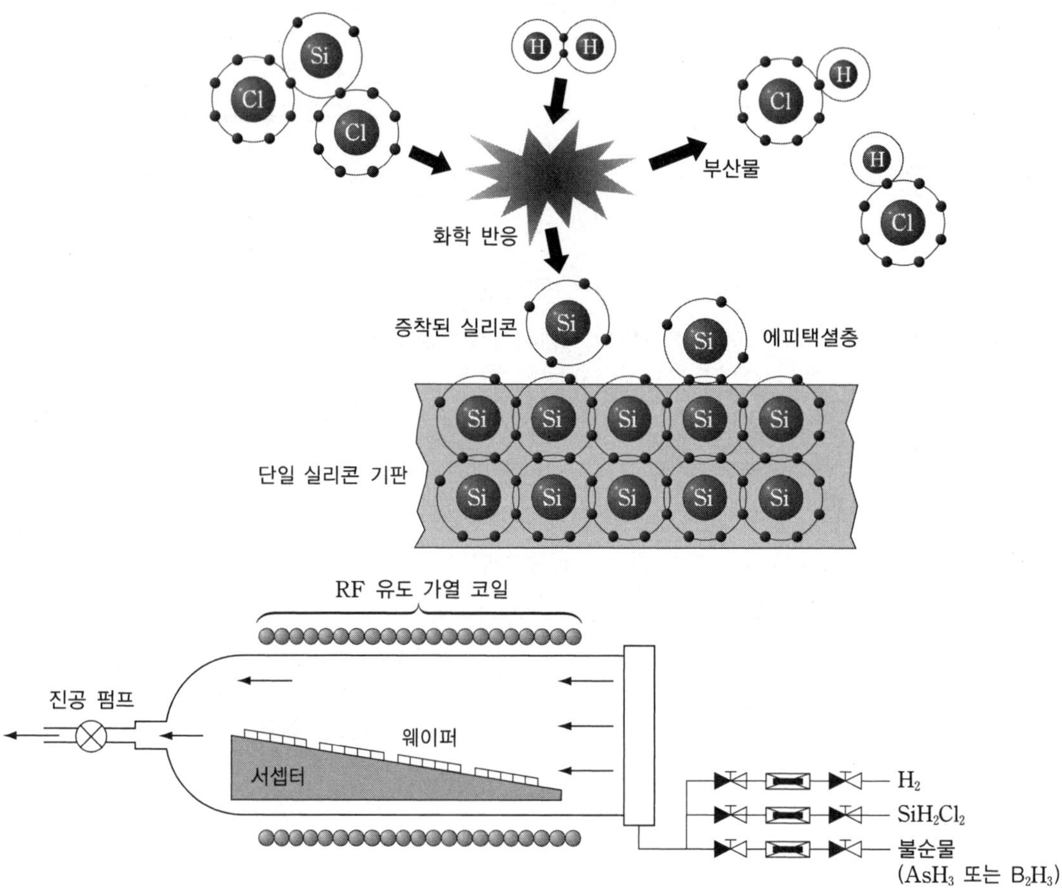

그림 6.6 기상 에피택시를 이용한 실리콘 에피택셜 성장

에피텍셜 성장을 하기 전에 웨이퍼의 자연 산화막과 잔류 유기물, 금속 불순물이 완전히 세척되어야 웨이퍼가 완전한 실리콘 표면을 얻을 수 있다. 에피텍셜 증착 공정이 진행되는 동안 가스가 웨이퍼 표면에 충돌하면 원자가 발생되고, 이런 원자들은 표면 원자와 결합하기 위한 정확한 위치를 발견할 때까지 움직인다. 이런 움직임은 기판처럼 같은 결정체(crystal)로 도식된 장치를 가진 에피텍셜층으로 구성된다. 에피택시 반응에서 사용 가능한 가스는 $SiCl_4$, SiH_4, SiH_2Cl_2(dichlorosilane, DCS), TCS(trichlorosilane)이다.

증착 온도는 1050~1250℃이다. 면밀하게 웨이퍼 제조공정에서의 모든 실리콘 에피택시는 수소로 희석된 $SiH_{\chi}Cl_{4-\chi}$의 환원으로 만들어진다. 반응 온도는 이런 전구체의 몇 개의 염소 원자에 의해 낮아지지 않는다. 에피택셜 실리콘은 반응기의 따뜻한 표면 위에 실리콘이 증착될 때 과도한 입자 구성 때문에 SiH_4는 일반적으로 성장되지 않는다. 다양한 방법들이 고상, 액상, 기상, 분자빔을 포함하는 실리콘 웨이퍼상의 단결정층을 성장하는 데 사용된다. IC 제조공정에서 실리콘에 에피택셜층을 성장시키는 방법은 기상 에피택시(VPE), 유기 금속 화학 증착법(MOCVD), 분자빔 에피택시 성장법(MBE)으로 구분된다. [그림 6.7]에는 기상 에피택시에 사용되는 반응기의 종류가 표시되어 있다.

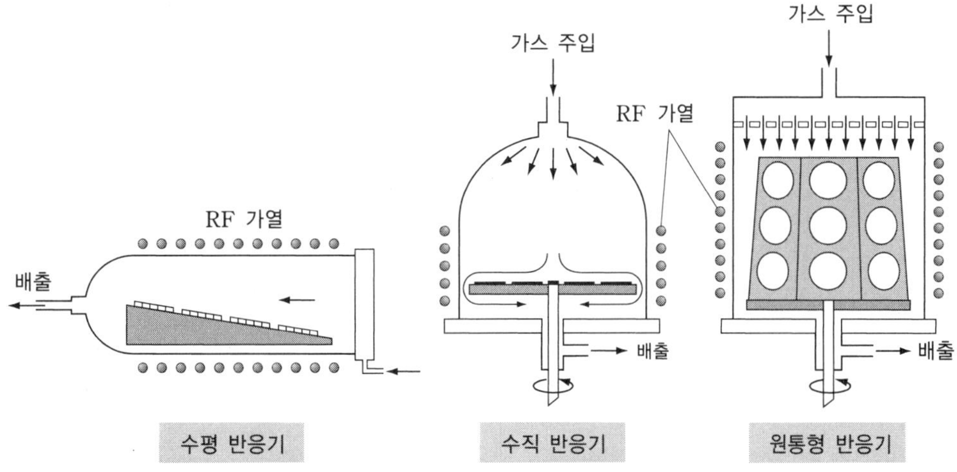

그림 6.7 기상 에피택시 반응기의 종류

연습문제

1 열분해 반응, 광분해 반응, 환원 반응, 산화 반응을 설명하시오.

2 CVD 공정에서 증착이 이루어지는 과정을 개략적으로 설명하시오.

3 박막 전구체를 설명하시오.

4 APCVD를 설명하시오.

5 가스주입형 반응기와 plenum 반응기의 구조와 장단점을 비교 및 설명하시오.

6 저압 CVD 공정을 설명하시오.

7 TEOS를 설명하시오.

8 플라스마 보조형 CVD를 설명하시오.

9 기상 에피택시 반응기를 설명하시오.

7장

포토리소그래피 공정

1. 포토리소그래피의 정의
2. negative 포토리소그래피와 positive 포토리소그래피
3. 포토리소그래피 공정의 8단계 분류

1 포토리소그래피의 정의

포토리소그래피 공정은 마스크(mask)라고 부르는 석영 템플릿(quartz template)과 포토레지스트(감광제), 자외선을 사용해서 웨이퍼 위에 회로 패턴을 인쇄하는 공정이다. 포토리소그래피 공정에서는 빛에 민감한 포토레지스트 물질과 빛의 제어된 노출(exposure)을 이용해서 웨이퍼 표면에 3차원 패턴을 생성한다. 포토리소그래피 공정의 필수 요건은 포토(photo), 리소그래피(lithography), 마스킹(masking), 패턴화(patterning)이다. 일반적으로, 리소그래피는 패턴의 표면을 이동시키는 인쇄 공정을 의미한다.

포토리소그래피 공정의 품질이 확산 공정, 박막 공정, 이온 주입 공정, 식각 공정, CMP 공정에서의 높은 수율을 달성하는 데 영향을 미치기 때문에 IC 제조공정 중에서 가장 중요한 공정으로 평가된다. 포토리소그래피의 비용은 전체 웨이퍼 제조비용의 거의 1/3을 차지하는 것으로 평가되기도 한다.

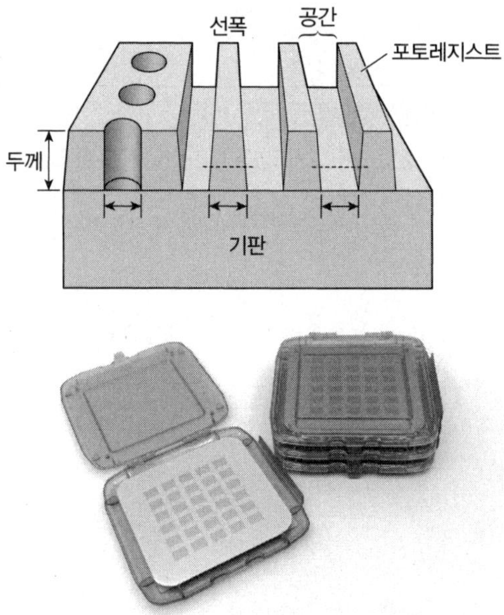

그림 7.1 포토레지스트의 3차원 패턴과 레티클
(출처: Shutterstock)

웨이퍼 표면에 전송되는 포토리소그래피 패턴의 형태는 고립된 트렌치, 접촉, 금속의 상호 연결, 다층 금속층을 서로 연결하기 위한 비아와 같은 실리콘 웨이퍼에서의 반도체 소자들이다. 빛에 민감한 포토레지스트 물질로 전송되는 패턴들은 식각이나 이온 주입을 위해 기판 위에 준비된다. 포토레지스트 패턴은 [그림 7.1]에 표시된 것처럼 폭, 길이, 높이를 가지기 때문에 패턴화된 포토레지스트 이미지들은 3차원이다. 각자의 칩(다이)에 옮겨지기 위한 적합한 패턴을 각각 요구하기 때문에 웨이퍼 위에는 수백 개의 동일한 칩이 제조된다.

포토리소그래피는 빛이 레지스트에 패턴을 전달하는 것이 중요하고 광학을 통해서 제어되기 때문에, 광학 리소그래피로 부르기도 한다. CMOS로 제작되는 IC들은 단일 칩에서 다층을 패턴화하기 위해 30개의 마스크층을 가질 수도 있다. 각각의 레티클들은 웨이퍼 표면에 놓이기 위하여 특정한 이미지 또는 특징들에 필요한 독특한 패턴을 가지며, 하나의 층을 완성하기 위해서 전체 웨이퍼에 걸쳐서 진행된다. 포토레지스트를 활성화시키고 레티클로부터 패턴을 전달하기 위해서 자외선(ultraviolet, UV)이 에너지원으로 사용된다. 빛에 민감한 포토레지스트들은 [표 7.1]과 같이 특정한 UV 파장에 화학적으로 응답하도록 설계된다.

포토리소그래피에서는 마스크의 패턴과 웨이퍼 표면에 존재하는 특징들이 정확하게 정렬되어야 한다. 이런 품질 측정은 겹침 정밀도(overlay accuracy)라고 알려져 있다. [그림 7.2]에서 보듯이 마스크 패턴이 층으로부터 웨이퍼에 정확하게 전달되어야 하므로 정렬의 정확성 역시 중요하다. 다중의 마스크들이 패턴화가 진행되는 동안 사용되기

표 7.1 포토리소그래피 노출에 사용되는 UV 파장

UV 파장(nm)	파형의 이름	UV 발광 재료
436	g-line	Mercury arc lamp
405	h-line	Mercury arc lamp
365	i-line	Mercury arc lamp
248	Deep UV (DUV)	Mercury arc lamp krypton fluoride(KrF) excimer laser
193	Deep UV (DUV)	Argon fluoride(ArF) excimer laser
157	Vaccum UV (VUV)	Fluorine(F_2) excimer laser

- 마스크층은 연속적인 공정이 수행될 수 있도록 정확하게 결정되어야 한다.
- 포토레지스트 마스크 패턴은 식각과 이온 주입을 위해서 적절한 배치, 정렬, 회로 구조의 크기가 각 층마다 준비되어야 한다.
- 작은 크기와 오차가 발생되면 반도체 소자는 엄청난 결함을 발생시킨다.

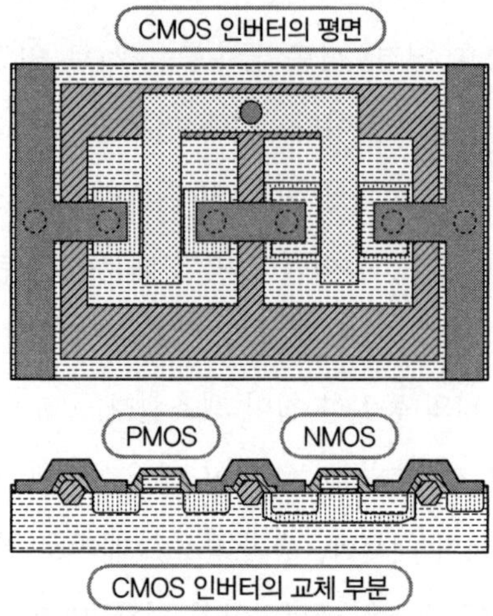

그림 7.2 마스크 오버레이 정밀도의 중요성

때문에 겹침의 미세한 오정렬도 웨이퍼 표면의 다른 특징들 사이에 전체적인 배치 허용 오차를 발생시킨다.

2 negative 포토리소그래피와 positive 포토리소그래피

포토리소그래피는 positive 포토리소그래피와 negative 포토리소그래피로 구분된다. negative 리소그래피는 [그림 7.3]에 표시된 것처럼 웨이퍼의 표면에 마스크(또는 레티클)의 패턴과 정반대의 패턴을 인쇄한다. negative 리소그래피의 첫 번째 특징은 빛에 노출되었을 때 교차결합에 의해서 포토레지스트가 용해되지 않고 경화되는 것이다. 일단 경화되면 교차 결합된 레지스트는 용매(solvent) 속에서 제거되지 않는다. 레지스트에 형성된 이미지는 레티클 에서 발견되는 유형의 negative 성분이기 때문에 이런 종류의 레지스트는 negative 레지스트로 알려져 있다.

positive 리소그래피에서는 [그림 7.4]와 같이 마스크 패턴과 동일한 이미지가 웨이퍼 표면에 인쇄된다. UV에 노출된 레지스트 영역들은 경화되는 것이 아니라 광화학 반응

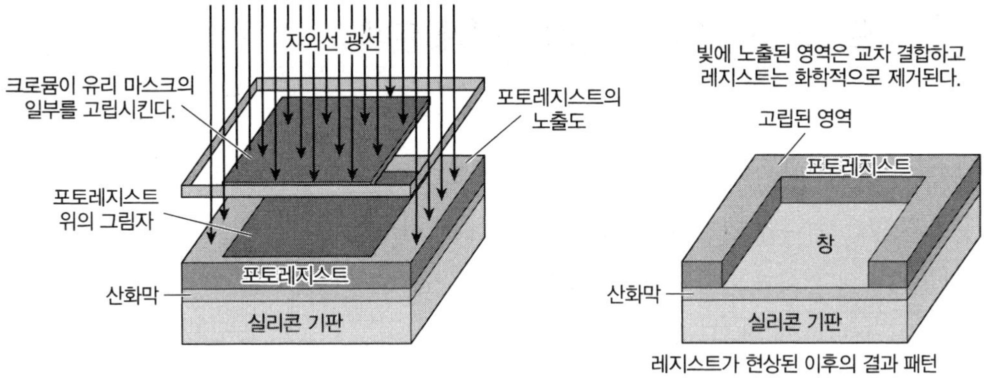

그림 7.3 negative 리소그래피

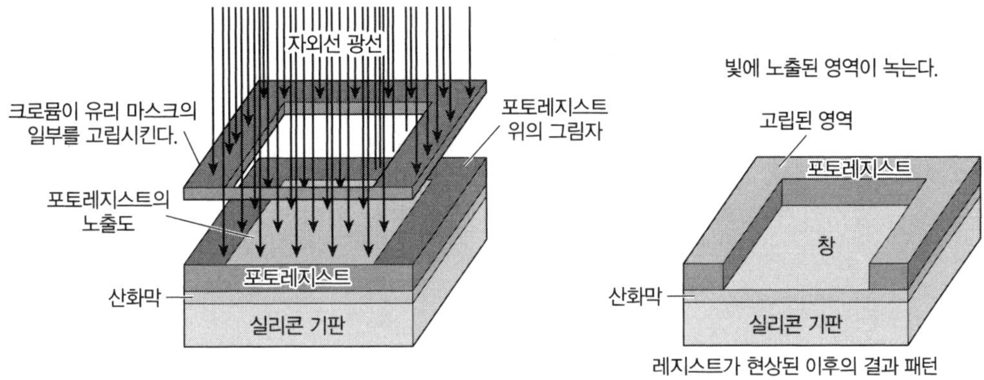

그림 7.4 positive 리소그래피

을 통해서 현상 용액에 녹을 수 있도록 부드러워진다. 빛에 노출된 positive 레지스트의 영역들은 현상 용액에서 제거되며, 불투명한 마스크 패턴 아래에 위치하여 빛에 노출되지 않은 레지스트는 웨이퍼상에 남을 수 있다. 결국, 레지스트 안에 형성된 이미지는 레티클에 형성된 이미지와 같아지므로 이런 레지스트를 positive 레지스트라고 부른다. 레지스트는 빛에 노출되기 전에 이미 딱딱해져 있으며, 식각과 같은 연속적인 처리 공정 동안 최상위층을 보호하기 위해 웨이퍼 표면상에 남아있게 된다.

3 포토리소그래피 공정의 8단계 분류

포토리소그래피는 외형의 감소, 정렬 허용 오차, 마스크층 수, 웨이퍼 표면 청결과 같은 많은 변수를 가진 복잡한 공정이다. 포토리소그래피의 패턴화 공정은 [그림 7.5]에 나타낸 것처럼 기상 프라임(vapor prime), 스핀 코팅(spin coat), 약하게 굽기(soft bake), 정렬과 노출(alignment, exposure), 노출 후 굽기(post exposure bake, PEB), 현상(develop), 강하게 굽기(hard bake), 현상 후 검사(develop inspect)로 구분할 수 있다.

포토리소그래피의 첫 번째 단계는 세정(clean)과 건조(dehydrate), 웨이퍼의 초기 표면 준비(prime)로 이루어진다. 이 단계의 목적은 포토레지스트와 웨이퍼의 표면이 양호하게 부착될 수 있도록 하는 것이다. 세정 단계에는 오염을 제거시키기 위한 습식 세정과 DI 물 헹굼(rinse)이 포함된다. 대부분의 웨이퍼 세정은 포토리소그래피 작업에 들어가기 전에 행해진다. 탈수 건조 굽기 공정은 웨이퍼 표면이 흡수한 물의 대부분을 증발시키기 위해서 닫힌 공정실에서 행해진다. 웨이퍼 표면은 반드시 세정

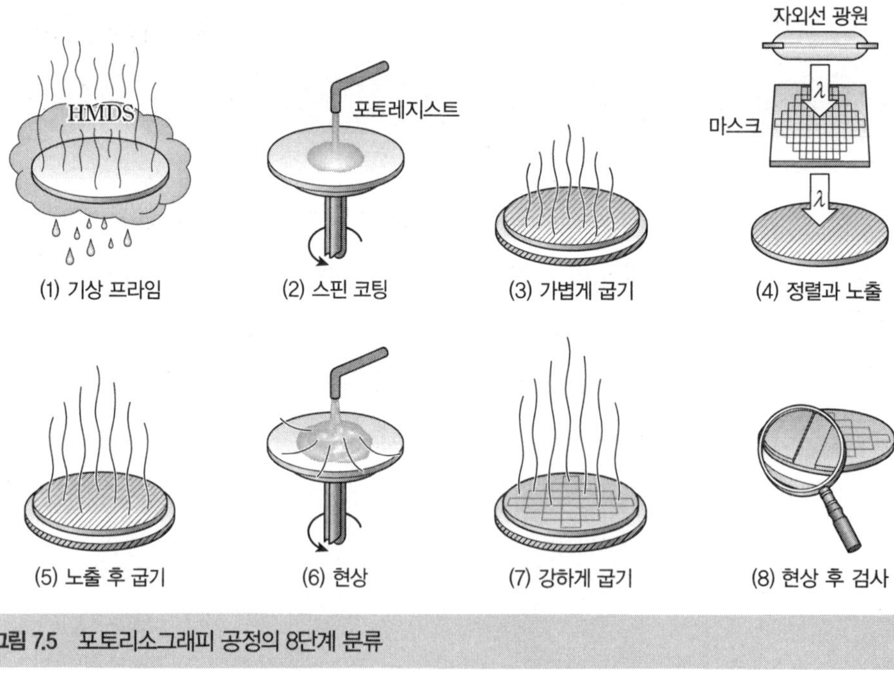

그림 7.5 포토리소그래피 공정의 8단계 분류

되고 건조되어야 한다. 탈수 건조 굽기 후 바로 웨이퍼는 부착 증진기 역할을 하는 HMDS(hexamethyldisilazane)로 준비된다.

첫 단계를 거쳐 표면이 프라이밍(priming)된 웨이퍼에는 2단계에서 회전 도포법을 통해 액체 포토레지스트 물질이 도포된다. 웨이퍼는 회전하는 동안 고정되기 위해 표면 위에 작은 진공 구멍을 가진 테플론 디스크 혹은 평평한 금속인 진공척(vacuum chuck) 위에 탑재(mount)된다. 5 ml의 액체 포토레지스트가 분사되고 레지스트의 종류에 따라 웨이퍼가 500 rpm의 속도로 천천히 회전하다가 3,000~5,000 rpm까지 가속된다. 포토레지스트의 품질을 측정하는 중요한 지표는 시간, 속도, 두께, 균일성, 미립자의 오염, 핀홀과 같은 레지스트 결함이다.

광학 마이크로리소그래피에서 기존의 i-line 포토레지스트들은 CD가 0.35 μm로 감소되는 비임계적인 층인 365 nm의 i-line UV 파장에 적합하다. 비록 positive 포토레지스트가 가장 보편적으로 사용되지만 이런 조건에서는 positive 포토레지스트와 negative 포토레지스트를 모두 사용할 수 있다. i-line 포토레지스트의 특성은 436 nm의 g-line 파장과 405 nm의 h-line 파장에서 사용되는 포토레지스트와 기본적인 특성이 동일하다. i-line 포토레지스트들은 폴리머 물질인 레진(resin), 감광제(sensitizer), 용매(solvent)로 구성되지만 경우에 따라서는 [그림 7.6]과 같이 특별한 첨가물을 포함하기도 한다.

레지스트가 웨이퍼 표면에 공급되면 세 번째 단계로 반드시 낮은 온도의 굽기 과정을 거쳐야 한다. 이런 약하게 굽기(soft bake)의 목적은 레지스트에 포함된 용매(solvent)의 대부분을 제거하는 데 있다. 약하게 굽기 공정은 부착력을 개선시키고 웨이퍼의 레지스트가 더 균일해지도록 한다. 또한, 식각 공정에서 선폭의 제어를 보다 용이하게 해준다. 약하게 굽기는 열판(hot plate) 위에서 30초 동안 90~100℃의 온도로 가열하는 것이다. 이어서 균일한 레지스트 특성을 가지도록 하는 웨이퍼 온도 제어를 달성하기 위해서 차가운 판(cool plate) 위에서 다시 냉각한다.

네 번째 단계는 정렬(alignment)과 노출(exposure) 공정이다. 마스크는 레지스트가 코팅된 실리콘 웨이퍼의 정확한 위치에 정렬된다. 웨이퍼의 표면은 원래의 순수한 실리콘일 수도 있지만, 자신의 표면에 이미 정의된 패턴을 가진다. 마스크와 웨이퍼가 한 번 정렬되면, 제어된 UV에 노출시킴으로써 레지스트가 코팅된 웨이퍼로 마스크 이미지를 전송한다. 빛 에너지는 포토레지스트의 광감응 성분을 활성화한다. 정렬과 노출

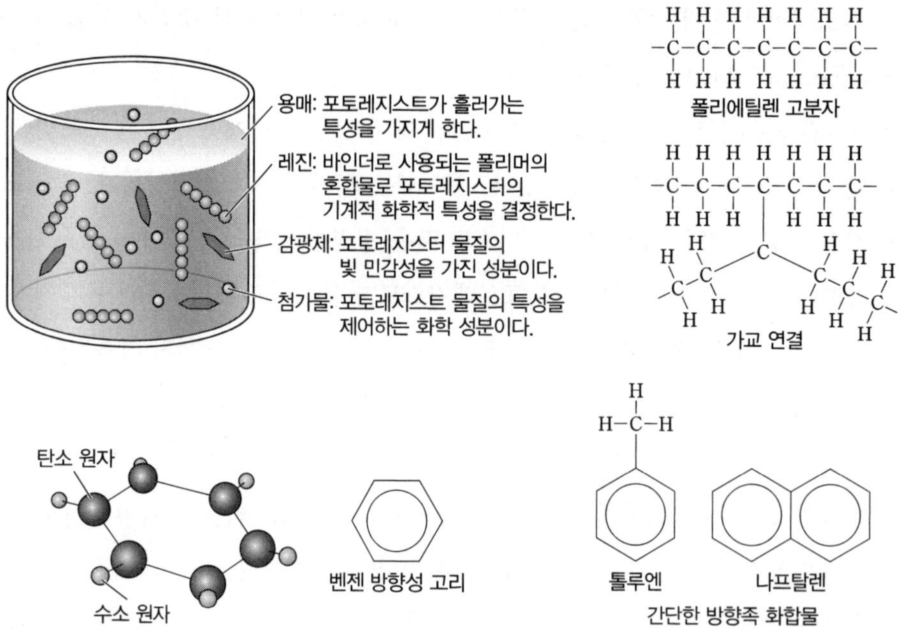

그림 7.6 포토레지스트의 구성 성분과 유기물질들

에서는 주로 선폭의 해상도, 겹침의 정확성, 입자와 결함 등으로 공정의 품질을 측정한다. [그림 7.7]은 용도에 맞는 다양한 형태의 레티클 패턴의 레이아웃과 차원을 나타내고 있다.

다섯 번째 단계는 DUV 레지스트에 필요한, 100~110℃로 가열된 판 위에서 굽는 것이다. 이런 굽기는 포토레지스트 노출 직후에 실행하므로 노출 후 굽기(PEB)라고 한다.

여섯 번째 실행 단계는 현상(developing)이다. 현상을 거쳐야 비로소 웨이퍼 표면의 포토레지스트에서 패턴이 발생되므로 중요한 단계이다. 포토레지스트의 녹는 영역은 웨이퍼 표면에 작은 분리 영역들의 눈에 보이는 패턴이 없어지는 상태로 화학 현상 용액에 의해서 용해된다. 앞서 언급했듯이 negative 리소그래피에서는 UV에 노출되지 않은 부분이 용해되고, positive 리소그래피에서는 UV에 노출된 부분이 용해된다. 현상 공정은 회전, 분사(spray), 휘젓기(puddle)를 통해서 진행하고, 이후 웨이퍼는 DI 물(탈이온수)로 헹군 뒤 회전시켜서 건조된다.

현상 공정이 실행된 직후 웨이퍼 표면의 레지스트 부착력을 개선시키고 잔류 포토레지스트의 용매를 증발시키기 위해 7단계로 강하게 굽기(hard bake)를 실시한다. 강하게

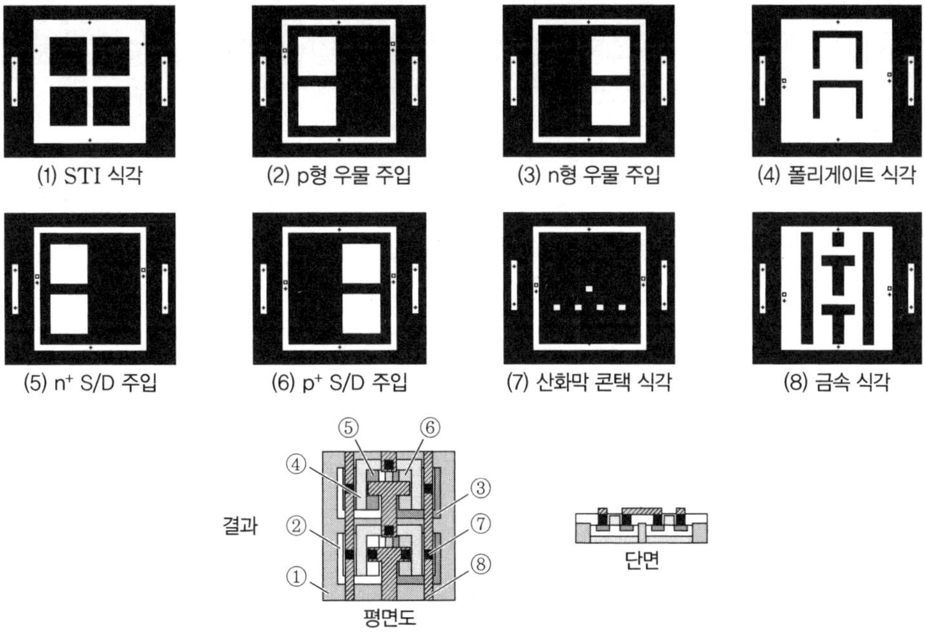

그림 7.7 레티클 패턴의 레이아웃과 차원

굽기는 식각 공정이나 주입 공정을 위해 레지스트를 안정화시키는 중요한 공정이다. positive 레지스트를 위한 강하게 굽기 공정의 온도는 약 120~140℃이다. 이 온도는 약하게 굽기(soft bake)보다는 높은 온도이지만, 이보다 더 높게 구우면 레지스트가 흘러내리고 패턴이 변형되므로 온도를 정확하게 유지해야 한다.

레지스트가 웨이퍼 위에 패턴을 프린트하면 마지막 단계(8단계)로 레지스트 패턴의 품질을 입증하기 위한 검사가 실시된다. 검사 시스템은 고밀도로 집적된 임계층들의 패턴화를 위해 자동화된다. 검사의 목적은 레지스트 품질에 문제가 있는지를 확인하고 포토레지스트의 공정의 성능을 최적화하여 품질 성능을 개선하는 것이다.

연습문제

1 마스크, 석영 템플릿, 포토레지스트를 설명하시오.

2 포토리소그래피에 사용되는 UV 파장을 설명하시오.

3 오버레이 정밀도(overlay accuracy)를 설명하시오.

4 negative 포토리소그래피를 설명하시오.

5 positive 포토리소그래피를 설명하시오.

6 포토리소그래피 공정을 8단계로 분류하시오.

7 HDMS를 설명하시오.

8 레진을 설명하시오.

9 약하게 굽기(soft bake)를 설명하시오.

10 강하게 굽기(hard bake)를 설명하시오.

8장

식각 공정

1. 식각 공정의 분류
2. 등방성 식각과 이방성 식각
3. 식각 바이어스와 언더컷
4. 식각 선택도
5. 플라스마 식각 반응기의 분류

1 식각 공정의 분류

나노 반도체 소자 제조공정에서 칩들은 수많은 층간 유전체층과 다층 금속층을 구성하고, 포토리소그래피 공정의 회로 패턴을 구성하여 소자 사이의 상호 연결을 위한 비아 및 플러그를 증착시키기 위해서 물질의 일부가 선택적으로 제거된다. [그림 8.1]은 산, 염기, 용매와 같은 액체 상태의 반응성 용액이나 플라스마 상태의 반응성 기체, 이온이나 분해된 가스 형태와 같은 화학적 수단을 이용해서 웨이퍼 표면에서 불필요한 물질을 선택적으로 제거하는 공정이다.

식각(etch)의 문제점은 식각 공정에 의해서 물질이 실수로 한번 제거되면 실수를 바로 잡기 어렵다는 점과 부정확하게 식각된 웨이퍼는 기능 상실로 인해 사용할 수 없거나 폐기해야 하기 때문에 반도체 제조업체의 입장에서는 수익에 대단히 큰 손실이 발생한다는 점이다. 식각 기술은 포토리소그래피 공정과 밀접하게 연계되는 공정으로 반도체 공정에서 중요한 부분으로 취급되고 있다. 식각 공정은 습식 식각(wet etching)과 건식 식각(dry etching)으로 구분할 수 있다.

식각에서 고려해야 하는 중요한 파라미터에는 식각률(etching rate), 식각 프로파일(etching profile), 식각 바이어스(etching bias), 선택도(selectivity), 균일성(uniformity), 잔류물(residues), 폴리머 형성(polymer formation), 플라스마 유도 손상(plasma induced damage), 입자 오염과 결함(particle contamination, defect) 등이 포함된다.

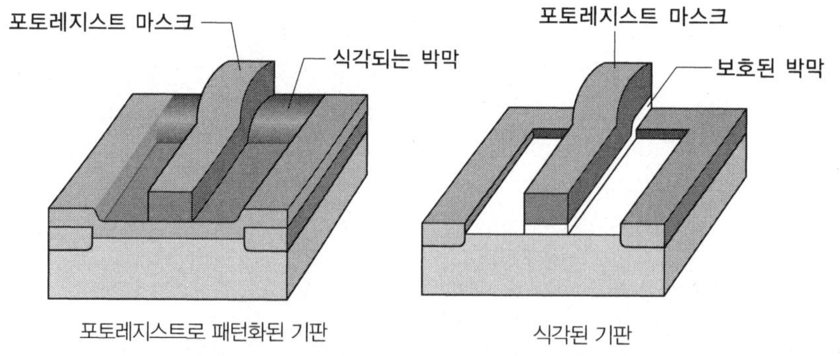

그림 8.1 CMOS 기술이 적용되는 식각 공정의 포토레지스트 패턴

식각률은 [그림 8.2]에 나타낸 것처럼 식각이 진행되는 동안 재료가 웨이퍼 표면으로부터 제거되는 속도를 의미하며 일반적으로 단위 시간당 제거 두께인 Å/분으로 측정한다. 식 각되는 틈의 깊이는 스텝 높이로 알려져 있다. 웨이퍼의 높은 처리량을 유지하기 위해서는 식각률이 높은 것이 바람직하다. 식각률은 공정 파라미터 설정과 식각에 사용되는 가스, 반응기의 구성, 식각되는 재료의 형태 등과 같은 다양한 장비와 공정에 의해서 결정된다.

건식 식각은 플라스마 식각(plasma etching)이라고도 부른다. [그림 8.3]은 플라스마 식각 공정의 개략도이다.

식각 응용의 한 예로는 알루미늄 식각과 구리, 텅스텐 식각을 들 수 있다. 전통적인 금속화 공정은 웨이퍼 표면 위에 알루미늄 합금층을 증착시키는 것이다. 이런 동작은 식각과 포토리소그래피를 통해 상호 연결을 구성하기 위해서 수행된다. 다른 금속층은 층간 유전체 비아에서 이전에 구성된 텅스텐 플러그에 의해서 전기적으로 연결된다. 구리, 야금을 위해 다마신(Damascene) 공정을 사용하는 금속화 공정은 유전체 식각을 진행하여 ILD 안에서 트렌치(trench)를 형성한다. 구리는 유전체 패턴 속으로 증착되는 피복(blanket) 물질이다.

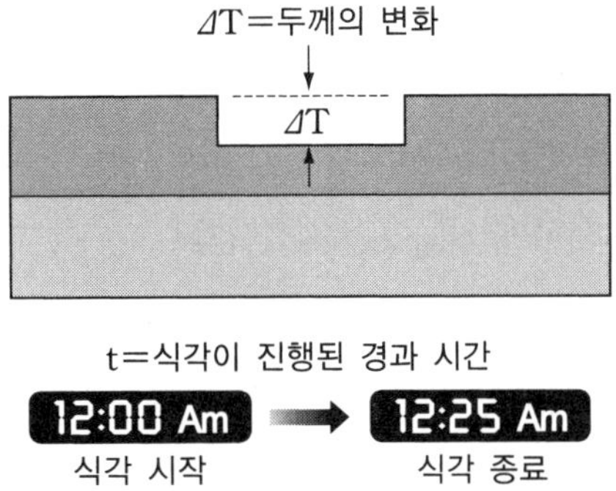

그림 8.2 식각률

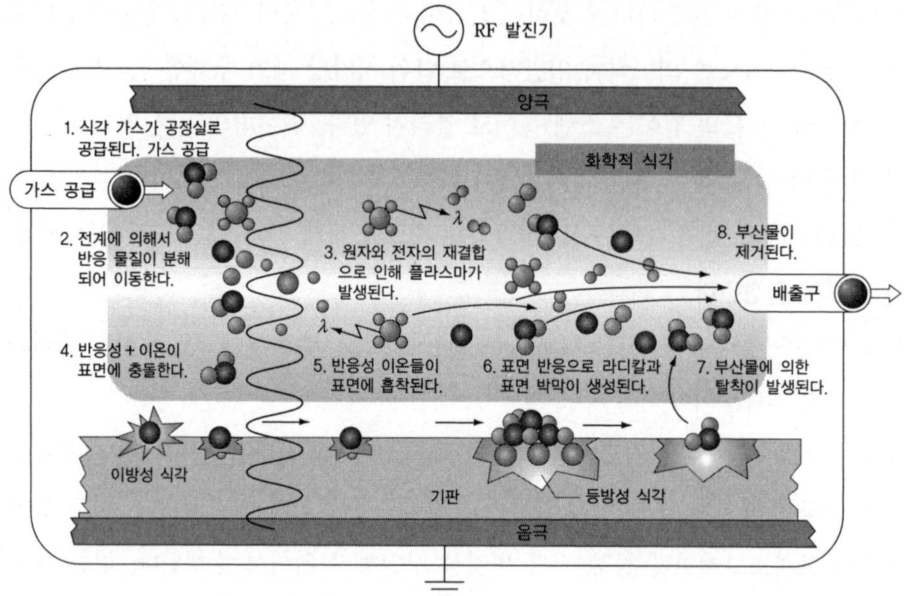

그림 8.3 플라스마 식각 공정의 개략도

2 등방성 식각과 이방성 식각

식각 프로파일은 식각된 특성의 측벽 형태를 의미하는 것이며, [그림 8.4]에서 보듯이 등방성(isotropic) 식각과 이방성(anisotropic) 식각으로 구분된다. 등방성 식각은 보통 습식 식각 공정에서 나타나고 이방성(비등방성) 식각은 건식 식각에서 주로 나타난다(건식 식각 에서도 등방성 식각으로 진행하는 일부 플라스마 식각의 경우가 있다). [표 8.1]은 식각의 종류에 따른 측벽 프로파일을 나타내고 있다.

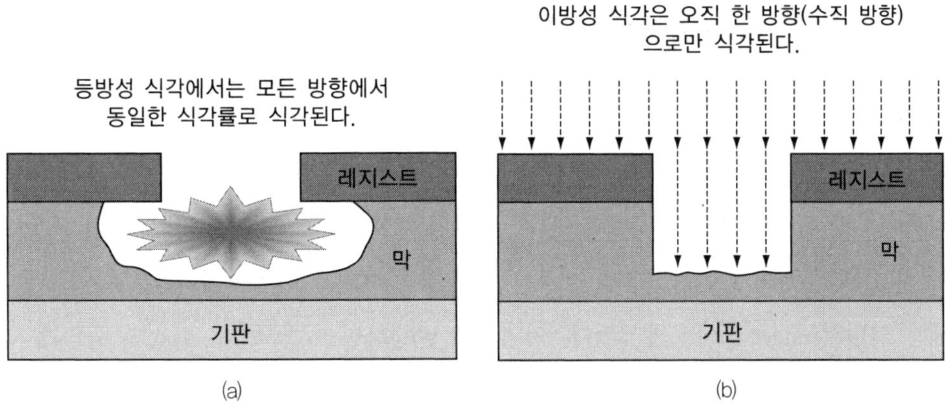

그림 8.4 등방성 식각과 이방성 식각

표 8.1 식각의 종류에 따른 측벽 프로파일

식각의 종류	측벽 프로파일	그림
습식 식각	등방성	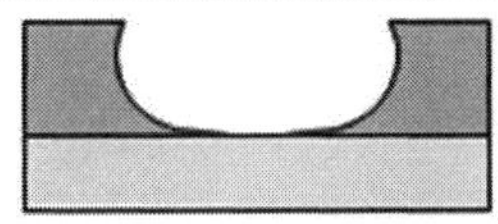
건식 식각	등방성	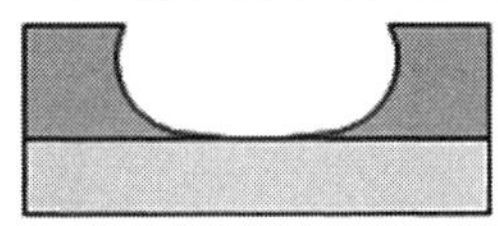
	이방성	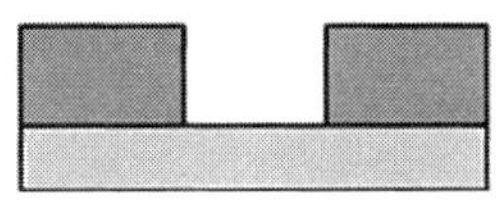
	이방성-테이퍼형	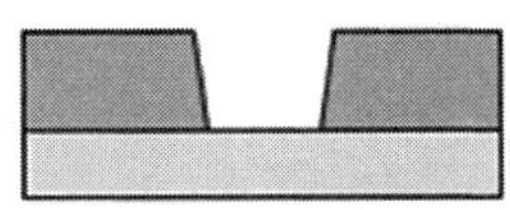
	실리콘 트렌치	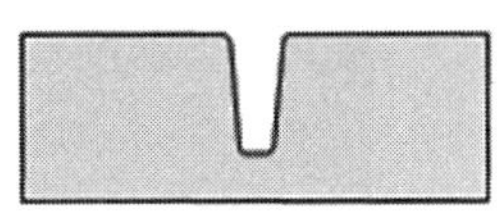

3 식각 바이어스와 언더컷

식각 바이어스는 [그림 8.5(a)]와 같이 식각 공정을 수행한 후 임계 차원의 공간 또는 선폭에서 변화량을 측정한 것이다. 습식 식각의 경우에는 [그림 8.5(b)]와 같이 식각해야 할 물질의 두께가 마스크층의 간격 이상인 경우 레지스트의 아래쪽 밑 부분을 깎아내는 언더컷(under cut)이 발생된다. 언더컷이 발생하면 마스크층은 완전히 들뜨게 되고, 결과적으로 마스크층이 제거되면서 그 형태를 기판에 전송할 수가 없다. 식각 바이어스는 식 (8.1)로 나타낼 수 있다.

$$\text{식각 바이어스} = W_b - W_a \tag{8.1}$$

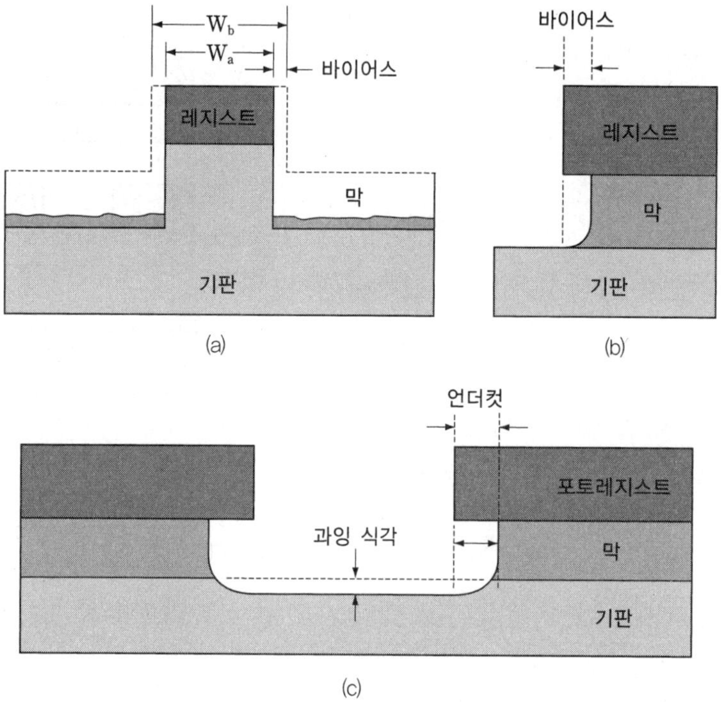

그림 8.5 식각 바이어스와 언더컷

여기서 W_b는 식각하기 전의 포토레지스트의 선폭을 의미하고, W_a는 레지스트를 제거한 후에 식각된 물질의 최종 선폭을 의미한다.

4 식각 선택도

선택도는 동일한 조건의 식각에서 하나의 막이 다른 막보다 얼마나 빠르게 식각되는지를 나타낸다. 선택도는 막의 재료에 의존하며, [그림 8.6]에 나타난 것처럼 다른 막의 재료의 식각률에 비해서 식각되는 막의 재료의 상대적인 식각률로 정의된다. 선택도가 높으면 식각은 원하는 층에서만 발생한다. 즉, 높은 선택도를 갖는 식각 공정에서는 막 아래쪽을 불필요하게 식각하지 않으며 적당한 깊이에 식각이 정지된다. 그리고 보호되는 포토레지스트도 식각되지 않는다. 기하학적 크기가 줄어들수록 얇은 층의 레지스트가 요구된다. 높은 선택도는 임계 차원과 프로파일 제어를 만족하기 위해서 대부분의 개선된 공정에서 필수적이다. 마스크층과 막 아래쪽을 식각하기 위한 선택도 S_R은 식 (8.2)로 나타낼 수 있다.

$$S_R = \frac{E_f}{E_r} \tag{8.2}$$

여기서 E_f 는 막 아래쪽의 식각률을 의미하고 E_r은 마스크층(예를 들면 포토레지스트층)의 식각률을 의미한다. 선택도는 이 식을 기반으로 종종 비율로 표현되기도 한다.

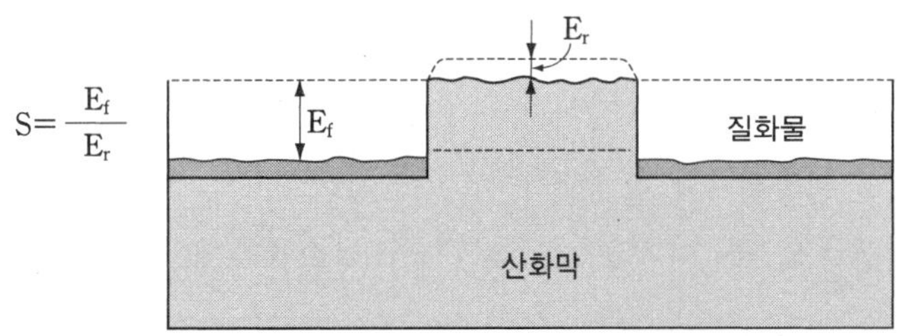

그림 8.6 식각 선택도

작은 선택도를 가지고 있는 공정은 식각되는 막이 포토레지스트 마스크와 같은 속도로 식각되며, 1:1로 나타낼 수 있다. 반대로 우수한 선택도를 가지는 공정은 100:1이 될 수도 있다. 즉, 식각되지 않는 막보다 식각되는 막이 100배 더 빠르게 제거된다는 것이다.

5 플라스마 식각 반응기의 분류

플라스마 건식 식각 시스템의 기본 구성 요소에는 식각이 이루어지는 반응실(reaction chamber), 플라스마를 점화하기 위한 RF 전원 공급 장치, 가스 흐름 제어 시스템, 식각 부산물과 가스를 제거하기 위한 진공 시스템이 포함된다. 식각 시스템에는 감지기(sensor), 가스 흐름 제어 유닛, 종료점 검출기 또한 포함된다.

식각에서는 가스들이 가지는 다양한 화학적 특성이 사용된다. 일반적으로, 플루오린은 SiO_2를 식각하고 플루오린(F)과 염소(Cl)는 알루미늄을 식각한다. 염소, 플루오린, 브로민(bromine)은 실리콘을 식각한다. 산소(oxygen)는 포토레지스트를 제거한다. 다른 파라미터들은 건식 플라스마 식각에서 진공 동작, 가스 혼합, 가스 흐름 비율, 온도, RF 전원, 플라스마와 관련된 웨이퍼의 위치 등을 제어한다. 이런 다양한 파라미터들의 상호 작용이 건식 식각 공정의 제어 기능들이다.

건식 반응 장치의 형태는 원통형 플라스마 식각기(barrel plasma etcher), 평행 평판형 반응기(parallel plate reactor), 다운스트림(downstream) 식각 시스템, 3극 평면 반응기(triode lianar reactor), 이온빔 밀링(ion beam milling), 반응성 이온 식각(reactive ion etch, RIE), 고밀도 플라스마 식각기(high density plasma etcher)로 분류된다.

원통형 반응기는 [그림 8.7]과 같이 0.1~1 torr의 압력에서 거의 순수한 화학적 등방성 식각을 갖도록 원통형으로 설계된다. 웨이퍼 사이의 작은 분리된 영역을 갖는 석영 보트 위에 웨이퍼들은 수직적으로 설치된다. RF 전원은 실린더의 양쪽 측면에 위치되는 전극에 공급된다. 일반적으로 구멍이 뚫린 금속 원통형 식각 터널은, 식각 터널과 반응로 벽 사이의 외부 영역으로 플라스마가 탈출하는 것을 방지한다.

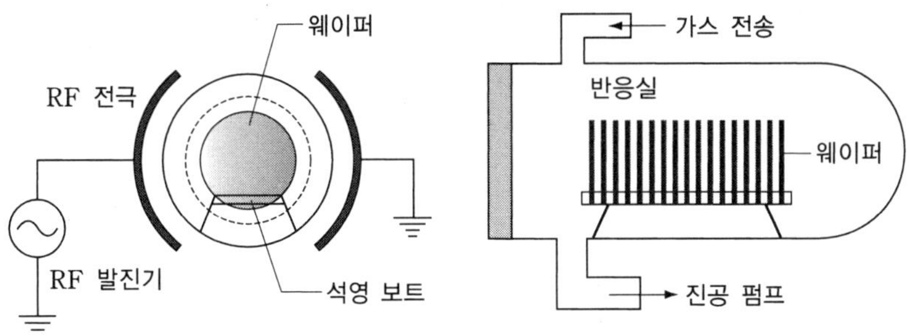

그림 8.7 원통형 플라스마 식각기

평행 평판형 반응기는 [그림 8.8]과 같이 반응기 안에서 크기와 위치가 대칭적인 두 개의 평행한 전극 판을 가지고 있다. 웨이퍼는 RF 신호가 인가된 위쪽 전극과 함께, 접지된 캐소드 전극의 후면 아래에 위치할 수 있다. 이것이 플라스마 식각 모드이고, 강력한 이온 충격 때문에 플라스마 전위는 항상 접지 전위 위에 있게 된다.

만약 RF가 인가된 전극에 웨이퍼가 직접적으로 위치한다면, 웨이퍼는 플라스마 및

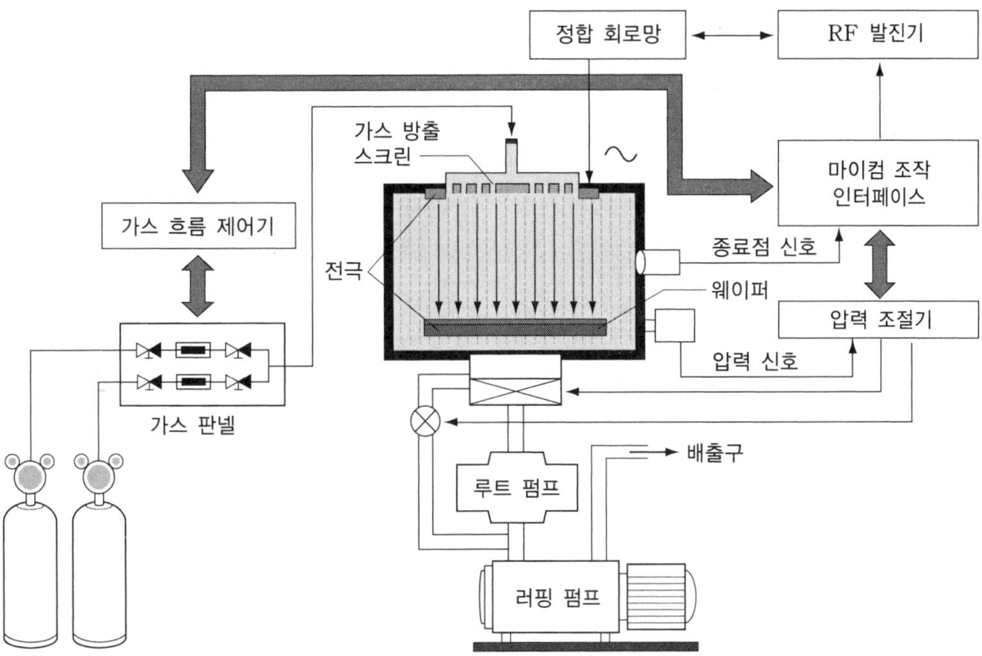

그림 8.8 평행 평판형 플라스마 식각

강력한 이온들과 직접 접촉한다. 이런 접촉은 높은 에너지의 이온 충격을 일으키며 이를 반응성 이온 모드라고 부른다. 물리적·화학적 식각 메커니즘은 플라스마 식각 모드와 반응성 이온 모드에서 일어난다. 그러나 반응성 이온 모드에서의 이온 충격에 의한 에너지들이 플라스마 식각에서보다 대략 10배 정도 높다. 플루오린(F_2)과 산소(O_2) 같은 반응성 가스는 플라스마를 형성하기 위해 필요하다. 반응기는 식각률을 조정하기 위한 높은 RF 파워와 약 0.1~1 torr 정도의 압력에서 작동한다.

직접적인 식각을 제공하는 이온이 없기 때문에, [그림 8.9]와 같이 다운스트림 반응기는 등방성이고 레지스트나 다른 비임계층을 제거하기 위해 종종 화학적 에칭을 사용한다. 다운스트림 식각에서 플라스마를 들뜨게 하기 위한 마이크로파 소스는 일반적인데, 산소 원자의 밀도는 최대화하면서 산소 이온의 밀도를 최소화하기 때문에 장비 손상을 최소화하고 높은 제거율을 산출할 수 있다.

3극 평면 반응기는 이온 충돌의 양을 조절하기 위해 세 번째 전극을 추가한 것이다. [그림 8.10]은 두 개의 전원이 설치되는데, 전기 유도적으로 연결된 RF는 약 10^{-3} torr의 압력에서 이온이나 반응성을 가진 이온들을 생성하기 위한 플라스마를 만들어 낸다. 저주파 생성기는 이온 충돌을 조절한다. 일반적으로 단결정 실리콘 트렌치 식각에서 사용된다.

[그림 8.11]의 이온빔 밀링은 이온빔 식각이라 한다. 이온빔 식각은 강한 방향성 플라스마의 물리적 식각 메커니즘과 작은 형태의 이방성 식각 능력을 가진다. 플라스마

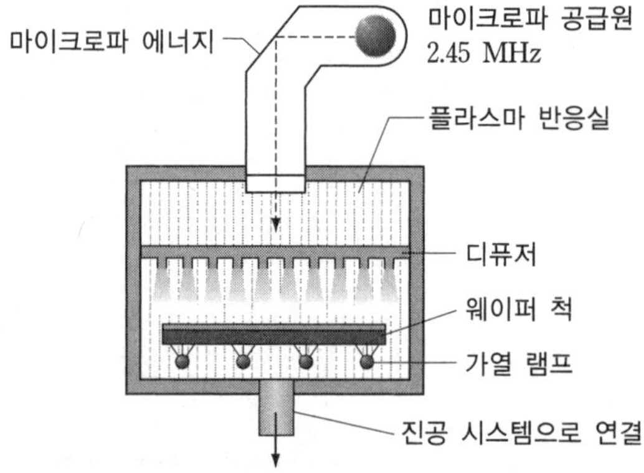

그림 8.9 다운스트림 반응기의 개략도

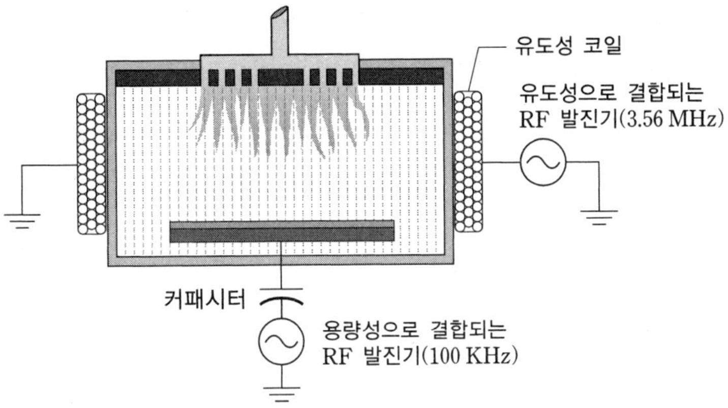

그림 8.10 3극 평면 반응기

는 일반적으로 RF 유도 결합 소스나 마이크로파 소스의 사용으로 생성된다. 빠른 이동 전자들은 고온 필라멘트에 의해 발광한다. 아르곤 원자는 확산 스크린을 통해 플라스마 공정실로 들어간다. 플라스마 공정실은 전자기로 둘러싸이며, 자기장은 전자의 궤도 순환 이동을 유발한다.

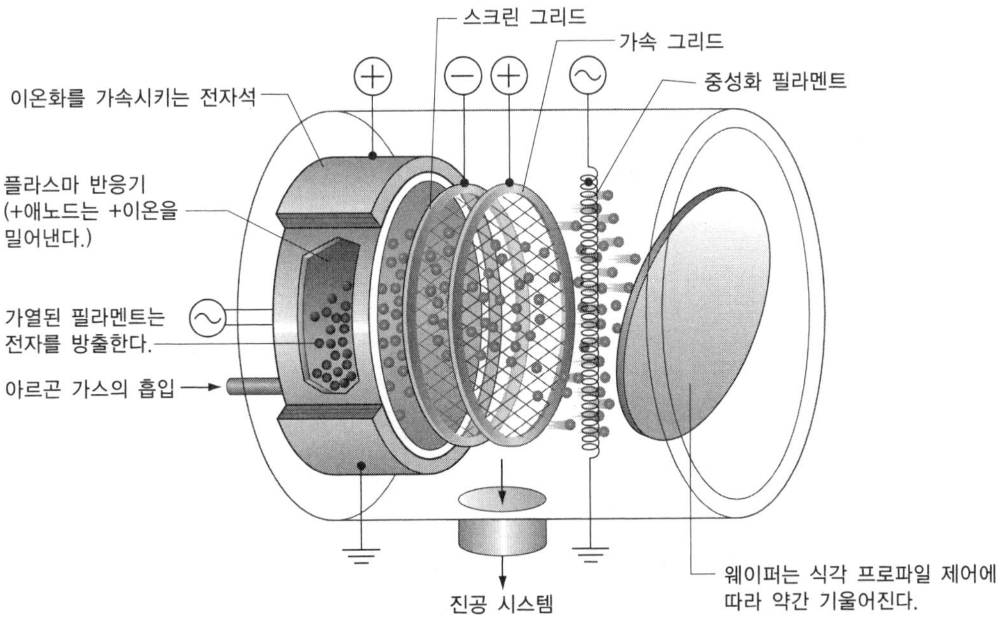

그림 8.11 이온빔 반응기의 일반적인 개략도

이런 순환적인 움직임은 많은 수의 아르곤 양이온에서 생성된 아르곤 원자들로부터 많은 충돌을 만들어 낸다. 아르곤의 양이온들은 그리드 전극에 의해서 플라스마 소스 밖으로 끌어당겨 지고, [그림 8.11]과 같이 평행한 전극의 설치로 고밀도 빔으로 형성된다. 고전압 가속기 그리드는 이온 에너지를 2.5 keV만큼 끌어 올린다. 중성화된 필라멘트는 양이온과 웨이퍼의 충전을 방지하기 위해서 아르곤 원자와 재결합하는 전자를 방출한다. 이온빔 식각기는 고밀도 플라스마 식각에서의 일반적인 압력보다 낮은 10^{-4} torr의 저압 범위에서 아르곤 가스와 상호 작용한다.

[그림 8.12]는 나노 반도체 식각에서 발생되는 식각률과 압력 조절의 문제점, 웨이퍼의 충격을 감소시키는 고밀도 플라스마 식각기 ECR의 개략도이다. 1980년대 초기에 처음 소개된 ECR(electron cyclotron resonance) 반응기는 상업적으로 개발된 최초의 고밀도 플라스마 반응기였다. 이것은 0.25 μm 이하의 특정 크기 식각을 위해 오늘날의 웨이퍼 공정에서도 아직 사용하고 있다. ECR 반응기는 1~10 mtorr의 작동 압력에서 매우 밀집된 플라스마를 발생시킨다. ECR 식각은 고밀도 플라스마를 발생시키기 위해 자기장에 존재하는 마이크로파 들뜸을 이용한다. ECR 반응기의 핵심 특징은 자기

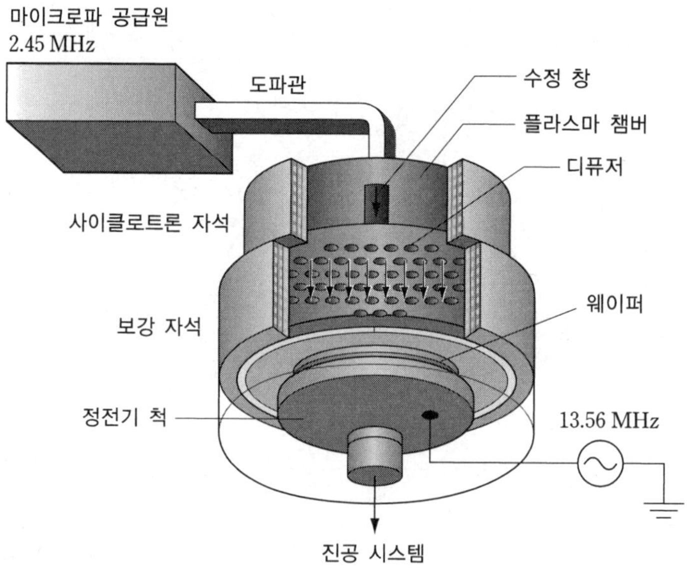

그림 8.12 고밀도 플라스마 식각기 ECR의 개략도

장이 반응 물체의 흐름과 평행하다는 것인데, 이는 자유 전자가 자기력으로 인해 나선 경로로 이동하기 때문이다.

연습문제

1 습식 식각 공정과 건식 식각 공정을 설명하시오.

2 플라스마 식각을 설명하시오.

3 식각률을 설명하시오.

4 다마신 공정을 설명하시오.

5 등방성 식각과 이방성 식각의 특성을 비교 설명하시오.

6 측벽 프로파일을 설명하시오.

7 언더컷을 설명하시오.

8 식각 선택도를 설명하시오.

9 원통형 플라스마 반응기의 개략적인 구조를 설명하시오.

10 평행 평판형 플라스마 반응기의 개략적인 구성을 설명하시오.

11 다운스트림 반응기의 개략도를 설명하시오.

12 이온빔 밀링 반응기의 일반적인 개략도를 설명하시오.

13 ECR 반응기를 개략적으로 설명하시오.

9장

금속화 공정

1. 다층 금속화 공정
2. 이중 다마신 공정
3. 금속화 공정에 사용되는 재료의 특성
4. 증발 공정과 스퍼터링 공정

1 다층 금속화 공정

웨이퍼 제조공정에서 금속화 공정은 유전체막 위에 금속막을 증착시키고 집적 회로의 모든 금속선들과 플러그들을 상호 연결하기 위해서 패턴화(patterning)를 수행하는 공정으로 [그림 9.1]과 같이 나타낸다. 금속선들은 샌드위치 형태로 유전체층들 사이에 끼워진다. 고성능 마이크로프로세서에서는 하나의 칩에 수백만 개에서 수천만 개의 금속선이 상호 연결하기 위해 사용된다.

CD가 7 nm 스케일까지 감소된 현재 기술로는 1칩당 수억 개에서 수십억 개의 CMOS 소자들이 집적되는 실정이며, 소자들 사이의 상호 연결의 복잡도는 과거에 비해 엄청나게 증가하였다. 신호의 전파 지연을 줄이는 데 필요한 마이크로칩의 상호 연결 기술은 초고집적 회로의 성능에 있어서 가장 중요한 과제로 주목받고 있다. ULSI 회로에서 상호 연결 저항, 기생 커패시턴스, 소자 밀도의 증가로 인한 신호 전파의 지연 문제를 해결하기 위해 기존의 알루미늄 배선 대신 전도성이 우수한 금속인 구리를 사용하게 되었다(그림 9.2).

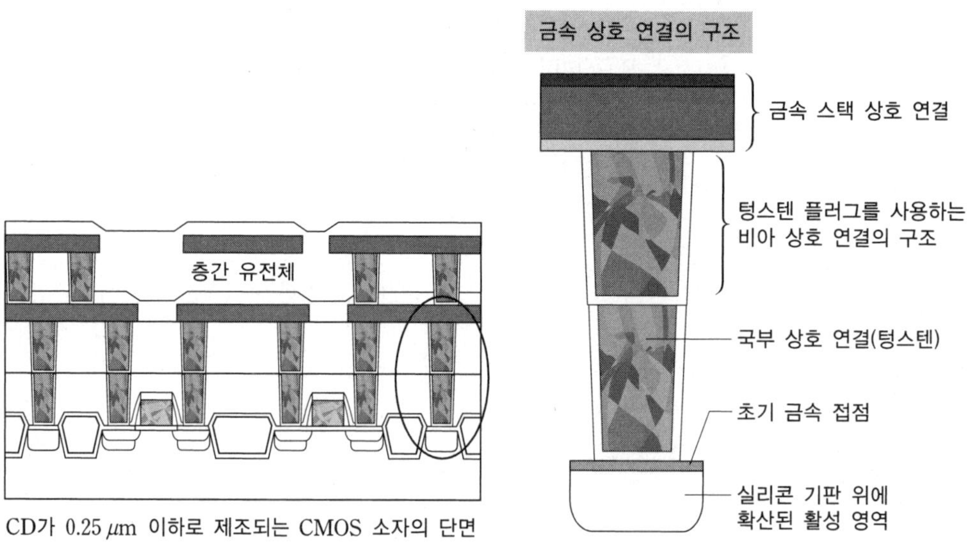

그림 9.1 다층 금속화 공정

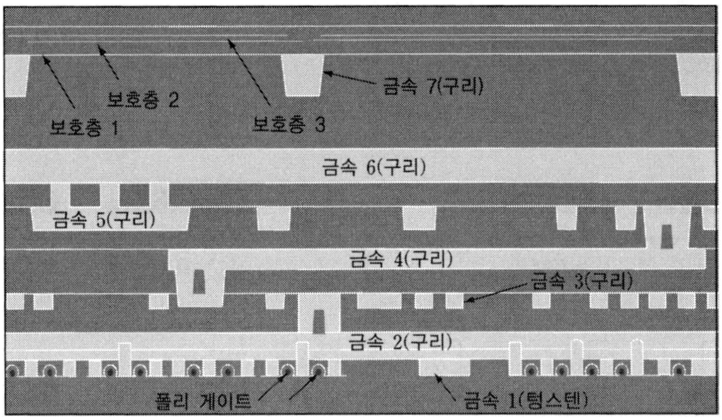

그림 9.2 다층 구리 금속화 공정

실리콘 웨이퍼 소자와 최초의 금속층 사이에 있는 실리콘 표면에서의 전기적인 연결을 접점(contact, 접촉)이라고 하며, 여러 유전체층을 통해 한 금속층에서 근접 금속층으로 전기적 통로를 구성하는 공간을 비아(via)라고 한다. 두 개의 금속층들 사이에서 전기적 연결을 형성하기 위해 비아를 채우는 물질을 금속 플러그(metal plug)라 한다.

층간 유전체(interlayer dielectric, ILD)는 전기적으로 금속의 레벨들을 분리하는 절연 재료이다. ILD는 증착된 이후 다양한 금속층 및 실리콘에 비아 통로를 형성하기 위해서 패턴화되고 식각된다. 비아는 비아 플러그를 형성하기 위해서 금속으로 채워지는데 일반적으로는 텅스텐(W)을 사용한다. 하나의 웨이퍼에는 수많은 비아가 존재한다. 300 mm 웨이퍼 제품의 각 층에는 10^{11}개에 달하는 비아들이 존재하고 있다.

2 이중 다마신 공정

일반적인 금속화 공정에서 알루미늄 합금의 피복(blanket)층이 유전체 층에 증착되고 그런 다음 금속선들을 구성하기 위해서 패턴화되고 식각된다. 금속 식각은 일반적인 금속화 공정에서 중요한 기술이다. 초기에는 구리의 식각화 공정이 어려웠기 때문에 주로 알루미늄 합금을 이용했지만 빠른 데이터 전송과 강인한 특성, 알루미늄에서 나

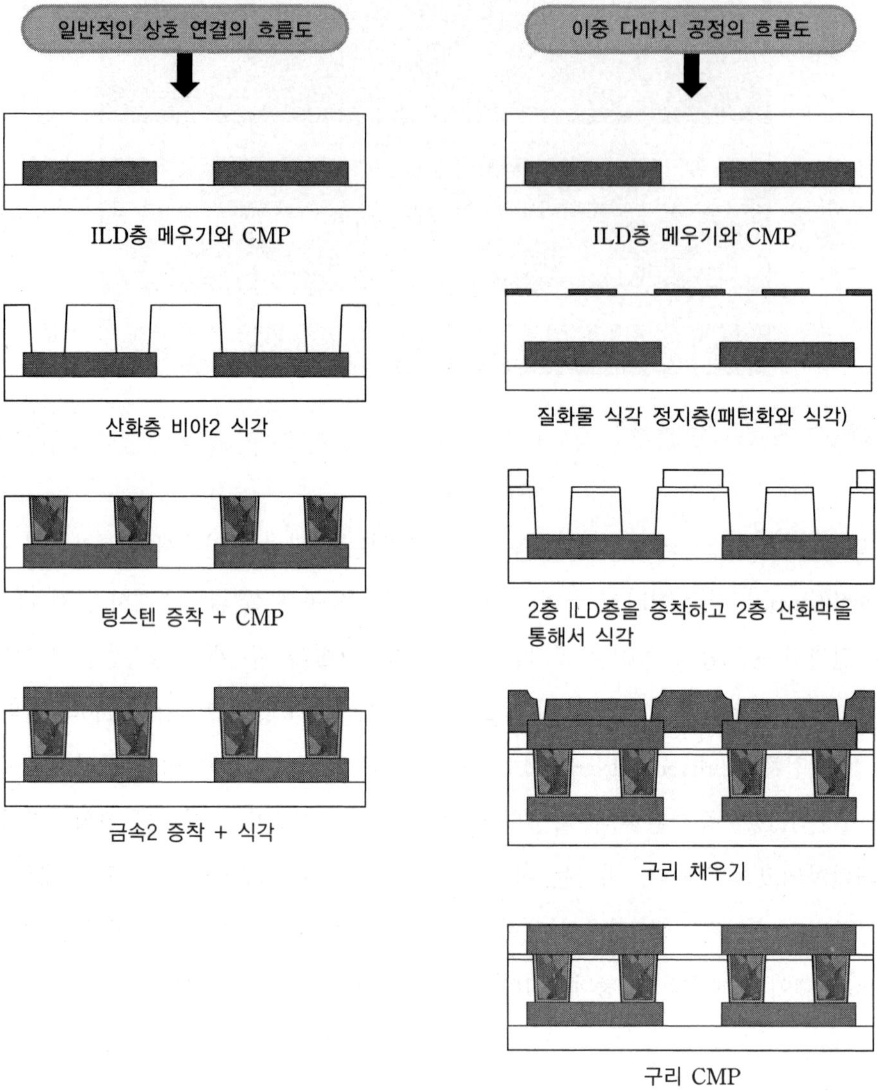

그림 9.3 일반적인 금속화 공정과 이중 다마신 공정의 비교

타나는 전자이탈(electron migration) 현상의 문제를 해결하기 위해서 알루미늄 합금 대신 구리 합금을 사용하게 되었다.

일반적인 금속화 공정에서 알루미늄 합금의 피복(blanket)층이 유전체층에 증착된 다음 금속선들을 구성하기 위해서 패턴화되고 식각된다. 금속 식각은 일반적인 금속화 공정에서 중요한 기술이다. 초기에는 구리 식각이 어려웠기 때문에 주로 알루미늄 합금을 금속화에 이용하였지만, 최근에는 빠른 데이터 전송과 강인한 특성, 알루미늄에서 나타나는 전자이탈 현상의 문제를 해결하기 위해 알루미늄 합금 대신 구리 합금을 사용하고 있다.

구리 상호 연결과 비아를 구성하기 위해서 [그림 9.3]에 나타낸 것처럼 이중 다마신(dual-damascene) 공정을 이용한다. 다마신 공정은 blanket 유전체의 증착으로 출발하는데, 이 증착을 통해 유전체에 구멍과 트렌치(호)를 패턴화하고 식각된 유전체를 평탄화하여 비아와 연결 금속선들을 만들 수 있다. 이런 트렌치에 피복 금속을 증착시키고 그런 다음 금속 상호 연결이 뚜렷하도록 유전체 아래의 금속을 평탄화시킨다.

3 금속화 공정에 사용되는 재료의 특성

칩의 상호 연결에 사용되는 금속과 금속 합금들은 우수한 전도성(conductivity), 흡착성(adhesion), 증착성(deposition), 패턴화(patterning), 평탄화(planarization), 신뢰성

표 9.1 실리콘과 선택된 웨이퍼 제조공정 물질(20℃)

재료	융점(℃)	저항률(μΩ−cm)
실리콘(Si)	1412	$\cong 10^9$
금(Au)	1064	1.7
니켈(Ni)	1455	6.8
도핑 처리된 폴리실리콘	1412	≅500~525
알루미늄(Al)	660	2.65
구리(Cu)	1083	1.678
텅스텐(W)	3417	8
티타늄(Ti)	1670	60
탄탈럼(Ta)	2996	13~16
몰리브덴(Mo)	2620	5
백금(Pt)	1772	10

(reliability), 부식(corrosion)에 대한 저항력과 응력(stress)과 같은 특성이 요구된다. [표 9.1]에는 실리콘과 다양한 형태의 금속들이 가지는 용융점과 저항 특성을 나타내고 있다.

4 증발 공정과 스퍼터링 공정

반도체 공정에서 사용되는 일반적인 금속화 기술은 물리적 기상 증착(PVD)이라고 부른다. PVD는 필라멘트 증발(evaporation), 전자빔 증발, 스퍼터링에 의해서 수행된다. 최근에는 화학적 기상 증착법(CVD)이 금속막 증착을 위한 기술로 주로 사용되고 있다.

증착 시스템에서 각각의 변화는 박막의 특성과 품질 제어의 개선을 가져왔다. 반도체 공정의 SSI와 MSI 시대에서는 증발(evaporation)이 주된 금속화 공정 기술로 사용되었지만, 증발법은 스텝 커버리지 특성이 빈약하기 때문에 이내 스퍼터링법으로 대체되었다. [그림 9.4]는 증발기 장치의 개략도를 나타내고 있다.

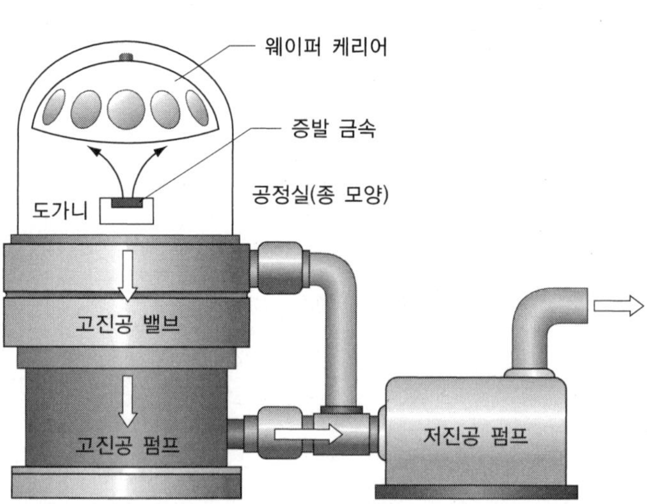

그림 9.4 증발기 장치의 캐리어

물리적 기상 증착법(PVD)의 한 형태인 스퍼터링은 1852년 William Robert Grove 경에 의해서 발견되었고 1920년에 Langmuir에 의해서 박막 증착 기술로 발전되었다. 스퍼터링이라는 이름이 의미하듯이 이 공정은 화학적이라기보다는 물리적인 공정이다.

[그림 9.5]와 같이 스퍼터링 공정에서 고에너지 입자가 고순도 타겟 물질의 고체판과 충돌하고 물리적으로 원자를 이동시킨다. 이렇게 스퍼터링된 원자는 진공을 통해 이동하고 결국 웨이퍼에 증착된다. 스퍼터링 공정의 이점으로는 증착 및 복잡한 합금을 유지하도록 개선된 능력, 고온에서의 내열성 금속의 우수한 증착 능력, 200 mm 이상의 웨이퍼에 있는 균일한 막의 증착을 제어하는 능력, 금속을 증착하기 전에 자연 산화막과 오염에 의한 웨이퍼 표면을 세정하기 위해 다중실 클러스터 기술을 사용할 수 있는 능력 등을 꼽을 수 있다.

스퍼터링 시스템은 RF(라디오 주파수), 마그네트론, 이온화된 금속 플라스마로 구분된다. 단순한 RF 스퍼터링 시스템은 비효율성 때문에 웨이퍼 제작에 사용되지 않는다. 마그네트론은 가장 널리 사용되는 스퍼터링 시스템이고 이온화된 금속 플라스마

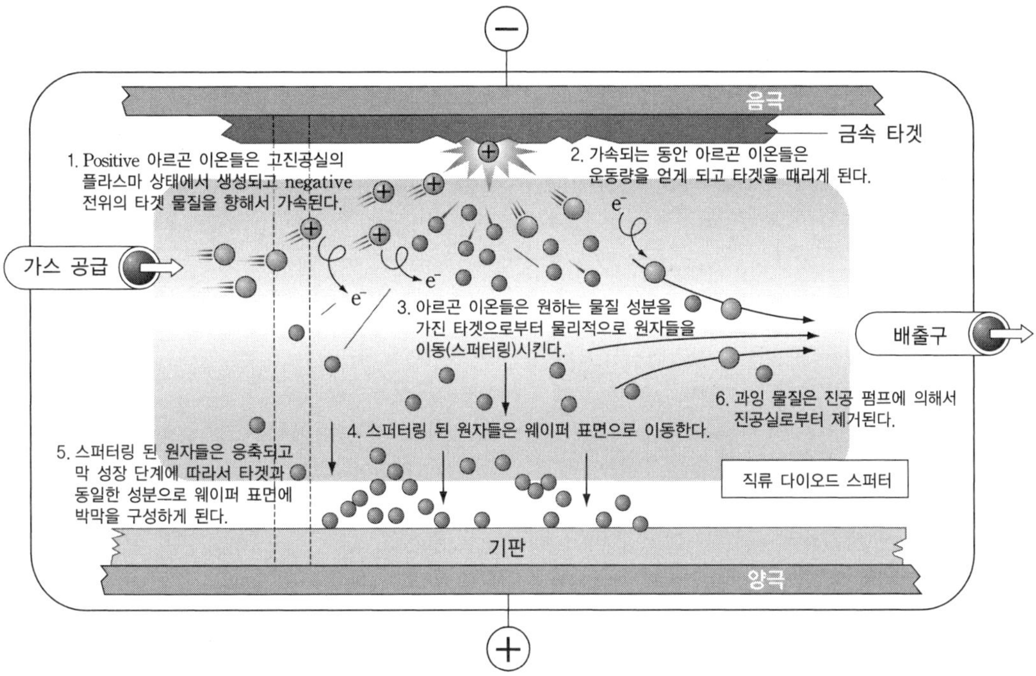

그림 9.5 직류 다이오드 스퍼터링 시스템의 동작 개념도

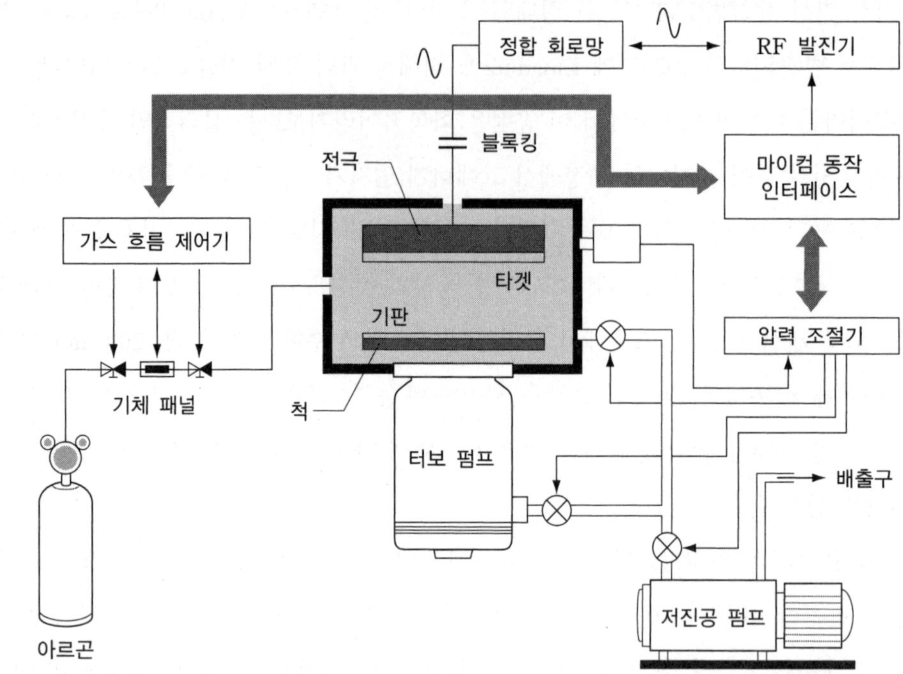

그림 9.6 RF 스퍼터링 시스템의 개략도

는 0.25 μm 이하의 공정에서 많이 이용된다. [그림 9.6]에 표시된 RF 스퍼터링 시스템에서는 플라스마를 생성시키기 위해 RF 장을 사용한다. RF 주파수는 보통 13.56 MHz가 사용된다. 이 주파수는 타겟 전극의 뒤쪽 표면에 인가되고 앞쪽 표면에서 용량성으로 결합된다.

1 금속 플러그의 역할을 설명하시오.

2 비아의 역할과 비아가 많아질 때의 문제점은 무엇인지 설명하시오.

3 층간 유전체(ILD)의 역할을 설명하시오.

4 이중 다마신 공정을 설명하시오.

5 증발 공정을 설명하시오.

6 스퍼터링 공정을 설명하시오.

7 RF(라디오 주파수)를 이용하는 스퍼터링의 이점을 설명하시오.

10장

MEMS

1. MEMS의 정의
2. MEMS 기술의 분류
3. 차량용 MEMS
4. ZigBee 기술의 개요
5. 블루투스 기술의 개요

1 MEMS의 정의

MEMS(Micro Electro-Mechanical Systems)는 반도체 공정에서 마이크론 단위의 미세 가공 기술을 이용하여 센서(sensor), 작동기(actuator), 변환기(transducer)와 같은 응용시스템의 구조물과 전자 회로를 결합하여 구성하는 시스템을 의미한다. 넓은 의미로는 이런 시스템을 설계 및 제작하고, 기계적, 전기적으로 시행하는 시험(test)까지도 포함한다. [그림 10.1]은 MEMS 기술로 제작된 잉크젯 프린터 노즐과 광학 렌즈이다.

1장에서 살펴본 바와 같이 CD가 나노급으로 표시되는 경우에는 손톱 크기의 면적에 집적되는 트랜지스터의 개수가 수억에서 수십억 개에 이른다. 이러한 사실을 통해 MEMS로 제작되는 소자들의 크기 역시 SEM이나 TEM과 같은 분석 장비를 통해서만 그 구조를 정확하게 확인할 수 있을 정도로 초소형 시스템인 것을 알 수 있다.

대만 타이베이의 국립고궁박물관에 보관된 소장품 중 쌀알에 불경을 새겨 넣은 것을 확대경을 통해 확인하는 것을 경험한 적이 있다면, 이를 MEMS 소자의 경우와 유사하다고 생각하면 된다. MEMS 공정은 나노 반도체의 CMOS 제작공정과 유사하다.

가속도 센서나 자이로스코프와 같은 관성 센서, GPS, 이미징 카메라 등과 같은 모바일 통신 장치(Mobile Communication Device, MCD)에 사용되는 센서들 역시 MEMS

(a)

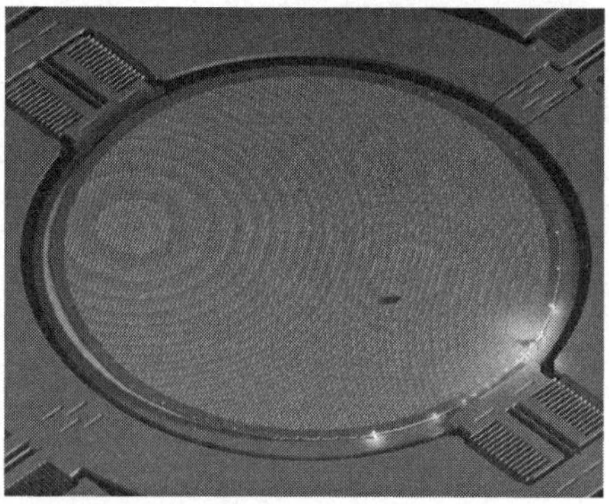

(b)

그림 10.1 (a) 잉크젯 프린터 노즐, (b) 광학 렌즈
(출처: Shutterstock / Argonne National Laboratory and Harvard University)

소자이다. 대형 냉각팬이 장착된 데스크톱 컴퓨터와는 달리 최근 판매되는 노트북이나 아이패드 제품이 얇아지고 경량화되는 경향이 있는데, 이들은 발열 문제를 어떻게 해결하는가? 이 의문에 대한 해답은 다음과 같다. 노트북 컴퓨터의 경우는 메인보드 아래쪽에 냉매가 흐르는 냉각용 파이프가 지나가는 것 이외에도 반도체 칩 내부에 MEMS 소자로 만든 냉각팬을 내장시켜서 컴퓨터의 전원이 들어오면 자동으로 냉각팬을 동작시킨다. 이처럼 MEMS 기술을 이용한다면, [그림 10.2]와 같이 진공청소기에 장착되어 분당 수 만회를 회전하는 초소형 모터와 같은 기존의 기계 부품이나 장치의 크기를 획기적으로 감소시킬 수 있다. 결국, 제품이 소비하는 전력 소모 역시 획기적으로 감소시킬 수 있는 것이다.

MEMS 기술을 이용하여 상용화한 제품들로는 자동차용 압력 센서, 가속도 센서, 잉크젯 프린터용 헤드, 의료용 혈압계, 광통신용 스위치, 유량계, 이동 통신용 RF 스위치, 로봇용 컨트롤러, 반도체 측정 장비인 프로브 카드, 당뇨 환자의 혈당 측정용 스트립, 내시경 측정용 부품, 주사용 부품과 같은 의료 분야, 항공 레이더 장비, 우주용 발

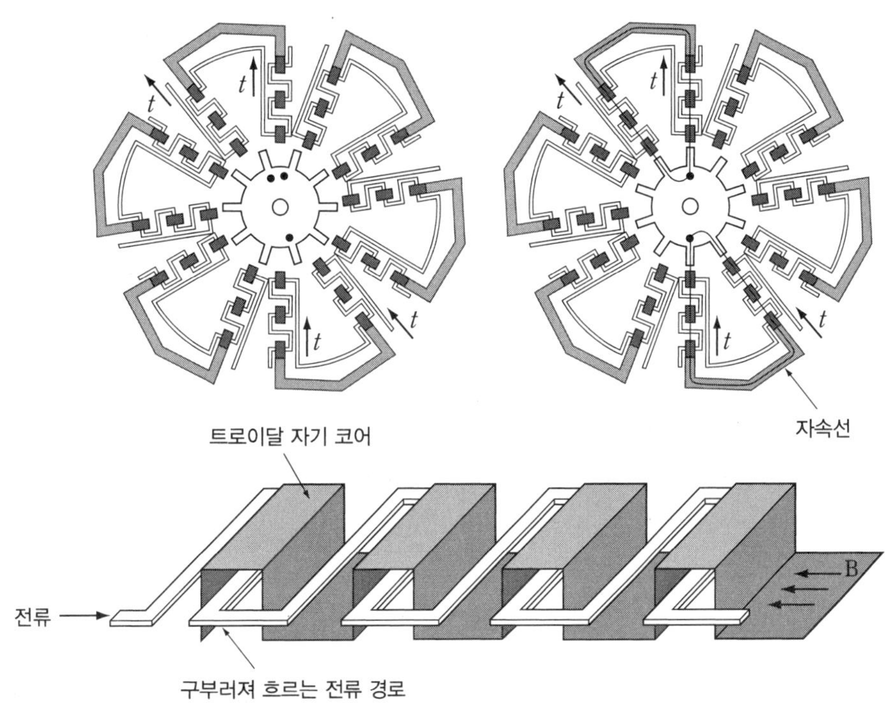

그림 10.2 MEMS 기술을 이용한 마그네틱 마이크로 모터

사체의 부품 등 다양한 형태로 나타난다. 이들의 성능 및 신뢰성 역시 지속해서 향상되고 있다.

최근에는 기계자동차 시장이 전기자동차 시장으로 개편되고 있고, 소비자의 요구가 고급화되는 추세로 변화하면서 자동차 산업의 전장 장치 역시 자동화되고 있다. 또한, 전체 차량 제조 가격의 60% 정도가 전자장비 가격이 될 정도로 나노 반도체와 MEMS 소자의 중요성이 높아지고 있다.

코로나 팬데믹 이라는 특수한 경우지만 1달러 가격의 MCU(microcontroller unit) 센서 부품을 조달하지 못해서 판매가가 7~8천만 원대에 이르는 대형 자동차의 생산설비가 정지되는 웃지 못할 일이 발생하기도 하였다. 이는 단지 한국의 현대자동차, 기아자동차, GM에 국한되는 문제가 아니라 전 세계 굴지의 글로벌 자동차 완성차 업계에서 동시다발적으로 벌어지는 현상이다.

현재 차량용 MCU의 70% 이상을 대만의 TSMC에서 공급하고 있다. 한국은 삼성전자, SK하이닉스 반도체 등을 통해 일부 자동차용 반도체를 생산공급 하고 있지만, 2020년 기준 공급량은 자동차 업계 연간 사용량의 대략 2% 정도이며, 나머지는 모두 외국회사의 제품을 공급 받고 있는 실정이다. 전기자동차, 자율자동차 시장이 도래할 것으로 예상되는 현재, 차량용 반도체와 나노 반도체를 포함하는 반도체 관련 설계, 분석, 제작에 관련되는 인력의 양성이 얼마나 시급하고 중차대한 일인지를 이해할 수 있다.

차량용 반도체 매출의 상위 100대 기업에 미국은 31개, 일본 23개, 중국 9개가 포함되어 있으며, 한국은 삼성전자, SK하이닉스, 서울반도체 등을 포함하여 겨우 8개 기업이 포함되어 있다. 매출 순위 역시 1위 네덜란드의 NXP, 2위 독일의 인피니언테크놀로지, 3위 일본의 르네사스일렉트로닉스, 4위 미국의 텍사스인스트르먼트, 5위 스위스의 ST마이크로일렉트로닉스, 26위 삼성전자, 39위 SK 하이닉스, 49위 서울반도체 등 한국의 매출 순위가 중위권에 포함되어 있어 메모리 반도체 1등이라고 자랑하는 한국의 위상은 차량용 반도체 분야에서는 체면을 구기고 있는 실정이다.

문제는 지금 당장 시작한다고 하더라도 신뢰성 있고 안전한 차량용 반도체를 설계, 생산, 판매하기까지는 최소 5년 이상의 시간이 필요할 것으로 전문가들은 예측하고 있다. 미국의 바이든 대통령이 기자 회견을 자청해서 200 mm 웨이퍼를 손에 들고 반도체 분야설비의 집중 투자와 국가적인 지원 방침을 언급한 것만으로도 향후 미래 먹거리가 반도체 산업의 기술혁신에 달려 있다는 것을 잘 이해할 수 있다.

2 MEMS 기술의 분류

MEMS 기술은 표면 미세 기계가공(surface micromachining) 공정, LIGA(lithographie galvanoformung abformung) 공정, 벌크 미세 기계가공(bulk micromachining) 공정으로 분류된다. 표면 미세 기계가공은 폴리 실리콘과 희생층 산화막(SiO_2) 물질로 구성되는

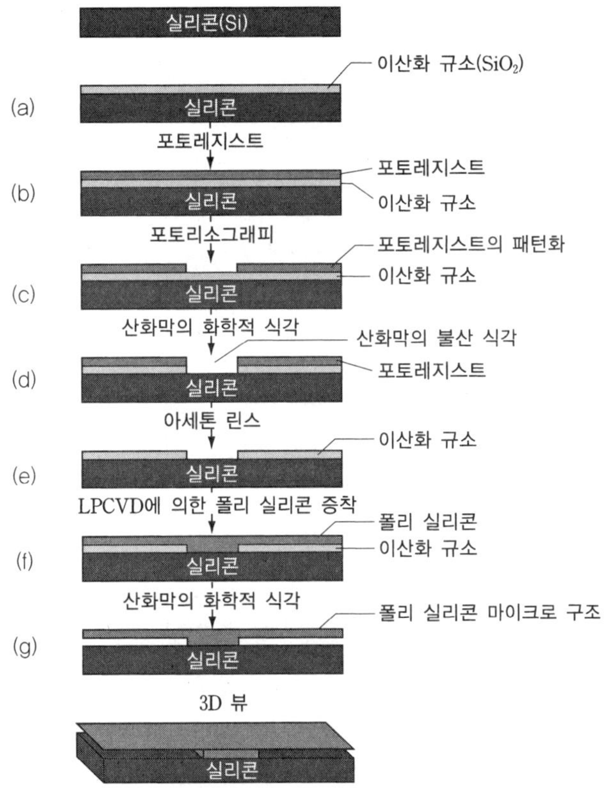

그림 10.3 표면 미세 기계가공 공정의 개략도. (a) 실리콘 기판 위에 산화막(SiO_2)을 증착시킨다. (b) 산화막 위에 포토레지스트(감광 물질)를 도포한다. (c) 자외선에 노출시켜 현상하고, KOH를 이용하여 마스크 패턴에 따라 포토레지스트의 선택적인 부분을 식각한다. (d) 불산(HF)을 이용해서 산화막을 식각한다. (e) 포토레지스트를 제거한다. (f) LPCVD를 이용하여 폴리 실리콘을 증착한다. (g) 산화막을 제거한다.

두 종류의 박막으로 만들어진다. 정전기 마이크로 모터와 같은 극소 모터를 제작할 수 있으며, 공정의 단계는 [그림 10.3]과 같다.

벌크 미세 기계가공 공정은 단결정 기판을 식각하는 과정을 통해 진동판(diaphragm) 압력 감지 장치, 박막(membrane), 켄틸레버 빔 피에조 저항성(cantilever beam piezoresistive) 가속 감지기와 같은 기계적인 소자를 제조하는 데 사용된다. 실리콘 질화물막을 만드는 벌크 미세 기계가공 공정은 [그림 10.5]와 같이 진행된다.

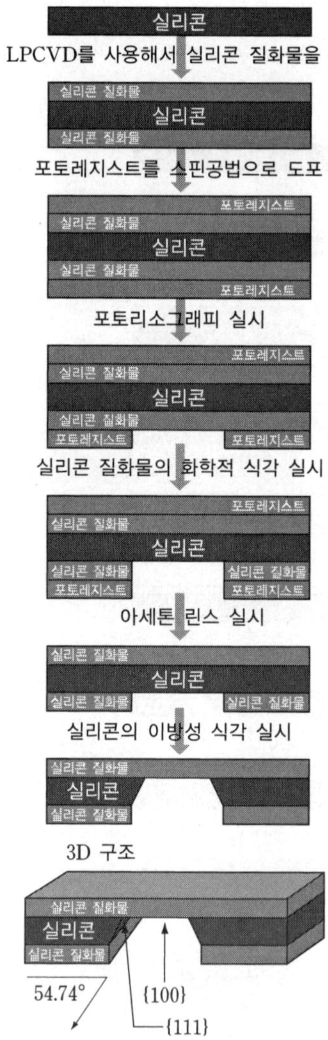

그림 10.4 실리콘 질화물막 제조공정

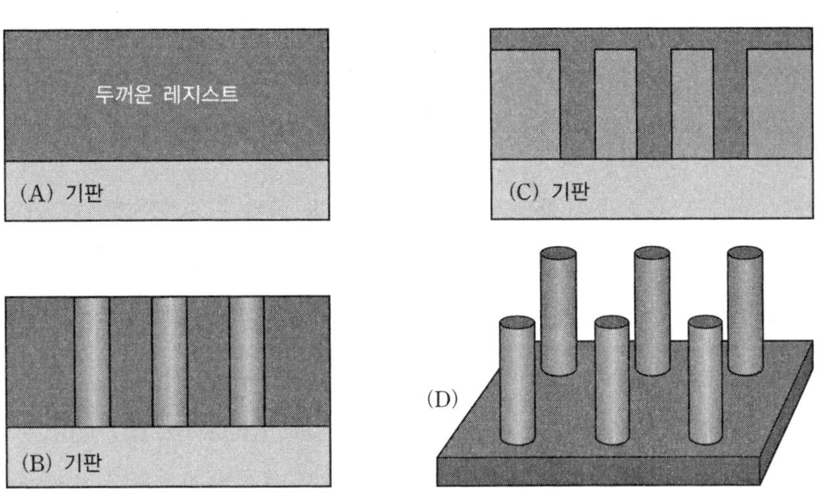

그림 10.5 LIGA 공정의 개략도

LIGA 공정은 리소그래피(lithography), 전기 도금(electroplating), 성형(molding)의 단계로 이루어진다. LIGA 공정은 입자가속기인 synchrotron 방사 X선에 의해 발생되는 고에너지 빔을 이용하여 마스크를 통해 두꺼운 레지스트를 패턴화하고 전기 도금을 통해 금속으로 도금하여 트렌치를 형태를 채운다. 그리고 감응제로 상단을 도포한 뒤 감응제를 제거하면 금속 구조물이 형성된다. [그림 10.5]에 LIGA 공정의 예를 나타냈다.

3 차량용 MEMS

자동차용 MEMS 부품으로 가장 널리 사용되는 제품은 에어백(Airbag)과 전자제어 현가장치(Electronic Control Suspension, ECS)에 사용되는 가속도 센서이다. 1970년에 처음으로 실리콘 가속도 센서가 소개된 이후 아날로그 디바이스사에서 1993년 표면 미세 가공기술을 이용한 센서가 판매되기 시작하였고, 2000년까지 1억 개의 센서가 판매되었다고 한다. 2020년 기준으로 본다면 누적 판매 개수는 수십억 개에 달할 것으로 추정된다.

가속도 센서에는 고성능 아날로그 신호와 디지털 신호의 하이브리드 신호처리 기술과 집적화된 MEMS 기술이 접목되어 자동차 에어백용 충돌 감지 이외에도 뒤집힘 감지 시스템, 안정 제어 시스템, 내비게이션 시스템, 도난방지용 알람 시스템과 같은 다양한 응용 분야에 사용되고 있다.

기계적인 센서와 신호처리 회로가 단일 실리콘 칩 위에 집적화되기 때문에 제품의 생산 가격 감소, 콤팩트한 크기로 축소, 품질의 향상, 신뢰성 증가로 이어지게 되었다. [그림 10.6]에 표시된 MEMS 가속도 센서는 빗살(comb) 모양의 구조를 가지고 있다.

2000년대 이후에 판매되는 자동차에는 자율 주행을 대비하여 차로 이탈 방지 장치와 인텔리전트 어댑티브 크루즈 컨트롤(Intelligent Adaptive Cruise Control, IACC)이 적용되어 카메라와 고성능 레이더로 전방 또는 측·후방의 차량을 감지하여 안전하게 일정한 속도를 유지하면서 차선을 따라 주행하여 운전이 편리해지는 최첨단 자율 주행 시스템이 추가되기도 했다.

IACC에는 운전자가 차량에서 하차할 때, 측 · 후방에서 차량이 접근하는 경우에 경고 표시 및 경고음을 알려주는 안전 하차 경고 기능(Safety Exit Warning, SEW), 자동차 주행 중 운전 속도 대비 전방 차량과의 안전거리를 측정하여 안전거리가 필요다고 판단되면 경고를 알려주는 안전거리 경고 기능(Safety Distance Warning, SDW), 주차공간이나 측·후방 접근 경보 중 차량 충돌 위험이 감지되는 경우 차량을 긴급 정지시키는 측·후방 접근 충돌 보조 기능(Rear Cross Traffic Collision Assist, RCTA), 자동차 주행 중 전방 충돌이 예상될 경우 자동으로 브레이크를 작동시켜서 충돌 사고를 미리 방지해주

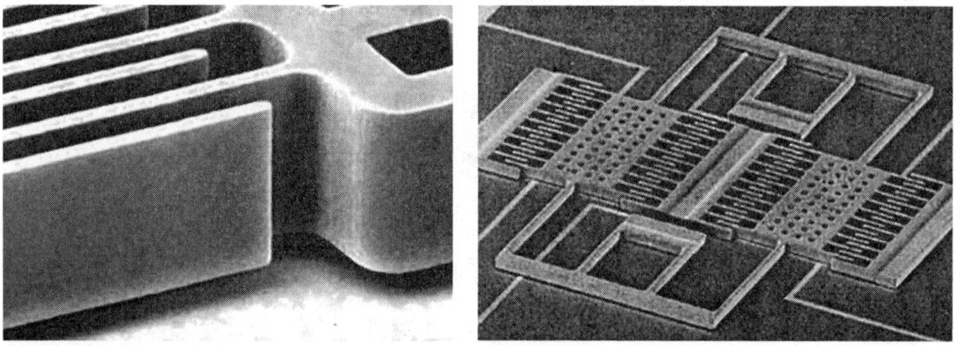

그림 10.6 빗살 모양의 구조를 갖는 가속도 센서
(출처: www.fierceelectronics.com)

는 긴급제동 보조 기능(Automatic Emergency Braking, AEB), 자동차 주행 중 스스로 핸들을 작동하고(Electronic Power Steering, EPS) 차선을 중앙으로 유지하여 안전하게 주행할 수 있도록 도와주는 중앙 차선 유지 보조 기능(Centering Lane Keeping Assist, CLKA)과 차선이탈 경고 기능(Lane Departure Warning, LDW), 앞 차량의 후미등과 맞은편 차량의 전조등, 주변의 밝기 상태를 감지해서 차량의 전조등을 상향 또는 하향으로 자동으로 변환시켜 주는 스마트 하이빔 기능(Smart High Beam, SHB) 등이 포함된다.

과거에 라디오나 CD 플레이어 기능에만 만족했던 오디오 시스템 또한 WiFi 및 블루투스 기술을 적용하여 스마트폰과 연동되는 내비게이션이 장착되어 도로 교통 정보가 실시간으로 반영되는 길 안내 기능은 기본이고, 인근의 유명 관광지나 음식점 정보도 받을 수 있다. 또한, 차에서 다양한 엔터테인먼트를 즐길 수 있도록 음성 명령을 통해 정보 검색을 할 수도 있고, 지니 뮤직, 팟 캐스트와 같은 기능뿐만 아니라 어린이를 위한 동화·동요 등의 다양한 콘텐츠도 이용할 수 있게 되었다.

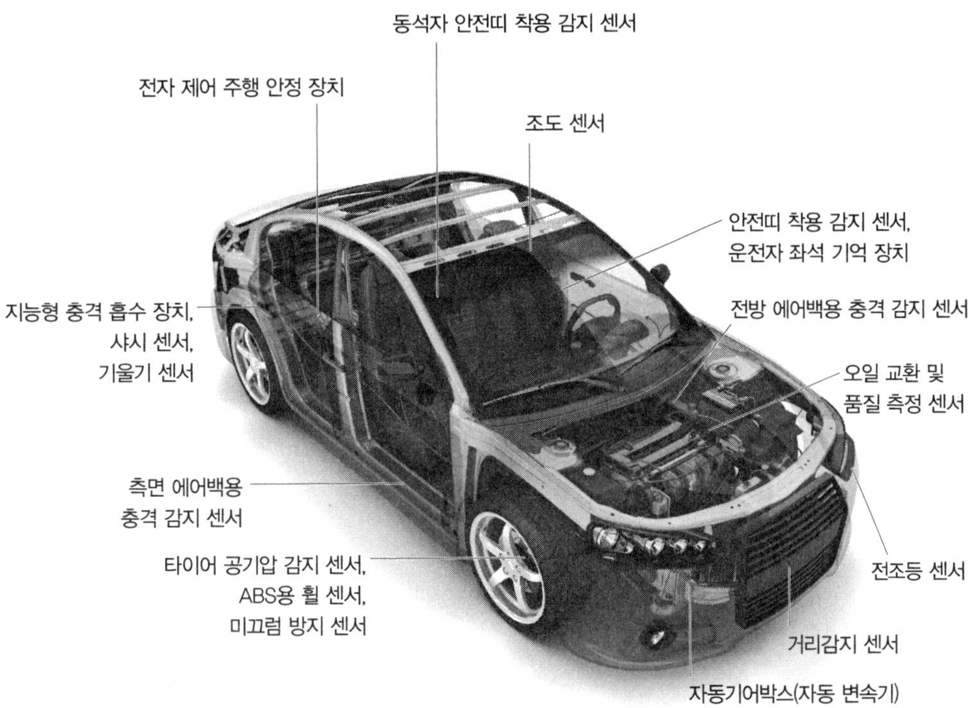

그림 10.7 자동차에 기본 탑재되는 센서 장치

IoT 기능을 추가하는 경우에는 차량에서 집 안에 설치된 IoT 기기들을 편리하게 제어할 수 있게 되어 전기 스위치의 개폐, 에어컨 작동, 가스 잠금, 로봇 청소기 작동 등을 스마트하게 제어할 수 있게 되었다. 반대로 집 안에서도 차량의 원격 시동을 걸거나 에어컨이나 히터를 미리 작동시킬 수도 있게 되었다. [그림 10.7]에는 자동차에 기본적으로 탑재되는 센서 장치를 표시하였다.

4 ZigBee 기술의 개요

지그비 시스템은 IEEE 802.15.4-2003을 기반으로 한 저전력 하이레벨 통신 프로토콜로, 단거리 라디오 주파수를 사용하는 근거리 개인 무선통신망의 기준이다. 지그비는 한 번의 배터리 충전으로 수개월 또는 수년간 사용할 수 있을 정도로 낮은 소비전력을 가지며, 상대적으로 낮은 비용으로 설치 및 유지보수할 수 있는 특징이 있다. 또한, 사용하기 쉬우면서도 높은 안전성(보안성)과 신뢰성으로 산업용 제어, 임베디드 센서, 의학 자료 수집, 화재 및 도난, 빌딩 자동화, 홈 오토메이션 등과 같은 RF 애플리케이션에 주로 사용된다.

지그비 디바이스는 [그림 10.8]에 표시된 것처럼 네트워크를 형성하여 다른 네트워크들과 연결시키는 지그비 코디네이터와 애플리케이션 기능뿐만 아니라 다른 디바이스로부터 데이터를 전달할 수 있는 라우터, 지그비 앤드 디바이스로 분류된다.

지그비는 다른 많은 프로토콜 스택보다 간단하고, 지그비 스택 코드의 크기는 다른 프로토콜에 비해 작다. MAC과 PHY는 IEEE 802.15.4 standard에 의해서 정의되며, 네트워크와 애플리케이션 레이어들은 장비 디자이너에 의해 제공되는 actual application과 ZigBee Alliance에 의해서 정의된다.

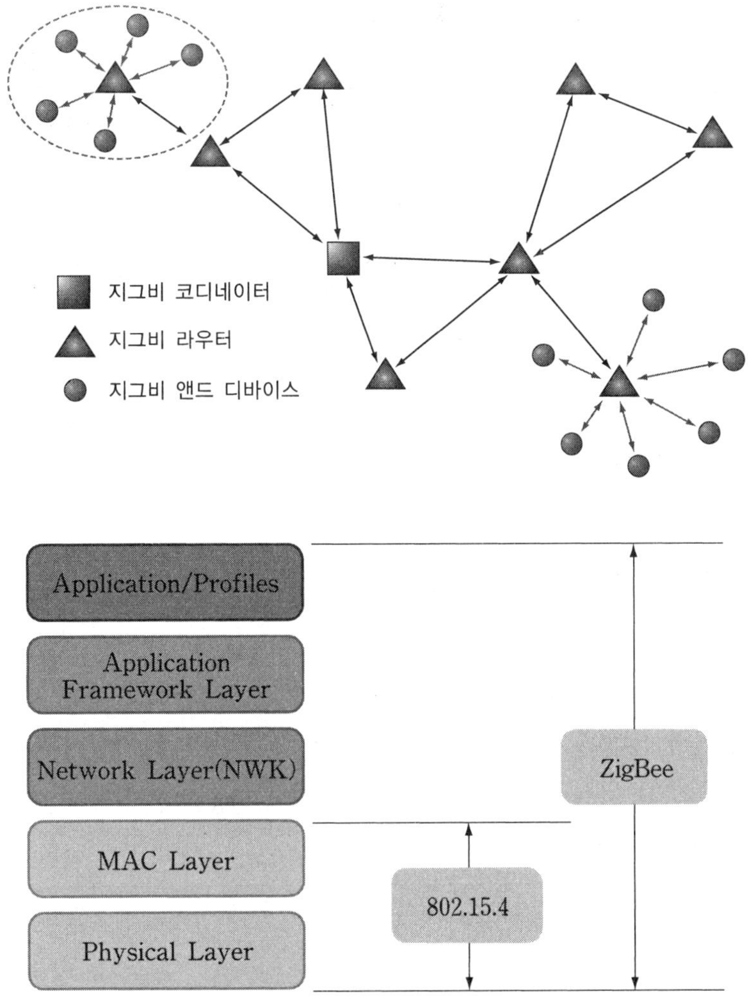

그림 10.8 지그비 디바이스 시스템

5 블루투스 기술의 개요

블루투스는 전화기, 노트북, 카메라, 프린터, 커피메이커 등과 같이 서로 다른 기능을 가진 장치를 연결하기 위해 설계된 무선 LAN 기술로 피코넷(piconet)과 스캐터넷(scatternet)의 네트워크 형태로 정의된다. 블루투스 장치는 내부에 장착된 짧은

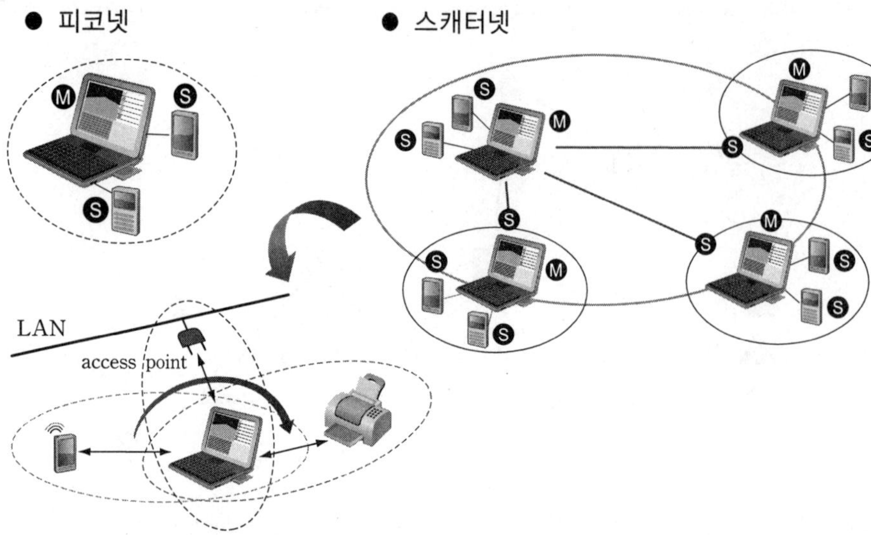

그림 10.9 피코넷과 스캐터넷

영역을 가진 무선 전송기를 가지고 있고 데이터율이 2.4 GHz 대역에서 1 Mbps로 IEEE802.11b 무선 LAN과 블루투스 Lan 사이에서 간섭이 발생할 가능성을 가진다.

블루투스의 계층은 [그림 10.10]에 표시된 것처럼 무선층은 인터넷 모델의 물리층과 비슷하다. 블루투스 장치는 작은 전력을 사용하며 10 m 정도의 반경 범위에서 사용된다. 밴드 대역은 79개 채널로 나뉜 2.4 GHz ISM 대역을 사용하며 1채널당 1 MHz가 할당된다.

블루투스는 다른 장치나 네트워크로부터의 간섭을 피하기 위해 물리층의 주파수 도

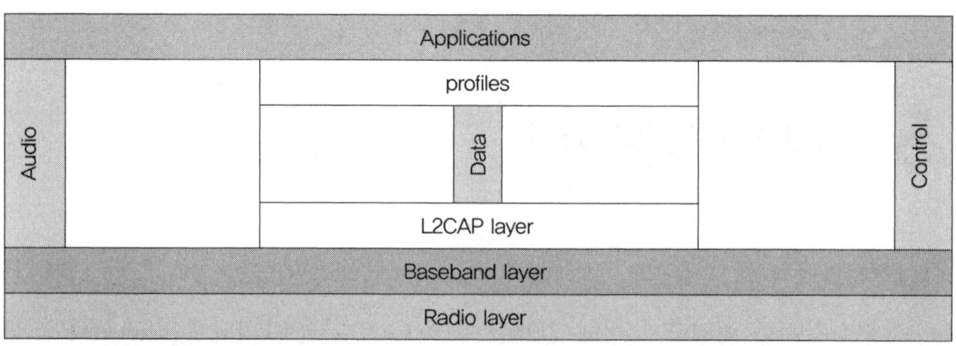

그림 10.10 블루투스 디바이스 스택

약 확산 스펙트럼(frequency-hopping spread spectrum, FHSS) 방식을 사용하고 가우시안 대역폭필터를 가진 FSK를 사용한다. 기저 대역층은 LAN에서의 MAC sub Layer와 유사한데, 접근 방식은 secondary에서 반이중 양방향 통신의 한 종류인 TDMA(time division duplex)를 사용한다. 물리적 링크층은 SCO(synchronous connection oriented) 링크와 ACL(asynchronous connection oriented) 링크로 만들어지고 [그림 10.11]과 같은 프레임의 형식을 가진다.

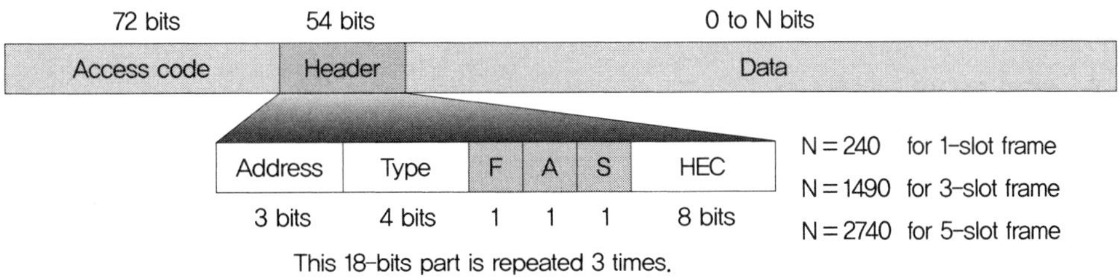

그림 10.11 블루투스 프레임 형식

연습문제

1 MEMS를 설명하시오.

2 MCD 센서를 설명하시오.

3 MCU를 설명하시오.

4 표면 미세 가공기술을 섦명하시오.

5 LIGA 공정기술을 설명하시오.

6 벌크 미세 가공기술을 설명하시오.

7 차량용 MEMS 소자를 설명하시오.

8 인텔리전트 어댑티브 크루즈 컨트롤을 설명하시오.

9 지그비 기술을 설명하시오.

10 블루투스 기술을 설명하시오.

11장

RFID와 사물인터넷

1. RFID
2. BARCODE와 EPC
3. 사물인터넷
4. 증강현실 기술
5. 위치기반 서비스(LBS)
6. 휘발성 메모리 소자와 비휘발성 메모리 소자
7. PLD
8. PLA와 PAL

1 RFID

RFID(radio frequency identification) 기술은 가로세로 2 mm 이하의 크기에 초소형 무선 통신용 반도체 칩과 안테나가 내장된 전자태그(Tag)를 부착하고, 라벨(Label)이나 카드(Card) 등에 저장된 인식정보(데이터)를 각종 센서를 이용하여 135 KHz 대역, 13.56 MHz 대역, 433 MHz 대역, 900 MHz 대역, 2.45 GHz 대역, 3.1~10GHz 사이의 주파수 대역을 갖는 무선주파수(radio frequency, RF)를 통해 비접촉으로 읽어내는 인식 시스템이다.

이렇게 읽어낸 데이터는 실시간으로 수집, 관리, 통제되는 네트워크로 사물인터넷(IoT)과 연계된다. RFID 시스템은 [그림 11.1]과 같이 IC 칩과 무선 통신용 안테나로 구성되는 전자태그(transponder)와 판독기(리더), 인터넷을 이용하는 미들웨어와 응용 시스템으로 구성된다.

RFID 태그는 전원을 필요로 하는 능동형(Active 형) 태그와 판독기의 전자기장에 의해 동작하는 수동형(Passive 형) 태그로 분류된다. 능동형 태그는 판독기의 필요전력을 줄이고 판독기와의 인식 거리가 수십 m까지 멀리 떨어져서도 인식할 수 있다는 장점이 있지만, 전원 공급 장치를 필요로 하기 때문에 동작 시간의 제한을 받는다. 가격 또한 수동형 태그보다 비싸다는 단점이 있다. 수동형 태그는 능동형 태그에 비해 가볍고 가

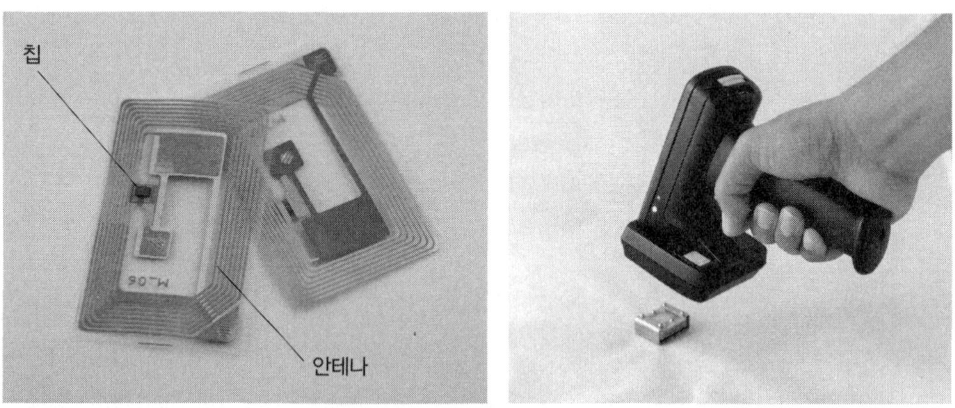

그림 11.1 RFID 태그와 판독기

격도 저렴하며, 반영구적으로 사용할 수 있다는 장점이 있지만, 능동형 태그보다 인식 거리가 10 m 이내로 짧고 판독기에서 훨씬 더 많은 전력을 소모한다는 단점이 있다.

RFID의 기술은 2차 세계대전 당시 영국이 자국의 전투기와 적군의 전투기를 자동으로 식별하기 위해 개발한 기술이다. RFID 기술이 본격적으로 활용되기 시작한 계기는 반도체 집적 회로 제조 기술의 혁신적인 발전으로 인한 초소형 전자태그를 개발과 저렴한 생산이 가능하게 되었다. 2G, 3G, 4G 기술과 같은 통신 기술의 눈부신 발전으로 인해 데이터의 빠른 전송과 분석, 통제가 가능해지면서 항공 화물처리, 의약품 위변조 방지, 동물 인식, 교통카드, 주차관리, 출입관리, 도서관리, 고속도로의 하이패스 시스템과 같은 전자요금 징수, 한우와 인삼과 같은 고가의 농산물 이력 관리, 국세청의 양주 진품 판별, 생산업체의 물류 관리 시스템, 대형 병원에서의 환자 이력 관리, 인공심장이나 의수와 의료용품 등 다양한 분야에서 활용되고 있다.

RFID 시스템의 첫 번째 장점은 생산되는 제품의 품질 관리에 유용하게 사용된다는 점이다. 제품에 부착된 전자태그에 모든 품질의 생산 과정이 상세히 기록되기 때문에 제품의 고장 유무나 고장이 발생한 조립 공정의 정보 등을 쉽게 비교 및 판단할 수 있다. 두 번째 장점은 시스템의 보안성이다. 메인 컴퓨터에 저장된 데이터베이스를 이용하면 메인 컴퓨터의 소프트웨어 장애가 발생한 경우에도 장애 복구 후 저장된 데이터를 불러서 장소와 무관하게 검사할 수 있기 때문이다. 세 번째 장점으로는 데이터의 보안성이다. 비접촉 기술을 이용한 데이터 전송에서 전파 간섭 현상으로 발생하는 중복 데이터나 오류 데이터의 발생을 방지하기 위해 체크섬(checksum) 프로시저를 적용해서 오류가 있는 데이터 블록의 재전송이 가능해진다. 체크섬 프로시저에는 패리티 체크(parity check), LRC(Longitudinal Redundancy Check) 프로시저, CRC(Cyclic Redundancy Check) 프로시저가 사용된다.

패리티 체크는 매우 간단한 프로시저로 패리티 비트(bit)가 각 바이트(byte)에 첨가되어 전송되기 때문에 매 바이트마다 9 bit의 데이터가 전송되고, 데이터를 기억 장치에 송수신한 다음에 2진 데이터가 정확하게 송수신되었는지를 검사하는 방식이다. 패리티 생성 방법은 1의 개수가 짝수(우수) 개 또는 홀수(기수) 개를 나타내도록 그 비트에 논리 상태를 주면 된다.

짝수 패리티 체크는 코드 그룹의 1의 개수(패리티 비트도 포함)가 짝수가 되도록 선택하게 된다. 예를 들어, 1000011이라는 데이터를 전송한다고 가정하자. 1000011은 1의 개수가 홀수이므로 패리티 비트를 1로 선택하여 1의 개수를 짝수로 맞춘다. 그 결과 패리티 비트가 덧붙여져 11000011이라는 데이터가 전송된다. 패리티 비트는 코드 그룹의 양 끝 어디에 두어도 상관이 없지만, 보통 MSB(최상위 비트) 왼쪽에 둔다.

홀수 패리티 체크는 전체 1의 개수가 홀수가 되도록 선택한다는 점을 제외하면 짝수 패리티법과 동일하다. 패리티 비트를 사용할 때 송신기와 수신기 사이에 짝수 패리티 방법을 사용할지 홀수 패리티 방법을 사용할지는 미리 약속해두어야 한다.

수신기는 데이터를 전송받으면 각 코드 그룹에서 1의 개수를 검사하는데, 패리티 비트만으로는 오류가 발생했는지 아닌지만 알 수 있으므로 어떤 비트가 오류인지까지는 알 수 없다. 따라서 수신기는 송신기에 마지막에 보낸 데이터 세트를 재전송할 것을 요구한다.

LRC(Longitudinal Redundancy Check) 프로시저는 매우 단순하고 빠르게 계산되는 장점이 있지만, 신뢰도가 떨어지는 단점도 있다. CRC(Cyclic Redundancy Check) 프로시저는 원래 디스크 드라이브에서 사용되는 기법으로 많은 양의 데이터 처리에서도 충분히 신뢰성이 보장되기 때문에 RFID에 가장 적합한 방식으로 평가된다.

이외에 데이터의 충돌 방지에 대한 통신 형태로는 공간분할 다중 접속방식(space division multiple access, SDMA), 주파수 분할 다중접속방식(frequency division multiple access, FDMA), 부호분할 다중 접속방식(code division multiple access, CDMA)이 사용된다.

2 BARCODE와 EPC

판독기를 통해 읽힌 상품 정보는 컴퓨터 시스템으로 보내져 처리되기 때문에 전자태그가 달린 모든 상품은 언제 어디서나 자동으로 확인 또는 추적이 가능하다. 전자태그는 메모리가 내장되어 있어 정보의 갱신 및 수정이 가능하다.

RFID의 EPC(Electronic Product Code)는 [그림 11.2]에 표시된 것처럼 기존의 바코드

(barcode)를 읽는 것과 비슷한 방식으로 이용되지만, 바코드와는 달리 물체에 직접 접촉을 하거나 어떤 조준선을 사용하지 않고도 데이터를 인식할 수 있다. 또한, 여러 개의 정보를 동시에 인식하고 수정할 수도 있으며, 태그와 판독기 사이에 장애물이 존재해도 정보를 인식하는 것이 가능하다.

바코드는 검은색 바와 흰색의 간격이 평행으로 배열된 이진 코드이다. 미리 정해진 패턴에 따라 배열된 기호는 데이터 형태로 표시되며 숫자와 알파벳으로 인식된다. 바코드는 광학 레이저 스캐너로 판독할 수 있다. 가장 대중적인 코드는 EAN(European

0 123456 789012

EAN-13 바코드의 구조(13자리)
국가 식별 코드(3자리) + 제조업체 식별 코드 + 상품 품목 코드 + 확인 번호(1자리)

EPC의 구조(96 bit)
헤더(8 bit) + 업체 코드(28 bit) + 상품 코드(24 bit) + 일련번호(36 bit)

그림 11.2 EAN 코드와 EPC

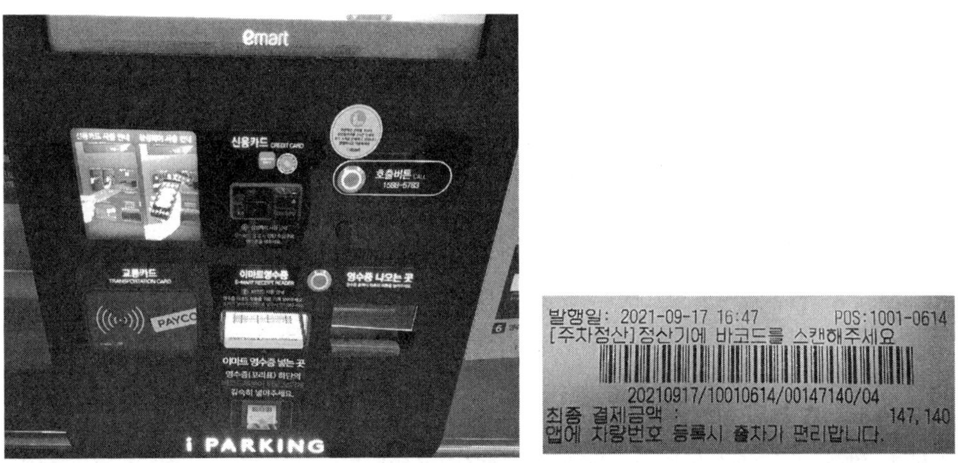

그림 11.3 무인 주차요금 정산 시스템과 바코드 영수증

Article Number) 코드인데, 이 바코드에는 국가 식별 코드, 제조업체 식별 코드, 제조사 제품 번호(상품 품목 코드)와 확인 번호(Check Number, CD)가 포함된다.

[그림 11.3]에는 국내 대형 마트에 설치된 무인 자동차 주차요금 정산기와 영수증이다. 정산기가 영수증의 바코드를 인식하고 데이터 통신을 통해 요금을 정산한다.

3 사물인터넷

사물인터넷은 1999년 미국 매사추세츠공대(MIT) 케빈 애슈턴(Kevin Ashton) 교수가 처음 사용한 용어로 사물(Things)에 센서를 부착하여 실시간으로 데이터를 인터넷(Internet)으로 주고받는 기술로 정의된다. 인터넷 기술은 PC 또는 스마트폰과 같은 단말기에 연결된 브라우저를 통해 정보를 주고받는 형태를 의미하지만, QR코드, NFC, 블루투스, WiFi, 센서 기술 등의 발전으로 사물에 센서를 부착하여 인터넷과 사물 정보를 연결되도록 하는 사물인터넷(IoT)이라는 새로운 개념이 발생하였다. 따라서 IoT는 통신 기술, 인터넷(WEB) 기술, 애플리케이션(APP) 기술, 센서(sensor) 기술, 임베디드(embedded) 기술, 빅데이터(Big Data) 기술, 인공지능(AI) 기술 등이 융합된 형태라고 설명할 수 있다.

사물인터넷은 기존의 유비쿼터스 센서 네트워크(Ubiquitous Sensor Network, USN)에서 발전된 개념이자 첨단 유비쿼터스 환경을 구현하기 위한 근간으로, 각종 센서에서 수집한 정보를 무선으로 수집할 수 있도록 구성한 네트워크를 의미한다.

유비쿼터스 네트워크는 일상생활에 산재한 사물과 물리적 대상을 추가시켜 협력 네트워크를 구성한다. 유비쿼터스 센서 네트워크는 필요로 하는 모든 곳에 수많은 센서 노드들을 부착하여 자율적으로 정보를 수집, 관리, 제어하는 시스템이다. 따라서 빛, 소리, 온도, 움직임과 같은 물리적 데이터를 센서 노드에서 감지하고 측정하여 중앙의 기본 노드로 전달하는 특성 때문에 사람의 접근이 불가능하거나 불편하고 위험한 취약지구에 센서 네트워크 노드를 설치하여 사람이 직접 감시하는 것과 동일한 역할을 수행할 수도 있다.

홈 네트워크를 이용하여 집안의 침입자 감지, 가스 센서를 이용한 가스 안전 감지, 로봇 청소기의 작동, 전등의 개폐 등의 작업을 수행할 수 있으며, 고층아파트의 경우에는 엘리베이터의 예약 및 호출 등의 작업도 수행할 수 있다. 산업 현장에서는 위치 인식 서비스나 물류 관리 등에 사용될 수 있다. 지능형 환경 모니터링으로 강수량 측정이나 산불 감시, 교량의 이상 징후와 같은 구조물 안전 감지, 스마트 빌딩 관리 시스템, 지진 감지 후 경보 발령과 같은 재난관리 시스템 등에 사용되고, 고령 노인이나 독거노인의 건강을 관리해주는 헬스케어 시스템과 화상통신을 이용한 원격 진료 같은 의료시스템에서도 사용할 수 있다.

4 증강현실 기술

[그림 11.4]에 표시된 것과 같이 현실 세계와 가상현실을 융합하는 복합형 가상현실 시스템으로 불리는 증강현실(augmented reality, AR)의 목적은 실제 관찰하고 있는 사물이나 장소에 대한 부가적인 정보나 의미를 함께 제공하는 것이라고 할 수 있다.

증강현실 기술은 사용자의 위치와 방향 정보를 제공하는 '디지털 컴퍼스'를 내장한 스마트폰의 보급으로 빠르게 활성화되고 있다. 증강현실을 구현하기 위한 구성요소는 [표 11.1]과 같다. 사용자와 콘텐츠 간의 상호작용에 있어서 증강현실은 가상현실과 달리 사용자가 현실 세계에서 가상의 콘텐츠나 서비스와 직접적이고 직관적인 상호작용을 할 수 있다는 장점이 있다. 이러한 센서 기술은 USN(Ubiquitous Sensor Network)

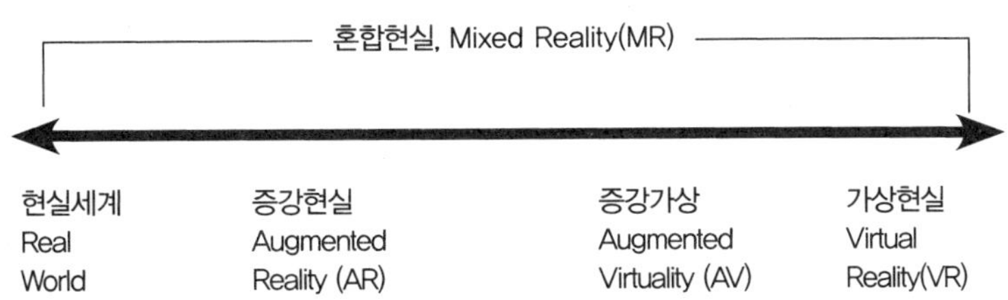

그림 11.4 혼합현실의 종류

표 11.1 증강현실의 핵심 기술

3D Modeling	가상 객체를 생성하기 위한 3D 모델링
Display Device	가상 객체와 현실 장면을 혼합해서 볼 수 있는 HMD
Camera Calibration	카메라의 파라미터를 계산할 수 있는 카메라 구경 측정
Location Tracking	사용자 위치 및 이동에 대한 감지 및 추적
Registration	가상 객체를 실제 환경에 올바르게 위치
AR Software	DB를 분석한 정보 및 가공된 정보를 프로그램에서 3D 형태화
Mobile Internet Device	AR 프로그램, 카메라, 디스플레이 장치를 동시에 사용 가능

및 정보 네트워크, GIS(Geographic Information System) 기반 모니터링 시스템 등을 구현하는 중요한 요소기술로 활용되고 있다.

5 위치기반 서비스(LBS)

LBS(Location Based Services)는 [그림 11.5]에 표시된 것처럼 무선 측위 기술, 모바일 디바이스, 무선네트워크, 통신망, GPS(Global Positioning System) 등을 통해 얻은 위치 정보를 바탕으로 여러 가지 서비스를 제공하는 콘텐츠이다. 사용자는 스마트폰, 컴퓨터 등과 같은 모바일 기기를 통해 현재 위치한 장소를 기반으로 하는 다양한 정보를 실시간으로 획득할 수 있다. 지리정보 시스템(GIS) 또는 지능형 교통시스템(ITS)과 연계되어 WiFi 기술을 활용한 위치기반 서비스를 제공한다. GPS 기술이 무료로 개방됨에 따라 LBS는 내비게이션, 위치 추적, 재난 구조와 분야에서 유용하게 사용되고 있다.

위치 측위 관련 기술로는 이동 통신사 기지국의 위치값, 기지국과 단말기 사이의 거리 등을 측정하여 위치를 계산하는 네트워크 기반 방식과 GPS 위성으로부터 송신하는 신호를 바탕으로 위치를 계산하는 위성 신호 기반 방식 WiFi AP(Access Point)의 위치를 조회하여 단말기의 위치값을 측정하는 WiFi 신호 기반 방식, 네트워크 기반 방식과 위

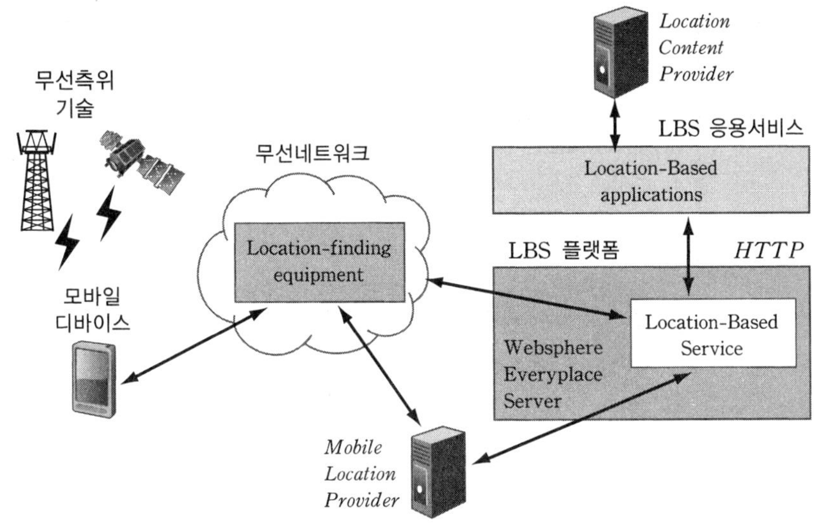

그림 11.5 위치 기반 서비스의 구성도

성 신호 기반 방식, WiFi 신호 기반 방식을 조합하여 단말기의 위치값을 측정하는 혼합 측위 기반측정 방식(Hybride Position System, HPS)으로 구분할 수 있다. 인공위성은 [그림 11.6]에 표시된 것처럼 적도 궤도, 경사 궤도, 극궤도를 그리며 회전하고, 위성이 지구를 한 바퀴 도는 데 필요한 위성 주기는 지구 중심에서 위성까지의 거리 함수로 케플러 법칙을 적용해서 계산한다.

인공위성은 [그림 11.7]에 표시된 것처럼 궤도의 위치에 따라 GEO(Geosynchronous-Earth orbit)와 MEO(Medium-Earth orbit)로 구분되고 GPS는 MEO 위성 시스템에 속한다.

[그림 11.8]에 표시된 것처럼 위성 신호 기반 방식을 이용하는 경우에는 GPS 위성과

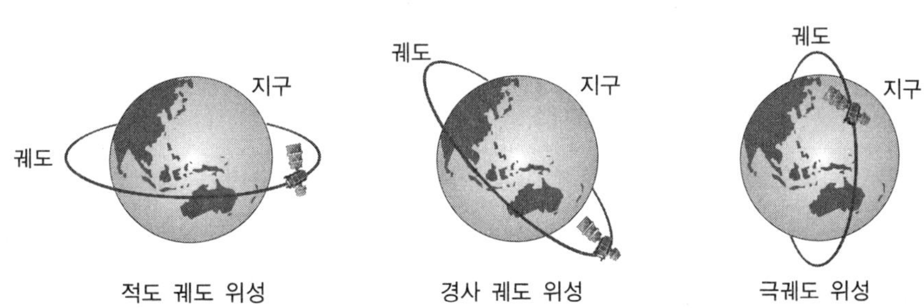

그림 11.6 인공위성의 궤도형태

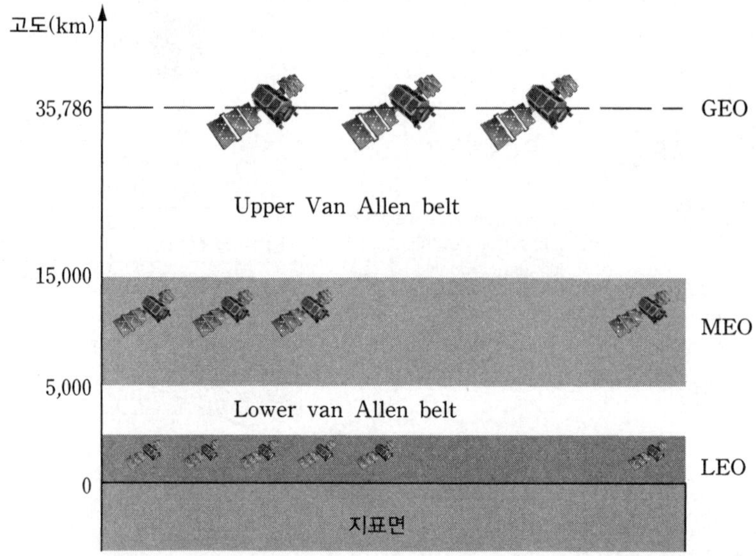

그림 11.7 위성 궤도의 고도

단말기에 내장된 수신기의 시차가 발생하기 때문에 시간 오차 보정을 위한 위성이 필요한 경우에는 4개의 위성이 있어야 한다. 신형 스마트폰에는 기본적으로 GPS 기능이 탑재됨으로써 소방서(119)나 경찰(112)의 실종자 위치 추적에 사용되고 있다. GPS 시스템은 위성 신호가 수신되지 않는 곳이나 신호의 감쇠가 큰 경우에는 사용할 수 없다는 단점이 있다.

네트워크 기반의 위치 측위 기술은 3각 측량 기법을 이용하는데, 대표적으로는 [그림 11.9]와 같이 3개 이상의 기지국에서 발사한 전파의 도착시각으로 3개의 기지국으로부터 이동단말기까지의 거리를 계산하는 ToA(Time Of Arrival) 방식이 있다. 각 기지국으로부터 신호가 도달된 시간에 대한 세 개의 원들의 교점을 확인함으로써 단말기의 위치를 추정할 수 있다. ToA와 다른 기법으로는 서비스 기지국 신호와 인접 기지국 신호의 신호 지연(전파 도달 시각의 상대적인 차이)을 측정하여 위치를 결정하는 TDoA(Time Difference Of Arrival) 방식과 이동단말기에서 보내는 신호를 기지국에서 수신하면서 방향각(Line Of Bearing)을 계산하여 위치를 계산하는 AoA(Angle Of Arrival) 방식 등으로 구분된다.

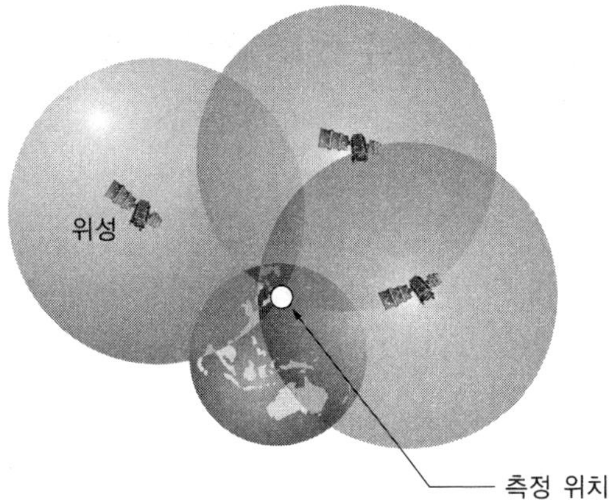

그림 11.8 GPS를 활용한 측정

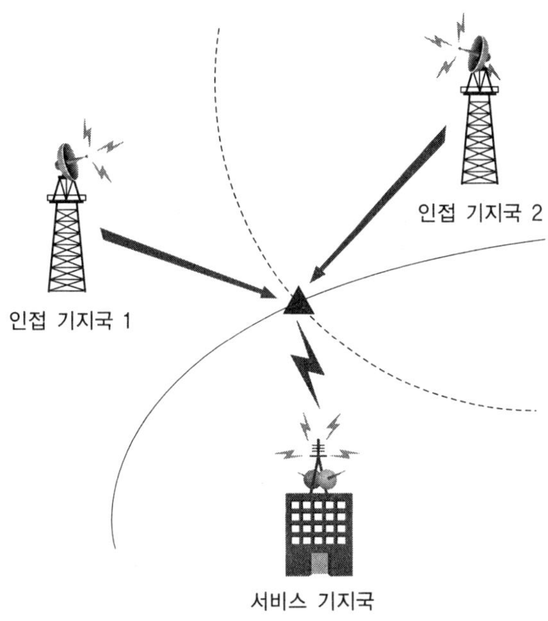

그림 11.9 ToA System

6 휘발성 메모리 소자와 비휘발성 메모리 소자

휘발성 메모리(volatile memory)는 원하는 대로 데이터를 저장하고 수정할 수 있는 반도체 소자이며, 전원이 차단되면 휘발성 메모리에 저장된 데이터는 잃어버리게 된다. 휘발성 형태의 메모리 장치는 논리 명령어가 사용자의 필요에 의해 저장되고 바뀔 수 있는 응용 분야로 컴퓨터, 계산기와 전자제품뿐만 아니라 자동차, 항공우주, 의학, 군사, 산업 장비 등의 분야에 사용된다. 모든 메모리 장치는 수백만 개의 메모리 셀을 포함하며, 결함의 확률은 소자의 밀도와 관련하여 증가하기 때문에 여분의 메모리 셀을 메모리 칩 안에 만든다. 사용할 수 없는 결함이 있는 셀에 대한 초기제품 테스트 동안에는 메모리 셀 안에 반도체 퓨즈를 설치한다.

휘발성 메모리 장치는 정적 램(Static Random Access Memory, SRAM)과 동적 램(Dynamic Random Access Memory, DRAM)으로 분류된다. 정적 램은 자료 저장 레지스터로 플립플롭(flip-flop)을 사용한다. SRAM은 전원이 차단될 경우 저장된 데이터가 소멸하는 휘발성 기억 소자이지만, 전원이 공급되는 한 데이터가 보존되기 때문에 DRAM과 달리 재생(refresh) 과정이 필요 없다. 따라서 SRAM은 DRAM보다 적은 소비전력을 사용한다. SRAM은 [그림 11.10]에 표시된 것처럼 여러 개의 트랜지스터가 하나의 셀을 구성하기 때문에 데이터를 이동시키는 통로가 많아서 DRAM보다 데이터 처리속도가 빠른 장점이 있지만, 데이터를 저장하는 셀의 크기가 커서 동일 면적에 대한 집적도가 낮고 회로구조가 복잡하여 대용량으로 만들기 어렵다.

[그림 11.11]은 2014년 2월 미국 샌프란시스코에서 개최된 국제반도체 회로 학술대회(International Solid-State Circuits Conference, ISSCC)에서 삼성전자가 발표한 14 나노 핀펫(FinFET) 공정으로 개발된 애플용 AP 칩 사진이다. 2차원 구조인 반도체를 3차원 입체 구조로 설계하여 누설 전류를 줄인 기술을 적용하였고, 트랜지스터 구조가 물고기 지느러미와 비슷하여 핀펫이라고 불린다.

DRAM은 0과 1로 표시되는 한 개의 정보 단위인 비트를 집적 회로 안에 각기 분리된 축전기(Capacitor)에 담긴 전하로 기록한다. 시간이 지남에 따라 축전기의 전하가 누설됨으로써 기억된 정보를 잃게 되며, 이를 방지하기 위해 기억 장치의 내용을 주기적으로

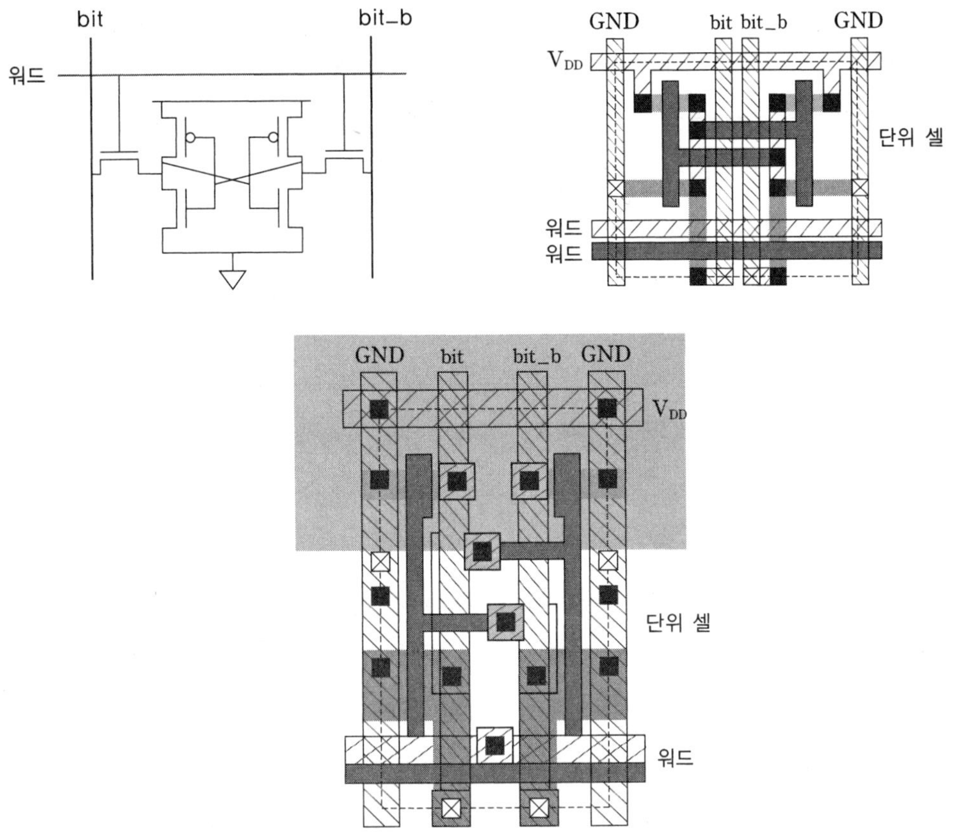

그림 11.10 6T SRAM 셀의 스틱도와 레이아웃

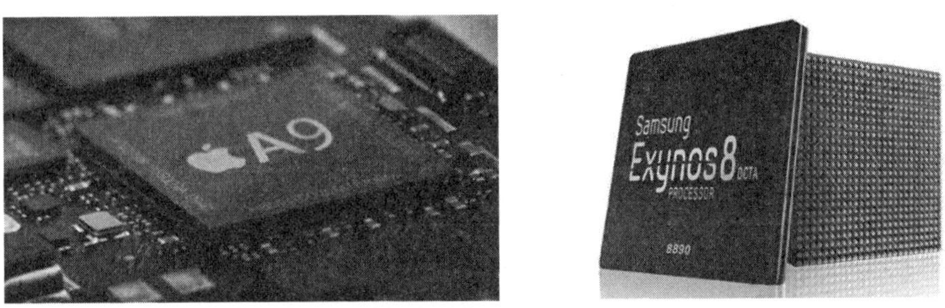

그림 11.11 나노 핀펫 공정이 적용된 애플 A9 애플리케이션 프로세서와 엑시노스 칩
(출처: 삼성전자)

재생(refresh)시켜야 한다. [그림 11.12]에 표시된 것처럼 DRAM은 SRAM보다 구조가 간단하다. 1 bit를 구성하는 데 SRAM은 여섯 개의 트랜지스터가 필요하지만, DRAM

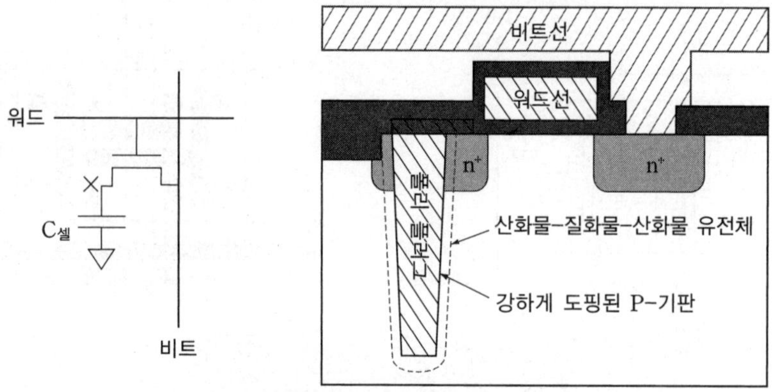

그림 11.12 DRAM 셀과 DRAM 트렌치 커패시터

은 한 개의 트랜지스터와 한 개의 축전기만 필요하기 때문에 고밀도 집적에 유리하다. 또한, 전력 소비가 적고, 가격이 저렴해서 대용량 기억 장치에 많이 사용된다.

DRAM의 선폭과 메모리 크기는 [표 11.2]와 같이 개선되었다. 2021년에 판매되고 있는 삼성전자의 외장 하드인 SSD T5는 500 Gb, SSD T7은 1 Tb, Segate사의 Fire Cuda 510 M.2 NVMe SSD는 2 Tb의 메모리 용량을 가지고 있다.

비휘발성 메모리(Nonvolatile Memory)는 전기적 전하로 디지털 자료를 저장하기 위해 설계된 반도체로 ROM(Read Only Memory), PROM(Programmable Read Only Memory), EPROM(Erasable Programmable Read Only Memory), EEPROM(Electrically Erasable Programmable Read Only Memory), UVEPROM(Ultra-Violet Erasable Programmable Read Only Memory)로 분류된다.

읽기 전용 메모리(ROM)의 집적 회로는 비휘발성이고 집적 회로 제조과정에서 직접 프로그램된다. 이것은 마스크-프로그램이 가능한 ROM이라고 불린다. 마스크는 제조하는 동안 특정한 ROM에 코드 패턴을 포함하는 제조 공정에서 사용된다. ROM은 생산비용이 비싸다. [그림 11.13]은 6 bit ROM 배열을 이용하는 4 워드 레이아웃을 나타내고 있다.

프로그램이 가능한 PROM은 field에 프로그램할 수 있고 마스크-프로그램이 가능한 ROM보다 싼 집적 회로이다. 이 장치는 필요에 따라 메모리 셀을 변화시키기 위해 큰 전압 펄스를 공급한다. 메모리 안에 프로그램되어 있는 자료는 컴퓨터의 정상 동작 중에

표 11.2 DRAM의 선폭과 메모리 크기

년도	선폭	메모리 크기
1970년	8 μm	1 Kb
1979년	2 μm	64 Kb
1983년	1.5 μm	256 Kb
1992년	0.5 μm	16 Mb
1995년	0.35 μm	64 Mb
1998년	0.25 μm	256 Mb
2000년	0.18 μm	512 Mb
2002년	0.13 μm	1 Gb
2004년	90 nm	2 Gb
2006년	65 nm	4 Gb
2008년	45 nm	8 Gb
2010년	32 nm	16 Gb

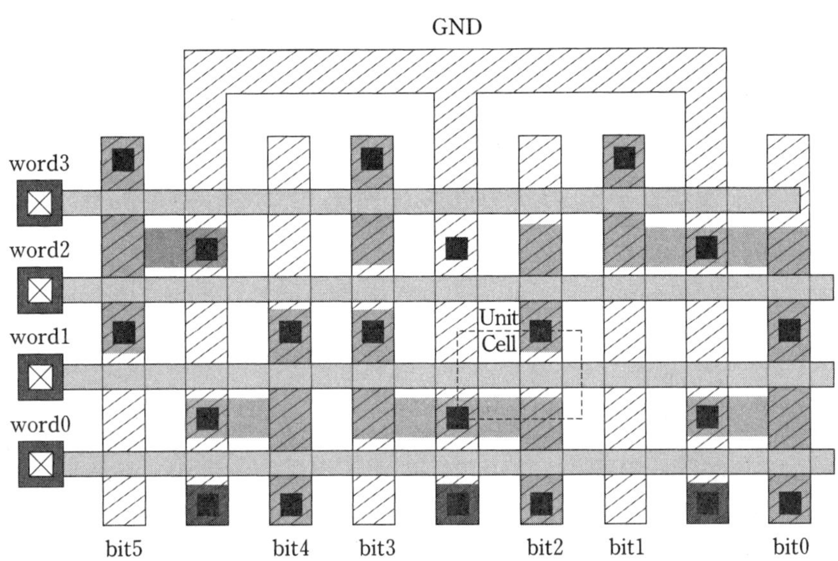

그림 11.13 6 bit ROM 어레이 레이아웃

는 변하지 않는다. field 프로그램이 가능한 EPROM과 EEPROM의 두 가지 형태가 있다.

프로그램의 삭제가 가능한 EPROM은 필드에 있는 것을 지우거나 프로그램을 다시 입력할 수 있다. 이 칩은 회로보드에서 지울 수 있어야 하며 자외선에 노출시켜 지울 수 있다. 전기적으로 지울 수 있는 EPROM 집적 회로는 회로보드로부터 제거하지 않고도 field에 저장된 데이터를 전기적으로 지우고 다시 프로그램할 수 있다. EEPROM은 가장 편리한 형태의 ROM이며, 소자는 RAM처럼 사용하면서도 특별한 장비의 사용 없이도 데이터를 삭제하거나 기록할 수 있다.

7 PLD

[그림 11.14(a)]는 간단한 프로그램 논리 장치인 PLD(Programmable Logic Device)를 나타내고 있다. 기본적으로 PLD는 퓨즈의 배열에 따라 연결되는 중립의 논리 게이트의 세트로 구성된다. 대부분의 PLD는 OR 배열(어레이)로 구동되는 AND 어레이 디코더를 포함한다. 이런 AND/OR 어레이를 사용함으로써 곱의 합 형태인 SOP(Sum of Product)로 표현되는 논리 함수를 실현할 수 있게 한다.

PLD 프로그램을 작성하는 동안 퓨즈링크 중 일부는 녹아버리게 되고, 원하는 논리를 구성하는 데 필요한 퓨즈링크만 남아 있게 된다. 가용성을 갖는 PLD는 어떤 요구조건에도 정확하게 조정할 수 있기 때문에 논리 회로를 구성하기 위해 SSI 소자를 조합하는 대신 PLD가 사용된다.

[그림 11.14(a)]는 기본적인 2 입력/4 출력을 갖는 PLD 내부 회로 다이어그램을 표시하고 있다. 두 개의 비반전 버퍼, 두 개의 반전 버퍼, 4개의 AND 게이트는 1-of-4 디코더를 구성한다. 이런 디코더는 [그림 11.14(a)]의 진리표에 표시된 A, B 입력으로 인가되는 2진 값에 기초한 자신의 4 출력 중에서 오직 1개만을 High로 만들게 된다.

디코더의 4개의 AND 게이트 출력은 프러덕트 선(line)이라고 부르고, 각각의 AND 게이트는 2개의 다른 입력을 가진다. 이런 각각의 프러덕트 라인은 $\overline{A}\overline{B}$, $\overline{A}B$, $A\overline{B}$, AB와 같은 유일한 값을 갖는다. 초기에 이런 프러덕트 라인 전체는 [그림 11.14(a)]에 표시된 것처럼 가용성 퓨즈에 의해 OR 게이트의 각 입력으로 연결된다. 이런 가용성 퓨즈는 그림에 표시된 것처럼 PLD 회로도 상에서 X로 표시된다. [그림 11.14(a)]에 표시된

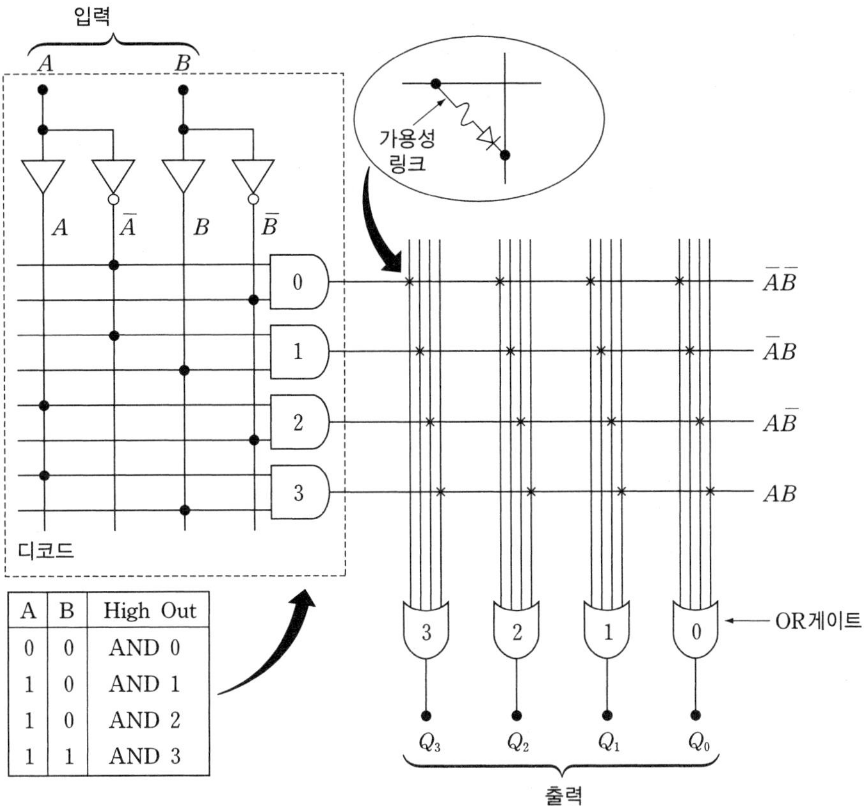

A	B	High Out
0	0	AND 0
1	0	AND 1
1	0	AND 2
1	1	AND 3

(a) 기본 회로

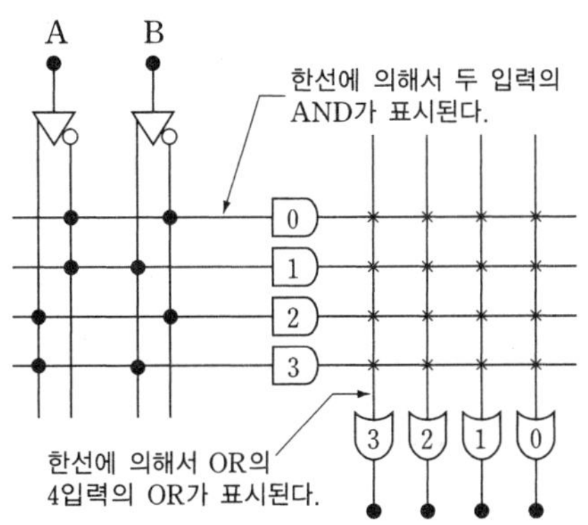

(b) 간략화된 회로도

그림 11.14 PLD (a) 기본 회로, (b) 간략화된 회로도, (c) 응용 회로, (d) 프로그램 가능한 출력

	입력		출력			
	A	B	Q_3	Q_2	Q_1	Q_0
$\bar{A}\bar{B}$	0	0	0	0	1	1
$\bar{A}B$	0	1	1	1	0	0
$A\bar{B}$	1	0	0	0	0	1
AB	1	1	0	1	0	0

진리표

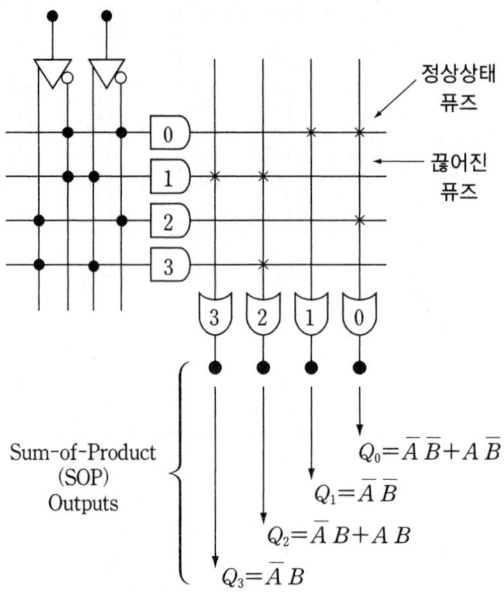

(c) 응용 회로

극성을 갖는 퓨즈	동작
정상상태	반전되지 않는다.
개방상태	반전된다.

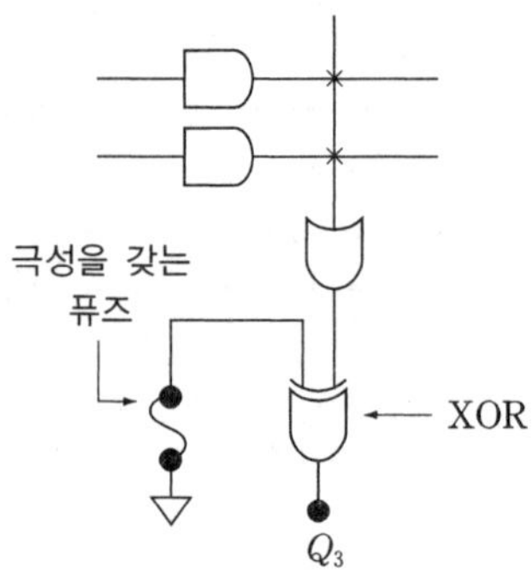

(d) 프로그램 가능한 출력

그림 11.14 PLD (a) 기본 회로, (b) 간략화된 회로도, (c) 응용 회로, (d) 프로그램 가능한 출력(계속)

PLD의 회로도에는 오직 2개의 입력과 4개의 출력, 3개의 프로덕트 선을 갖는데, 아주 작은 회로라고 하더라도 매우 정교하다.

상업적으로 유용한 PLD들은 대부분 크기가 커지기 때문에 간략화된 도식표현이 일반적으로 사용된다. [그림 11.14(b)]는 [그림 11.14(a)]의 PLD를 간략화된 회로표시를 이용해서 다시 그린 것이다. 이렇게 다시 그려진 간략화된 회로도에서 비반전 버퍼와 반전 버퍼를 표시하기 위해 작은 버블(원)을 이용하게 되는데, 버블을 갖는 버퍼는 반전 버퍼이다. 각각의 AND 게이트를 위한 2개의 입력은 hard wired를 의미하는 점들에 의해서 단일 선으로 표시되는데, 이런 결합은 결코 변화되지 않는다. 따라서 점이 표시되지 않으면 어떤 연결도 존재하지 않는다는 것을 의미한다. 각각의 OR 게이트를 위한 4개의 입력도 또한 단일 선처럼 보이지만, X의 경우에는 가용성 링크를 표시한다. 따라서 AND 게이트와 OR 게이트 입력선 들의 수를 결정하기 위해서 간단히 점들의 수와 입력선에 보인 X의 수를 세어야 한다.

이런 간단한 원하는 논리 함수를 구성하기 위해 PLD를 어떻게 사용할 수 있는지를 알아보자. [그림 11.14(c)]는 간단한 2 입력/4 출력 프러덕트 PLD의 적용 예를 보여준다. PLD는 그것의 Q_3, Q_2, Q_1, Q_0 출력이 각각의 A와 B 입력 조합을 위한 원하는 High와 Low 출력을 발생시키기 위해 프로그램될 수 있음을 보여준다.

OR 게이트 3의 입력에서 퓨즈 1, 3, 4를 끊음으로써 AB = 01($Q_3 = \overline{A}B$)일 경우에만 Q_3 출력이 High로 간다. OR 게이트 2의 입력에서 퓨즈 1과 3을 끊음으로써 AB = 01 또는 11($Q_2 = B + AB$)인 경우에 Q_2 출력이 High로 된다. OR 게이트 1의 입력에서 퓨즈 2, 3, 4를 끊음으로써 AB = 00($Q1 = \overline{A}\overline{B}$)일 때, Q_1 출력은 High로 된다. OR 게이트 0의 입력에서 퓨즈 2와 4를 끊음으로써 AB = 00 또는 10($Q_0 = \overline{A}\overline{B} + A\overline{B}$)일 때, Q_0 출력만 High로 간다.

상업적으로 유용한 PLD 중 대부분은 [그림 11.14(d)]에 표시된 것처럼 XOR 게이트를 동반하는 출력들의 각각에 프로그램할 수 있는 출력 극성 퓨즈를 가진다. 이런 특징은 극성 퓨즈가 끊어졌는지 손상되지 않았는지에 기초하여 출력이 변경될 수 있거나 그렇지 않게 증가된다. 퓨즈가 손상되지 않은 상태로 남아 있을 때, Low는 XOR 게이트의 두 번째 입력으로 사용된다. 따라서 입력과 마지막 출력 사이에 어떠한 역변환도 일어나지 않는다. 퓨즈가 끊어졌을 때, High는 배타적인 OR 게이트의 두 번째 입력으로 사용된다. 따라서 역변환이 입력과 마지막 출력 사이에 일어난다. 이러한 것들은 [그림 11.14(d)]에 표시된 진리표에 요약되어 있다.

8 PLA와 PAL

PLA(Programmable Logic Array)는 내부 구성요소의 기능적 배열에 따라서 분류되고 소자의 특성은 이런 배열에 의해서 결정된다. PROM으로 사용되는 PLD의 내부 논리 구조와 동작에 대해 설명한 바 있다. [그림 11.15(a)]는 PROM의 일반적인 블록선도를 표시한 것이고, [그림 11.15(b)]는 4 bit × 16 word로 구성되는 PROM의 내부 구조를 표시하고 있다.

AND 게이트 형태의 고정된 배열은 프로그램할 수 있는 배열을 갖는 OR 게이트 주소의 해석을 하게 한다. PROM에 인가되는 입력과 AND 게이트 어레이를 통해 전파되는 주소에 의해 16개의 프로덕트 라인 중 하나만 턴 언 상태(high를 만든다)가 된다. 한편, OR 게이트의 어레이는 사용자에 의해 프로그램되며 이때 퓨즈의 끊긴 상태에 의해 High나 Low로 제어된다. 따라서 PROM은 논리 함수를 실현하기 위해 프로그램될 수 있다. 프로그램이 가능한 논리 배열(PLA)은 PROM이 가지고 있는 약점을 보완하기 위해 개량된 것으로 [그림 11.16(a)]에 표시된 것처럼 프로그램이 가능한 AND 게이트 어레이와 프로그램이 가능한 OR 어레이로 구성된다. [그림 11.16(b)]는 4 입력/4 출력 16개의 프로덕트를 갖는 PLA의 내부 구조를 표시한 것이다. PLA는 현장의 사용자가 프로그램하기 때문에 FPLA(field programmable logic array)라고 부르기도 한다.

[그림 11.17]은 PLA가 7세그먼트 코드 변환기로 어떻게 사용될 수 있는지를 보여준다. 여기서는 16개의 AND 프로덕트 출력에서 10개만 사용된다. [그림 11.17(a)]는 7세그먼트 코드 변환기의 숫자 0에서 9까지가 어떻게 활성화되는지를 보여준다. [그림 11.17(b)]는 4 입력/7 출력을 갖는 PLA의 AND 배열과 OR 배열의 퓨즈 맵을 표시하고 있다. 퓨즈들은 이런 배열에서 각 BCD 코드를 발생시키기 위해 정확한 7세그먼트 코드를 만족하는 상태를 나타내는 끊기지 않은 상태를 유지하게 된다. 예를 들어, BCD

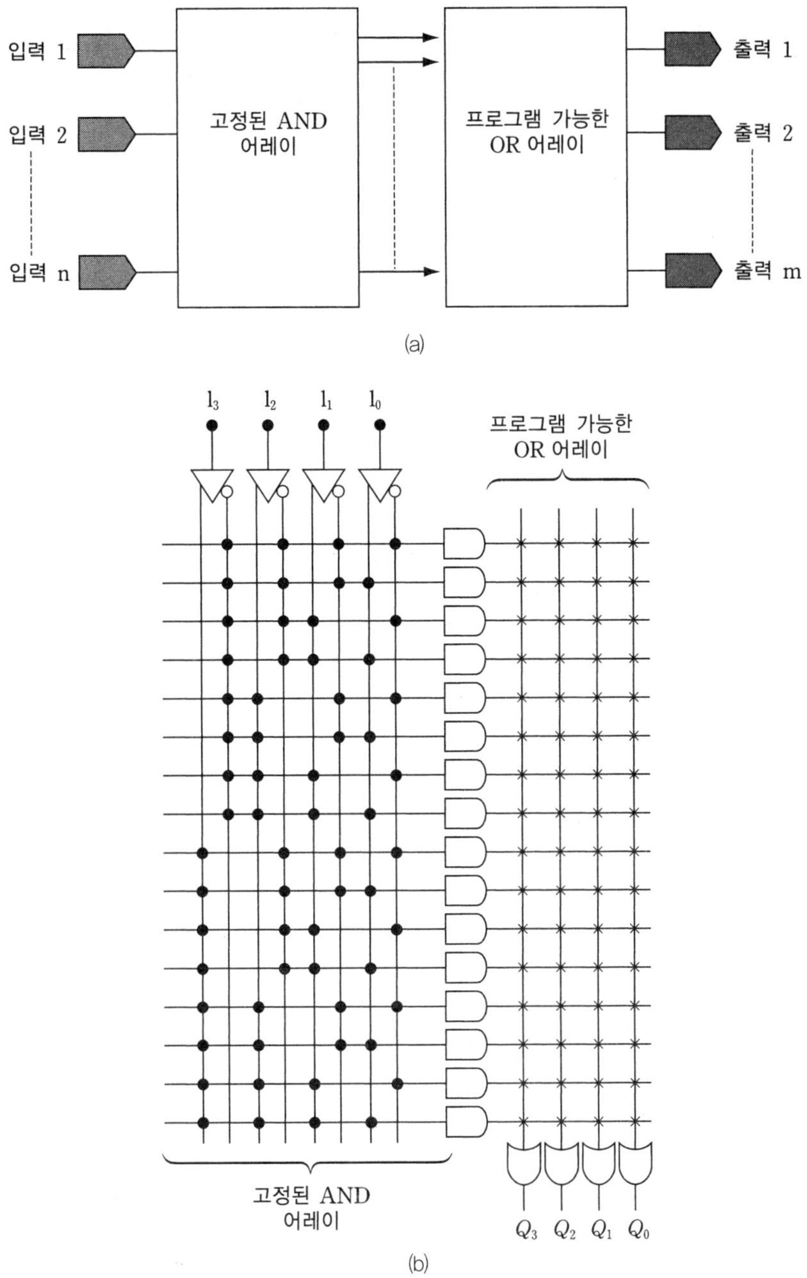

그림 11.15 (a) PROM의 블록선도, (b) 4 bit × 16 word PROM의 내부 구조도

코드 0000이 4 bit 입력에 인가되면, AND 게이트 0이 High 상태로 된다($\overline{A}\ \overline{B}\ \overline{C}\ \overline{D}$의 프로덕트선). 따라서 이런 프로덕트 선에 6개의 퓨즈가 프로그램하는 동안 끊기지 않

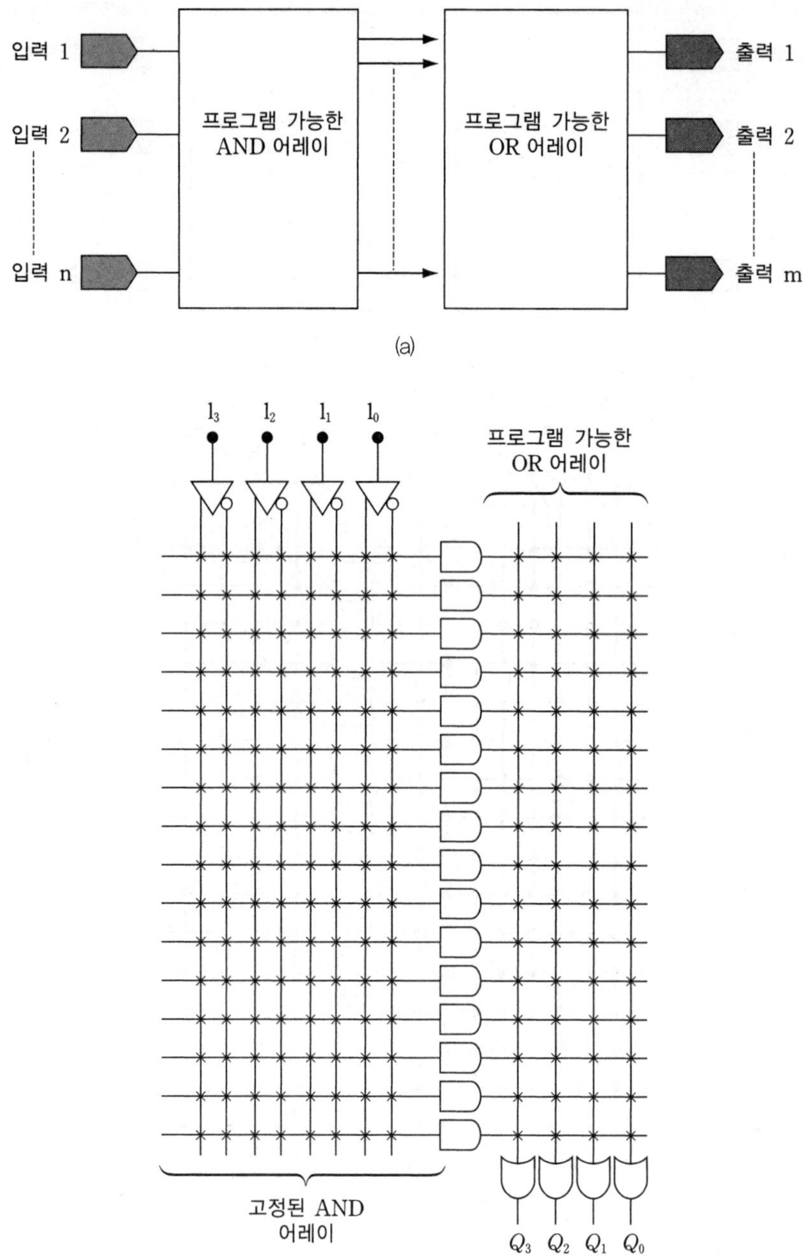

그림 11.16 (a) PLA의 블록선도, (b) 4 bit × 16 word PLA의 내부 구조도

은 상태로 연결되고 출력 a, b, c, d, e, f는 High로 가며, 이런 프러덕트 라인에 연결된 마지막 퓨즈는 프로그램하는 동한 끊겨 있고 출력 g는 Low가 된다. BCD 코드 0000가

입력에 인가될 때마다 7세그먼트 코드 1111110은 PLA의 출력에 나타난다. 이때 극성을 갖는 퓨즈들은 액티브 High 출력들이 공통 음극(cathode) 디스플레이를 구동시키기 위해 모두 끊기지 않은 상태이다. 공통 양극(anode) 디스플레이를 구동하기 위해 극성을 갖는 퓨즈들은 PLA가 활성 High 출력들로 나타날 수 있게 모두 끊어지게 된다.

PLA는 두 개의 프로그램 어레이를 사용하기 때문에 더 많은 퓨즈의 연결이 필요하고 회로가 복잡해지므로 제조 공정이 어려워지고 전파 지연이 크다는 단점을 갖는다. PAL(Programmable Array Logic)은 이런 단점을 보완하기 위해서 개발된 것으로, [그림 11.18(a)]에 표시된 것처럼 프로그램이 가능한 AND 게이트와 고정된 OR 게이트 어레이와 출력을 갖는다. PAL은 가장 널리 사용되는 PLD로 1회에 한해서 프로그램할 수 있고 TTL이나 ECL 기술에 의해서 구현된다.

PAL은 [그림 11.19]에 표시된 것처럼 고유한 숫자와 기호에 의해 구분된다. 소자 번호는 항상 PAL로 시작되고 PAL 다음의 두 숫자는 입력단의 수를 표시한다. 여기에는 입력단으로 사용할 수 있는 출력단도 포함된다. 문자 L은 액티브 Low를 의미하고 H는 액티브 High를 의미한다. [그림 11.20]에는 12개의 입력과 6개의 출력을 갖는 PAL12H6이 표시되어 있다.

입력				표시되는 Digit	출력						
D	C	B	A		a	b	c	d	e	f	g
L	L	L	L	0	ON	ON	ON	ON	ON	ON	ON
L	L	L	H	1	OFF	ON	ON	OFF	OFF	OFF	OFF
L	L	H	L	2	ON	ON	ON	ON	ON	OFF	ON
L	L	H	H	3	ON	ON	ON	ON	OFF	OFF	ON
L	H	L	L	4	OFF	ON	ON	OFF	OFF	ON	ON
L	H	L	H	5	ON	OFF	ON	ON	OFF	ON	ON
L	H	H	L	6	ON	OFF	ON	ON	ON	ON	ON
L	H	H	H	7	ON	ON	ON	OFF	OFF	OFF	OFF
H	L	L	L	8	ON	ON	ON	ON	ON	ON	ON
H	L	L	H	9	ON	ON	ON	OFF	OFF	OFF	OFF

그림 11.17 7세그먼트 디코더로 사용되는 PLA

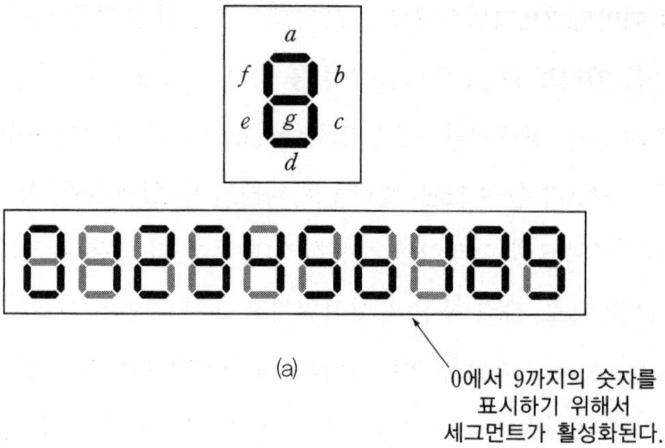

(a)

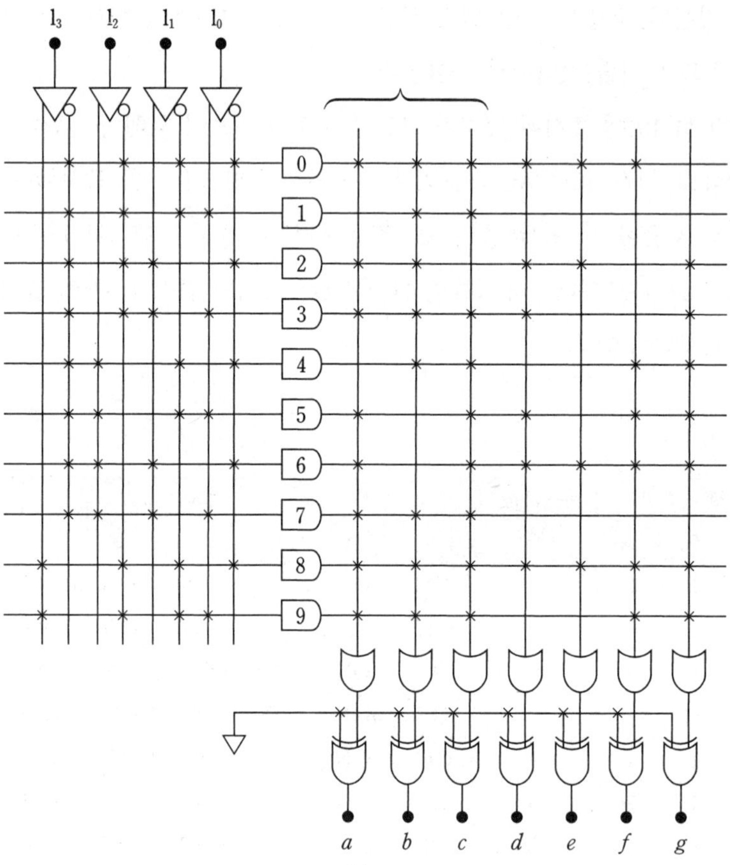

(b)

그림 11.17 7세그먼트 디코더로 사용되는 PLA(계속)

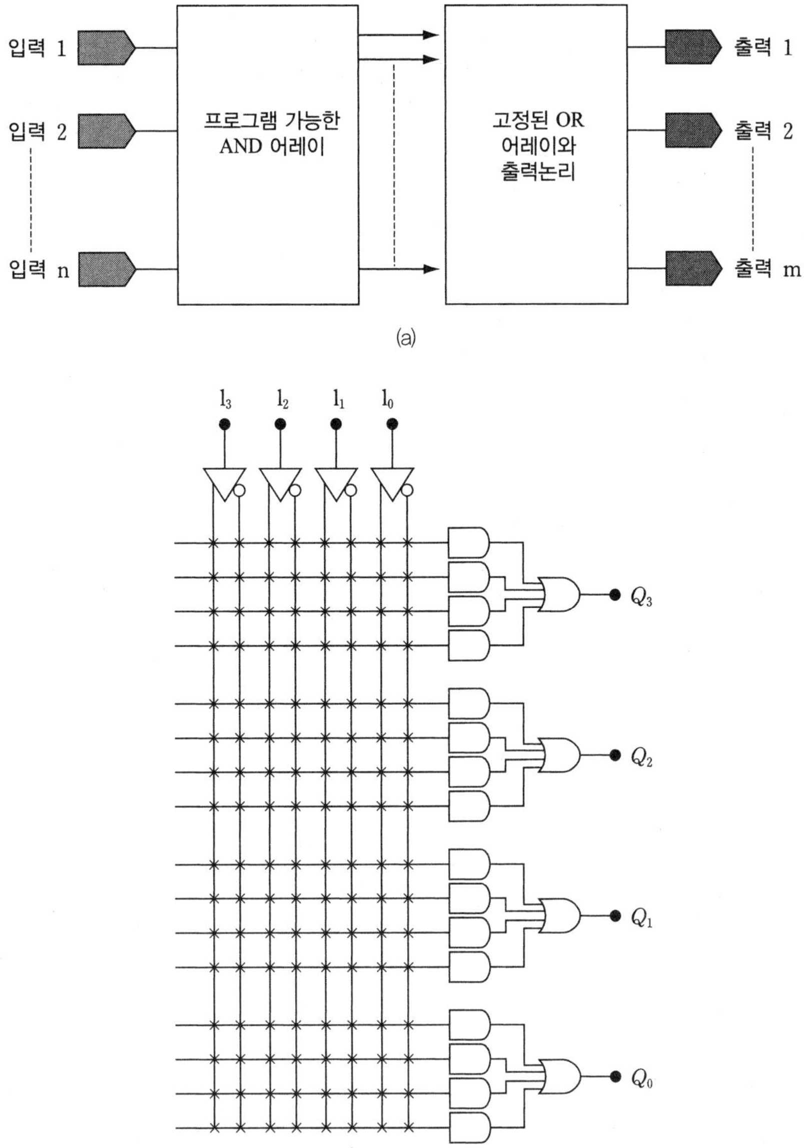

그림 11.18 (a) PAL의 블록선도, (b) 4 입력/4 출력/16 프로덕트 선을 갖는 PAL의 내부 구조도

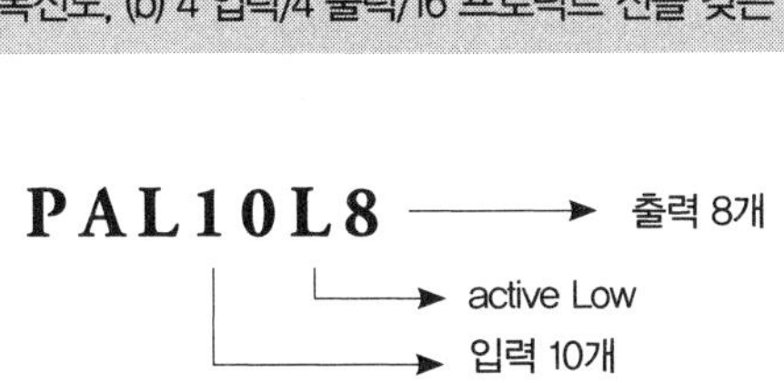

그림 11.19 PAL의 구분

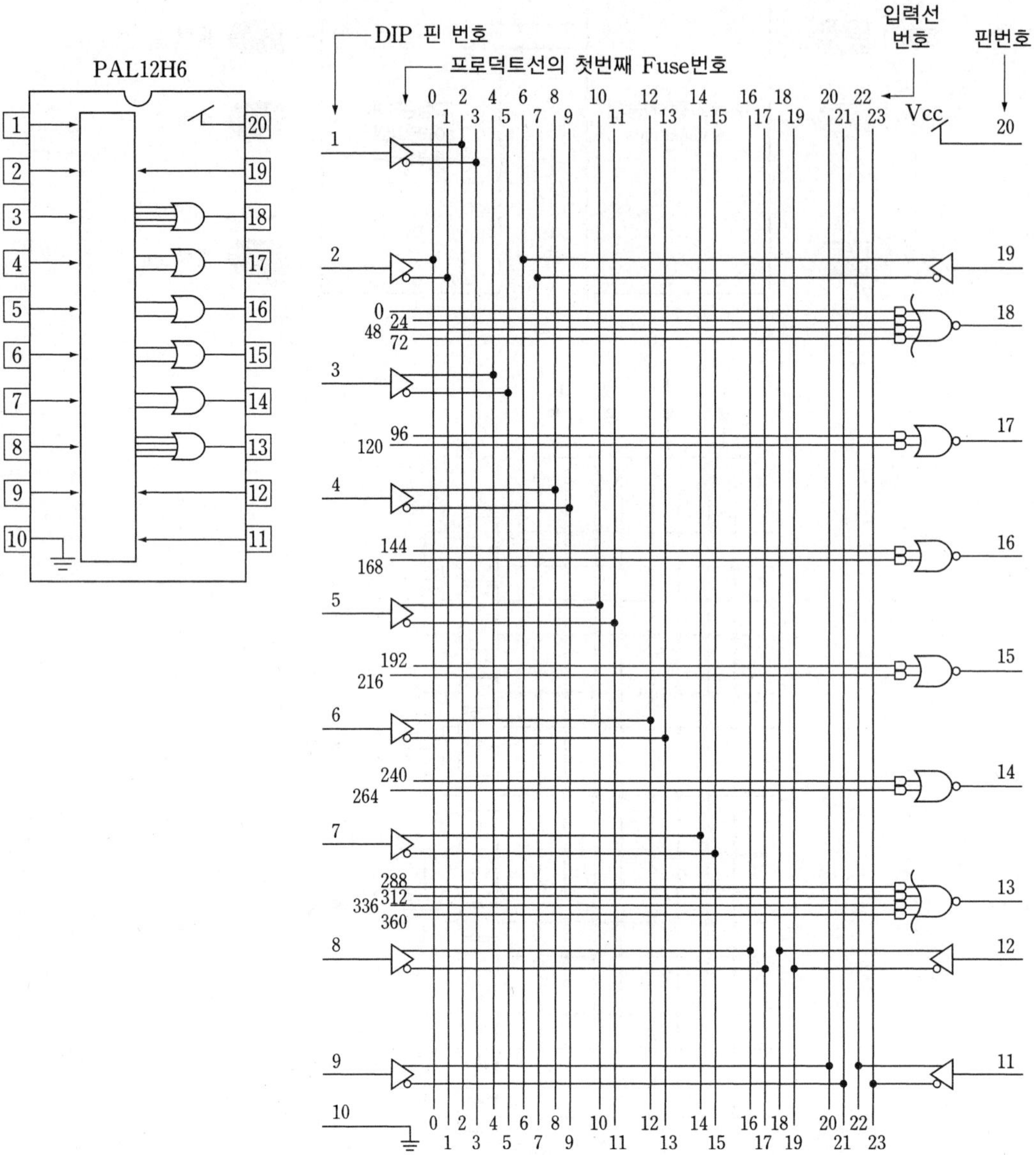

그림 11.20 PAL12H6

1 RFID 시스템을 설명하시오.

2 수동형 태그와 능동형 태그를 설명하시오.

3 RFID의 이점을 설명하시오.

4 패리티 체크를 설명하시오.

5 CRC, FDMA, CDMA를 설명하시오.

6 BAR CODE와 EPC CODE를 설명하시오.

7 사물인터넷을 설명하시오.

8 USN을 설명하시오.

9 증강현실 기술을 설명하시오.

10 LBS를 설명하시오.

11 인공위성의 궤도 형태를 설명하시오.

12 GPS를 설명하시오.

13 휘발성 메모리를 설명하시오.

14 비휘발성 메모리를 설명하시오.

15 핀펫 공정을 설명하시오.

16 ROM을 설명하시오.

17 PLD를 설명하시오.

18 PLA와 PAL을 설명하시오.

12장

나노 반도체 조립과 포장 공정

1. 반도체의 일반적인 조립 공정과 포장 공정
2. 플립 칩 공정
3. COB 공정
4. TAB와 MCM 공정

1 반도체의 일반적인 조립 공정과 포장 공정

나노 반도체 제조의 마지막 단계인 최종 조립과 포장은 [그림 12.1]과 같이 완전히 다른 두 개의 공정이다. 조립과 포장 공정은 각각 특수한 공정과 기구들을 사용한다. 일반적인 공정에서 집적 회로의 최종 조립은 웨이퍼로부터 우수한 다이(die, 칩)를 분리해 내고 금속의 리드 프레임(leadframe)이나 기판에 다이(die)를 부착하는 것으로 정의된다. 리드 프레임 조립은 칩에 전기적 접근을 제공하기 위해 칩 표면의 금속 접합 패드와 내부 리드 프레임을 미세한 직경의 선으로 상호 연결하는 것이다.

최종적인 조립이 끝나고 보호 패키지로 다이(die)를 둘러싸는 공정이 IC 포장(packaging)이다. 오늘날 사용되는 가장 일반적인 패키지는 플라스틱 주형 화합물을 사용하여 칩을 캡슐화하는 것이다. 이런 플라스틱 패키지는 외부 환경으로부터의 보호와 조립의 상위 레벨(예를 들어, 회로기판의 납땜)로의 연결을 위한 리드선 형성을 제공한다.

IC 포장은 IC 칩을 외부 환경과 취급 손상으로부터 보호하는 기능, IC 칩의 내부와 외부 신호들의 연결 기능, IC 칩의 물리적 유지 기능, 열 손실 보호 기능을 제공한다. 포장의 형태는 [그림 12.2]에 나타낸 것처럼 구멍 관통형(through hole package)인 DIP(dual in line package), SIP(single in line package), ZIP(zig-zag in line package), SH-DIP(shrink

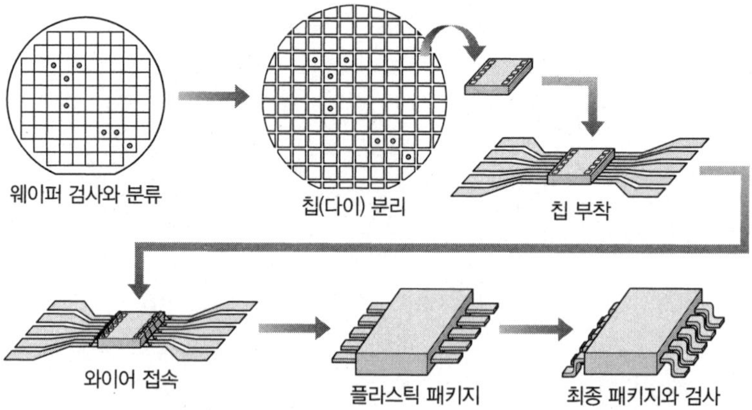

그림 12.1 일반적인 조립과 포장 공정

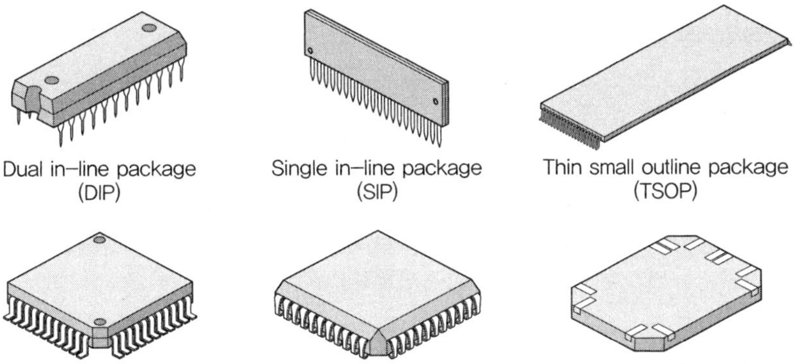

그림 12.2 일반적인 IC 패키지

DIP), SK-DIP(skinny DIP), SL-DIP(slim DIP), PGA(pin grid array)와 표면 실장 패키지(surface mount package)인 SOP(small out package), QFP(quad flat package), LCC(leadless chip carrier), PLCC(plastic leader chip carrier with butt lead), BGA(ball grid arrary), TAB(tape automated bonding), CSP(chip scale package)로 구분된다. 최근에는 적층 형태로 만들어지는 3차원 포장 기술도 사용하고 있다.

[표 12.1]에 나타낸 것처럼 어떤 설계 제약 조건(성능, 크기, 무게, 신뢰도, 비용 목적)들이 발생할 때 앞서 언급한 4가지 기능들을 효과적으로 활용하기 위해서 적절한 패키지를 선택해야 한다. 포장은 IC를 노트북 컴퓨터의 CPU, 자동차의 ECU와 각종 센서, 핸드폰의 USIM 칩, 신용카드의 플라스틱층 사이에 삽입되는 전자 칩과 같은 다양한 분야에서 마이크로칩이 활용될 수 있도록 하였다. 설계 엔지니어들은 IC 패키지를 선택할 때 습기, 온도, 기계적 진동, 물리적 남용 등과 같은 여러 가지 주위의 오염 조건을 고려해야 한다. 최고급 컴퓨터에 적용되는 고성능 칩은 고가에 판매되기 때문에 성능 및 신뢰성은 매우 중요하다.

최종 조립 공정은 웨이퍼의 후면 연마(Back grind), 다이(die) 분리, 다이(die) 부착, 와이어 접속의 순서로 진행된다. 후면 연마 단계는 조립 공정 이전의 웨이퍼 분류 단계에서 수행되기도 한다. 300 mm와 같이 큰 직경을 갖는 웨이퍼들은 제조공정이 진행되는 과정에서 발생 가능한 파손을 최소화하기 위해 상대적으로 두껍게 제작된다. 300 mm의 웨이퍼의 두께는 대략 1인치의 1/32인 775 μm이지만, 조립이 시작되기 전에 웨이

표 12.1 IC 포장을 위한 설계 제약

설계 파라미터	설계 제약 조건들
성능	• RC 시간 지연 • 입/출력(I/O) 신호들의 수 • 와이어 접속(Wirebond) 대 충돌 결합(bump attachment) • 신호 상승 시간 • (일시적인) 과도 전류 및 전압 스위칭 • 열 • 전력 손실 • 입/출력 임피던스 • 주파수 응답
크기/무게/모양	• 칩 크기 • 패키지 크기 • 접속 패드 크기와 위치 • 패키지 리드선 크기와 위치 • 기판 캐리어 크기와 위치 • 방열판(heat sink)의 설계
재료	• 칩 기판(플라스틱, 세라믹, 또는 금속) • 캐리어(유기물, 세라믹) • 열팽창 미스매치(mismatch) • 리드선에 사용되는 금속
가격	• 존재하는 공정들의 통합 • 패키지 재료 • 수율
조립	• 다이(die) 부착 방법 • 패키지 부착(구멍을 관통하거나, 표면 장착, 충돌에 의한 방법으로) • 방열판(heat sink) 조립 • 캡슐화

퍼들은 더 얇아져야 한다. 웨이퍼들은 대체로 200~500 μm의 두께까지 얇아진다.

얇아진 웨이퍼들은 칩 안에 격자 형태로 넣기가 더 쉬워질 뿐 아니라 열 손실도 개선된다. 따라서 박막 ULSI 패키지들의 열 과부하를 줄일 수 있으므로 유리하다. 또한 얇아진 칩들은 크기 및 최종 IC 패키지의 무게를 감소시킨다. 후면 연마 작업은 [그림 12.3]과 같이 완전 자동화 기계로 수행된다. 슬러리 분배기로 슬러리가 분사된 상태에서 스핀들(spindle)은 진동하면서 회전한다. 후면 연마는 웨이퍼로 가해지는 응력을 최소화해야 하므로 주의 깊게 제어된다. 응력이 웨이퍼에 가해지면, 웨이퍼를 칩 안에 격자 형태로 넣는 것이 중단될 수 있으며 패키지 안에 장착하는 것이 더 어려워질 수도 있다. 몇몇 경우에는 후면 연마 작업 후에 후면을 금속화하기도 한다. 기판의 전기 전도도를 개선하고 공융 다이(die)를 접착하기 위해서 일반적으로 금박 필름을 사용하여 금속화한다.

다이아몬드 날을 갖는 다이싱 톱을 사용하여 웨이퍼로부터 각각의 다이를 잘라내어 다이 분리를 한다. 다이싱하기 전에 웨이퍼를 카세트에서 분리하고 적당한 일정 방향으로 맞추어 고정된 프레임의 접착성 필름 위에 안정적으로 위치시킨다. 접착성 필름은 모든 칩들이 절단되면 원래대로 고정시킨다. 웨이퍼는 톱 속으로 이동되고 DI 물이 분무되는 상태에서 25 μm 둘레에 20,000 RPM으로 회전하는 다이아몬드 톱에 의해 [그림 12.4]에 표시된 것처럼 X와 Y의 방향으로 일정하게 잘린다.

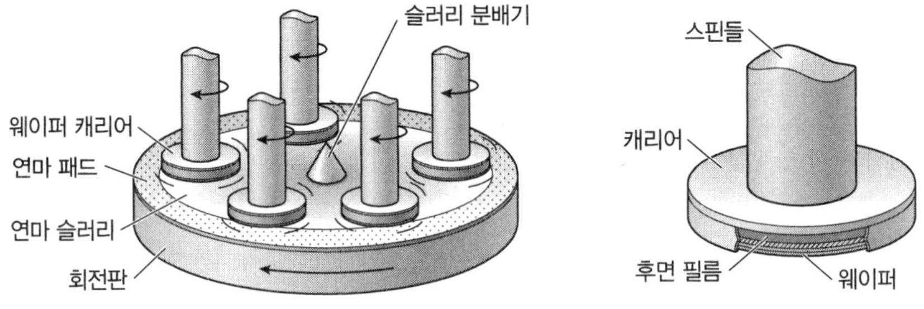

그림 12.3 후면 연마 공정의 개념도

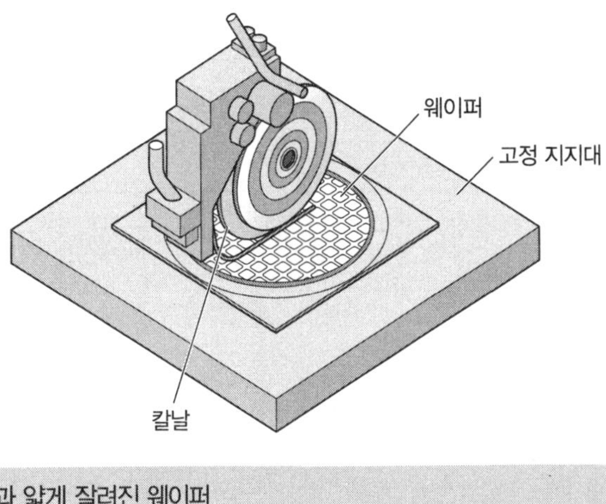

그림 12.4 웨이퍼 톱과 얇게 잘려진 웨이퍼

각각의 개별적인 다이가 접착성 backing 필름에 아직 붙어있는 동안 절단 작업으로부터 발생하는 실리콘 슬러리는 DI 물을 사용해서 세척한다. 톱은 항상 표시된 선을 따라서 90~100% 톱질로 웨이퍼를 절단한다. 웨이퍼 다이싱은 완전 자동화된 정렬 시스템과 웨이퍼를 완전하게 세척하는 장치로 구성된다.

다이 분리 후 웨이퍼는 다이 부착 공정으로 이동된다. 다이 부착 시 각각의 우수한 다이들은 접착성 지지대로부터 개별적으로 추출되고 물리적으로 기판이나 리드 프레임으로 부착된다. 내부 칩 결합 영역에서 고레벨 조립을 위한 보다 큰 리드 피치가 나와 있는 리드 프레임의 예가 [그림 12.5]에 나타나 있다(pitch는 리드의 중간선의 공간이다).

분리된 칩은 에폭시 부착(epoxy attach), 공융 부착(eutectic attach), 유리 프릿 부착(glass frit attach) 기술 중 하나를 사용하여 리드 프레임에 물리적으로 부착된다. [그림 12.6]에 나타난 에폭시 부착 기술은 칩을 리드 프레임이나 기판에 부착시키기 위해서 사용하는 가장 보편적인 방법이다. 에폭시는 기판이나 리드 프레임의 중앙 영역에 분배된다. 다이 접속 장치에서는 에폭시 위에 칩의 뒷면을 올려놓고 에폭시를 경화시키기 위해 약 125℃로 1시간 동안 가열한다. 대부분의 MOS 응용 분야에서는 경화용 에폭시

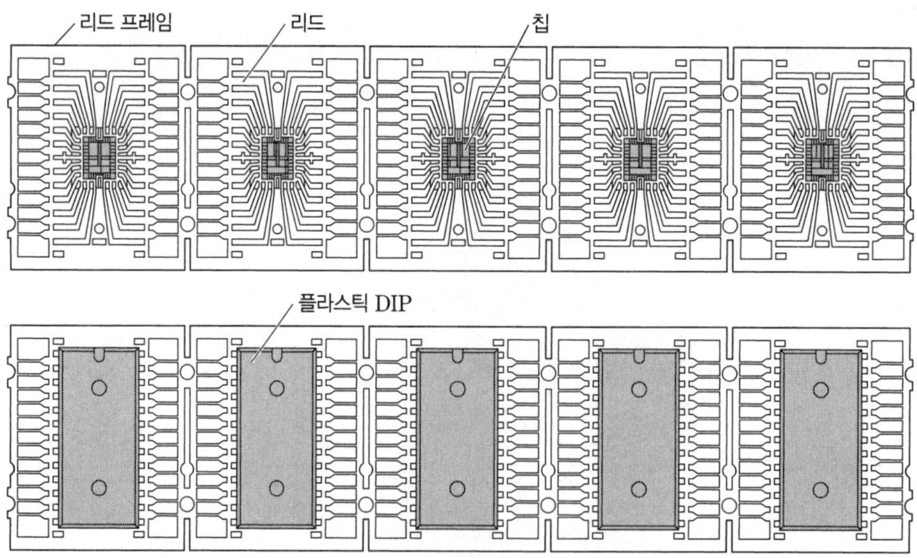

그림 12.5 다이 부착을 위한 전형적 리드 프레임

를 사용하지만, 칩과 패키지의 나머지 공간에서 열 소비가 요구된다면 은(silver) 성분이 포함된 열전도성 에폭시를 사용한다.

공융 부착으로 칩을 부착시키려면 웨이퍼 후면 연마 공정이 종료된 후 웨이퍼의 뒷면에 금이나 은의 박막을 증착해야 한다. 여기서 공융은 녹는점을 최소화하기 위해 용액 상태의 성분을 포함한다고 정의된다. 이때 금은 기판과 합금으로 결합되는데, 기판은 금속 리드 프레임은 합금 42(Ni-Fe 합금)나 세라믹 기판(90~99.5% 성분의 Al_2O_3)이 사용된다. 일반적으로 기판은 금이나 은으로 금속화된 표면을 갖는다. Au-Si 공융 온도를 약간 넘어서는 420℃로 대략 6초 동안 가열하면 칩과 리드 프레임 사이에 공융 합금 내부 연결 회로가 만들어진다. 공융 부착은 우수한 열 경로와 우수한 기계적인 강도를 제공하는 쌍극성 IC에서 보편적으로 사용하는 기술이다.

유리 프릿 부착은 원래의 유기 매질 내에 은과 유리 입자의 혼합물들로 이루어져 있다. 칩의 완벽한 밀봉(sealing)을 보장하기 위해 금속화 없이 Al_2O_3 세라믹 제품에 바로 부착하는 데 사용된다. 밀봉을 통해 외부 환경으로부터 실리콘 장치를 보호하는데, 특별히 습기와 오염 물질로부터의 보호가 중요하다. 은과 유리는 유리 프릿이 우수한 열전도 상태에서 경화되고 세라믹에 장착되는 동안 유리 프릿을 부드럽게 한다. 은으로 채워진 유리가 경화되기 위해서는 상대적으로 높은 온도가 요구된다.

와이어 접속(wire bonding)은 [그림 12.7]에 표시된 것처럼 리드 프레임이나 기판의 패키지 내부 리드 단자에 칩 표면 위의 알루미늄 접속 패드를 전기적으로 연결하는 가장 보편적인 방법이다. 이것은 초당 수 개의 다중 접속(일반적으로 초당 10개)을 형성

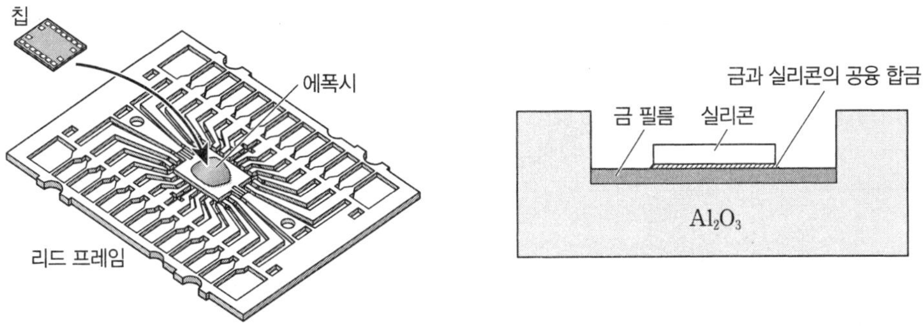

그림 12.6 에폭시 다이 부착과 Au-Si 공융 부착

할 수 있을 정도로 고속으로 스풀하고, 알맞은 직경의 와이어가 칩 접속 패드로부터 리드 프레임 내부의 리드 패드로 장착된다. 도구들은 각 다이의 결합 패드나 리드 프레임 패드의 와이어에 접속되고 다음 위치로 이동된다. 와이어 접속의 배치 정확도는 + 5 μm이다. 접속 와이어로는 칩 패드나 리드 프레임 내부의 주패드 모두에 잘 부착되는 금이나 알루미늄 와이어가 사용되는데 보통 직경이 25~75 μm이다. 25 μm인 표준 와이어 직경은 70 μm의 다이 접속 패드 피치에서 사용된다. 와이어의 재료로는 금, 은, 구리, 알루미늄 등이 사용된다.

와이어 접속 공정이 진행되는 동안 사용되는 에너지의 유형에 따라 열 압축 접속(thermocompression bonding), 초음파 접속(ultrasonic bonding), 열 음파 볼 접속(thermosonic ball bonding)의 세 가지 형태로 분류된다.

열 압축 접속은 열에너지와 압력이 칩 패드나 리드 프레임 내부 리드에 금 와이어의 접속을 구성하기 위해서 사용된다. 모세관 팁(capillary tip)이라고 부르는 접착 메커니

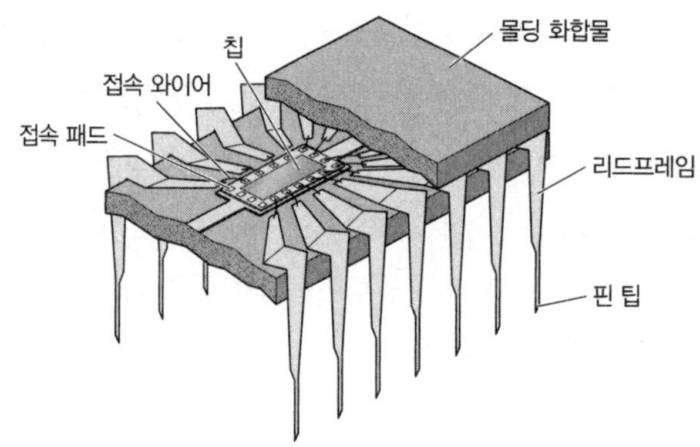

그림 12.7 칩이 부착된 패드로부터 리드 프레임으로의 와이어 본딩

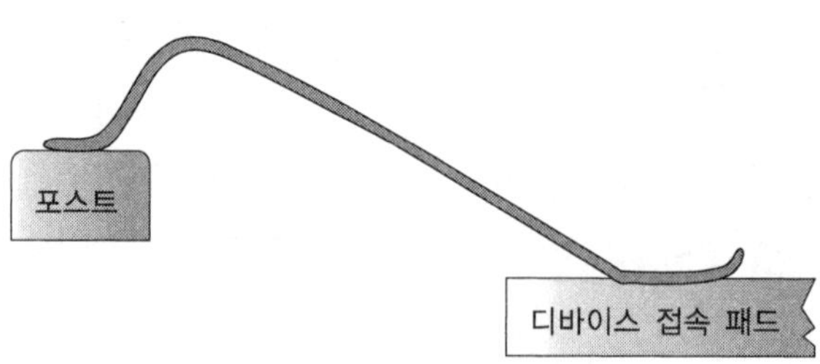

그림 12.8 열 압축 접속

즘은 가열된 칩 접속 패드 위에 와이어를 위치시키고 압력을 가한다. 압력과 열의 조합은 금 와이어와 알루미늄 패드에 쐐기 접속(wedge bond)으로 알려진 접속을 형성하게 된다. 모세관 팁은 [그림 12.8]에 표시된 것처럼 리드 프레임 내부로 리드로 이동하는 동안 부가적인 와이어를 공급한다. 이러한 와이어 접속 공정은 모든 칩 결합 패드가 그들에 대응하는 리드 프레임 내부 리드 단자에 접속될 때까지 반복된다.

초음파 접속은 선과 패드 사이에서 초음파 에너지와 압력을 이용하여 쐐기 접속을 형성하는 것이다. 알루미늄 와이어/알루미늄 패드 혹은 금 와이어/금 패드처럼 같은 금속이 와이어와 패드를 구성하는 경우 외에도 접속을 형성할 수 있다. 와이어는 모세관 팁의 아랫부분에서 홈(groove)을 통해서 공급되고(열 압축 접속과 유사) 다이 접속 패드 위에 위치된다.

모세관 팁은 금속 접속을 형성하기 위해서 압력을 가하고 보통의 초음파 주파수인 60 kHz로 빠르게 기계적 진동을 발생시킨다. 이때 기판은 가열되지 않는다. 일단 와이어 접속이 형성되면 [그림 12.9]에 나타낸 것처럼 소자는 리드 프레임의 내부 리드 패드로 이동되고, 접속을 형성하며 와이어를 절단한다. 이런 공정은 모든 칩 접속 패드가 고유의 리드 프레임의 리드에 와이어 접속될 때까지 반복된다.

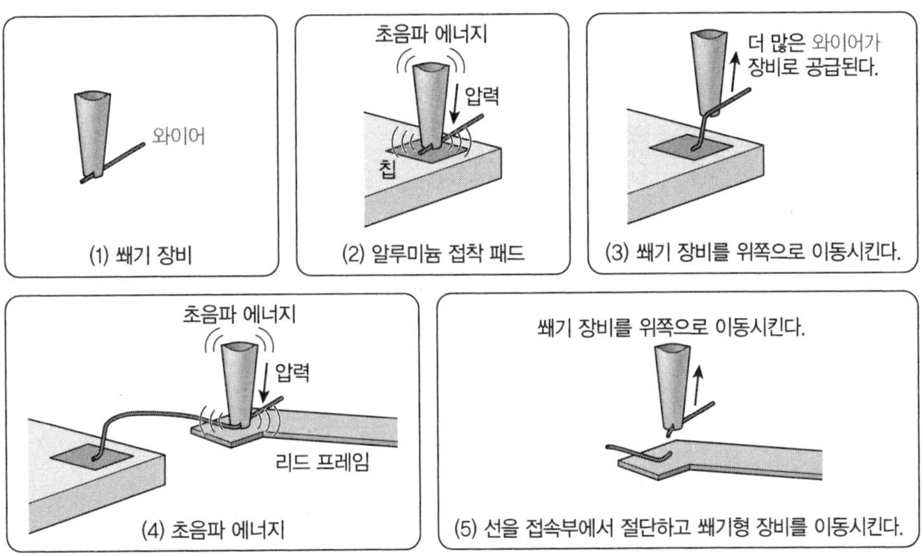

그림 12.9 초음파 와이어 접속 공정

열 음파 볼 접착은 볼 접착이라고 간주되는 접착을 형성하기 위해서 초음파 진동과 열과 압력을 결합시킨 기술이다. 기판은 대략 150℃에서 유지된다. 열 음파 볼 접착은 모세관 팁을 가지며, 텅스텐 탄화물이나 세라믹 물질에 의해서 만들어지며 모세관 팁의 가운데 구멍을 통해 수직으로 알맞은 직경을 가진 금 선을 공급해준다. 돌출된 선은 선을 녹이는 작은 화염이나 커패시터 방전 불꽃에 의해서 가열되고 팁에서 볼을 형성한다.

열 음파 볼 접속은 볼 접속이라고 불리는 접속을 형성하기 위해서 초음파 진동 및 열과 압력을 결합한 공정이다. 기판의 온도는 대략 150℃를 유지한다. 열 음파 볼 접속은 모세관 팁을 가지며, 텅스텐 탄화물이나 세라믹 물질에 의해서 만들어진 모세관 팁의 가운데 구멍을 통해 수직으로 알맞은 직경을 가진 금 와이어를 공급해준다. 돌출된 와이어는 작은 화염이나 커패시터 방전 불꽃에 의해 가열되고 팁에서 볼을 형성한다.

접속이 진행되는 동안 초음파 에너지와 압력은 [그림 12.10]과 같이 금 와이어의 볼과 알루미늄 패드 사이에서 금속 접속을 형성한다. 볼 접속이 완료된 후 접속 메커니즘은 기판 내부의 리드 패드로 이동하고 열 압축 쐐기 접속을 형성한다. 와이어는 절

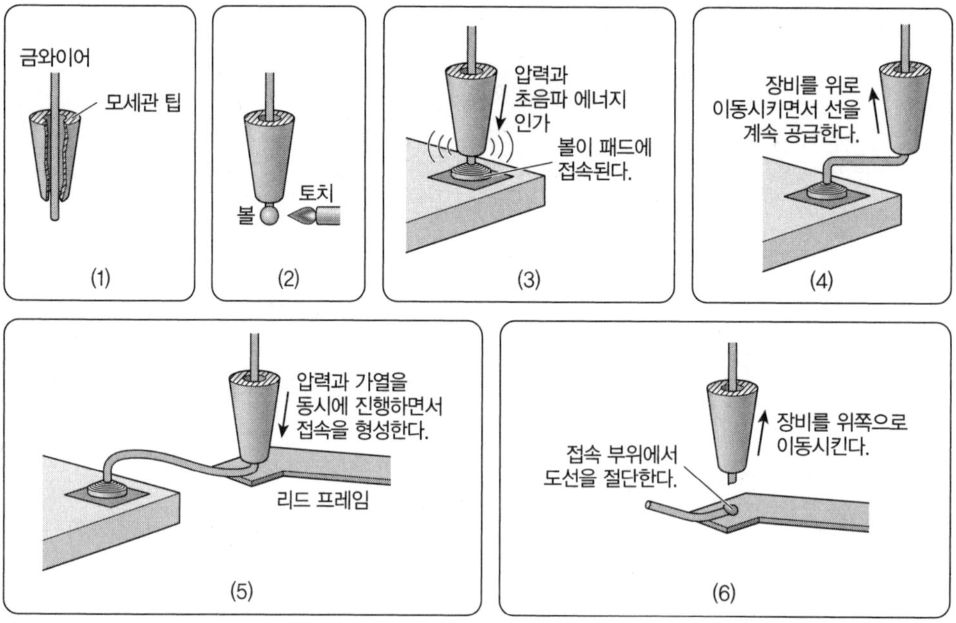

그림 12.10 열 음파 볼 접속 공정

단되고 도구는 다음 다이 접착 패드로 계속 이동된다. 이런 볼 접속/쐐기 접속 순서는 접착 패드와 내부 리드 패드 사이에서 선루프 사이즈의 뛰어난 조절 기능을 가지고 보다 얇은 IC 패키지에서 중요하게 이용된다.

와이어 접속 공정은 일관된 높은 수율을 필수적으로 가져야 한다. 품질을 측정하기 위해 시각적 검사와 당김(pull) 검사를 수행한다. 시각적 검사는 쐐기나 볼을 쳐다봄으로써 이루어지고 우수한 접착이 형성되었는지를 확인한다. 예를 들어, 쐐기 접속은 모세관 팁의 초음파 진동 접속에서 평평한 영역을 가져야만 한다. 또한, 접속에서는 적당한 압력에 의해 볼이 변형되어야 하지만 지나친 변형을 갖는 것은 바람직하지 않다. 와이어 당김 검사는 [그림 12.11]에 나타낸 것처럼 와이어 접속의 품질을 측정한다. 당김 검사는 개별적인 접속의 강도를 측정하고 와이어와 평평한 지역 사이의 계면인 뒤꿈치(heel)에서 접속의 고장을 강조한다. 이러한 대수적 측정은 공정의 안정성과 경향을 평가하기 위한 통계적 공정 조절 SPC)로 검사한다.

포장은 주변 환경의 오염과 습기, 취급 손상으로부터 칩을 보호하기 위해서 필수적이다. 일반적인 포장 제품은 플라스틱 포장과 세라믹 포장 형태로 구분된다. 플라스틱 포장은 융용 공정에서 와이어 접속된 칩과 리드 프레임을 에폭시 폴리머를 사용하여 완벽하게 캡슐화한다. 플라스틱 포장은 1960년대에 소개된 이후 지금까지도 반도체 산업 전반에서 이용하는 포장이다. 플라스틱 포장의 주요 특징은 대량 생산되는 제품 기술에 접목할 수 있다는 점이다. 다이가 부착되고 와이어가 접속된 후, 리드 프레

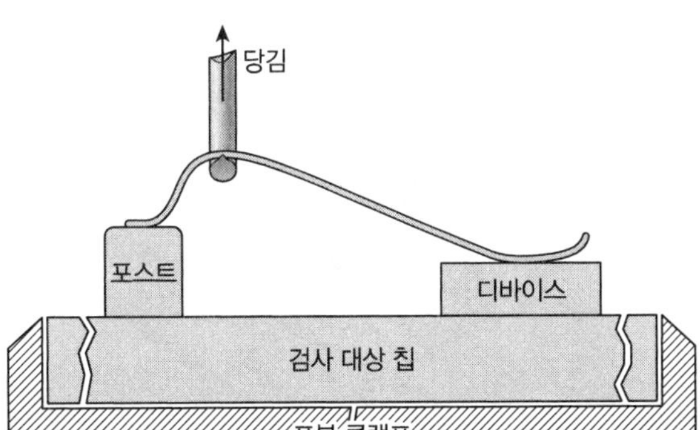

그림 12.11 와이어 접속 부위의 당김 검사와 시각적인 검사

임들은 제거된다.

플라스틱 포장이 아직도 인기를 누리며 주로 사용되는 이유는 리드의 형성을 위해 PIH 리드와 SMT 리드 모두에 유연함을 보이기 때문이다. PIH 리드는 회로 기판에 통과되는 반면 SMT 리드는 기판 표면에 부착된다. SMT 리드의 구성요소는 IC 구성요소와 회로 기판에 고집적 포장을 할 수 있어 선호된다.

플라스틱 포장을 사용하는 또 다른 유용한 이유는 낮은 원가와 가벼운 무게 때문이다. 플라스틱 포장의 교차 결합(cross linked) 폴리머는 차원적으로 안정하며, 이온적으로도 깨끗하고 약 250℃까지 상승하는 공정 온도에서도 저항성을 가진다. 다른 중요한 에폭시 파라미터들은 낮은 습기 흡수율, 리드 프레임과 칩의 IC를 정합시키기 위한 확장 온도 계수(TCE)를 줄이기 위한 주입기의 추가 형태가 있다. 비록 에폭시 플라스틱 주형은 환경적 요인과 오염물질로부터 다이를 보호하기 위한 용접 밀봉을 고려하지 않더라도 이런 분야에 서는 상당한 향상을 이루었다.

[그림 12.12]와 같이 모든 리드들은 직선으로 되어 있는 tie-bar를 제거함으로써 리드 프레임 스트립으로부터 분리된다. 리드를 형성한 후 얇은 리드 끝부분은 부식을 방지하기 위해 납이나 주석이 증착된다. 일반적인 리드의 끝처리는 전기 도금 증착으로 수행된다.

메모리 및 스마트 카드에 널리 사용되는 TSOP(thin small outline package)는 날개

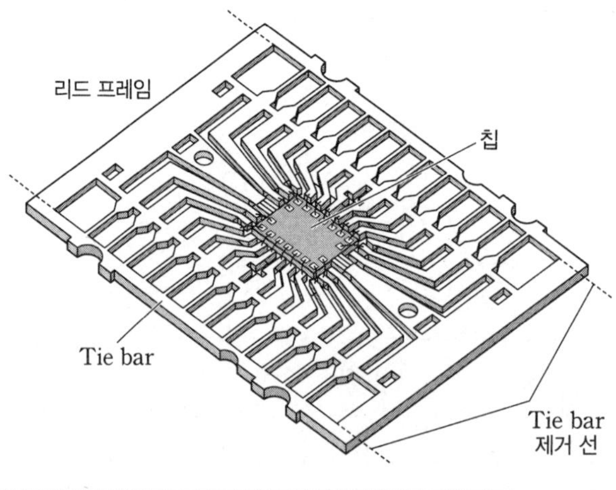

그림 12.12 리드 프레임으로부터 tie-bar 제거

형 표면 실장 회로 기판 위의 패드를 부착시키기 위해서 리드가 두 측면을 따라서 나와 있다. TSOP는 간혹 컴퓨터의 메인 보드 속으로 꽂히는 메모리 카드로 사용되는 DIMM(dual in-line memory modules)으로 사용되기 위해서 부착된다. TSOP의 초기 버전은 작은 외부선 IC이다. SOIC 외부 패키지는 1990년과 2000년 초반에 IC 패키지의 종류로써 가장 광범위하게 사용된다. QFP(quad flat-pack)는 256개 이상의 높은 리드 밀도를 얻기 위해서 패키지의 네 방면 모두에 리드가 있는 표면 실장 소자이다. QFP는 12 mil(300 μm) 이하의 SMT 플라스틱 패키지에 가장 적합한 리드 피치를 가지고 제조되어 왔다. 이런 가는 피치는 회로 기판 조립에서 우수한 수율이 제한되게 만드는 요소이다.

J-리드가 장착된 PLCC(plastic leaded chip carrier)는 높은 I/O 수가 필요하지 않으면 QFP 대신에 사용될 수 있다. LCC(leadless chip carrier)는 낮은 프로필을 유지하기 위해 패키지 가장자리 주변을 감싸는 리드를 갖는 플라스틱 패키지이다. LCC는 소켓을 꼽거나 회로 기판에 직접 납땜된다. 소켓은 업그레이드하거나 고장 수리 시 쉽게 제거하기 위해서 사용된다. 세라믹 포장은 용접 밀봉을 하도록 최대의 신뢰성이나 높은 전력을 요구하는 분야의 IC 포장에서 사용된다. 세라믹 포장에는 중요한 두 가지의 방법이 사용되는데, 그중 하나는 칩의 조립과 포장을 분리해서 따로 처리하는 내화성(refractory) 세라믹이고 다른 하나는 용접 밀봉을 유지하지만, 저가의 포장 비용을 갖는 세라믹 DIP(CERDIP) 기술이다.

내화성 세라믹 기판은 IC 포장에 널리 이용된다. 그것은 적당한 유리 가루와 슬러리를 형성하는 유기 용매가 혼합된 알루미나(Al_2O_3) 가루로부터 만들어진다. 슬러리는 대략 1 mil 두께와 건조된 얇은 시트로 주조되고 [그림 12.13]에 나타낸 것처럼 다층 세라믹 기판으로 패턴화된다. 맞춤 배선 회로들은 다른 층을 상호 연결하기 위해 금속화된 비아들로 개별적인 층에 증착된다. 다수의 세라믹 시트들은 정밀하고 얇게 잘려져 있고 하나로 단단히 짜인(monolithic) 소결된 몸체를 구성하기 위해서 1600℃까지 가열된다. 이를 HTCC(high-temperature cofired ceramic)라고 한다. 850~1050℃로 가열되는 LTCC(low-temperature cofired ceramic)는 HTCC 온도를 버텨내지 못하는 회로 제조 물질에 이용된다. 세라믹 기술은 다수의 신호, 접지, 전력, 접합, 봉인된 혼합 패키지 제조에 뛰어나다.

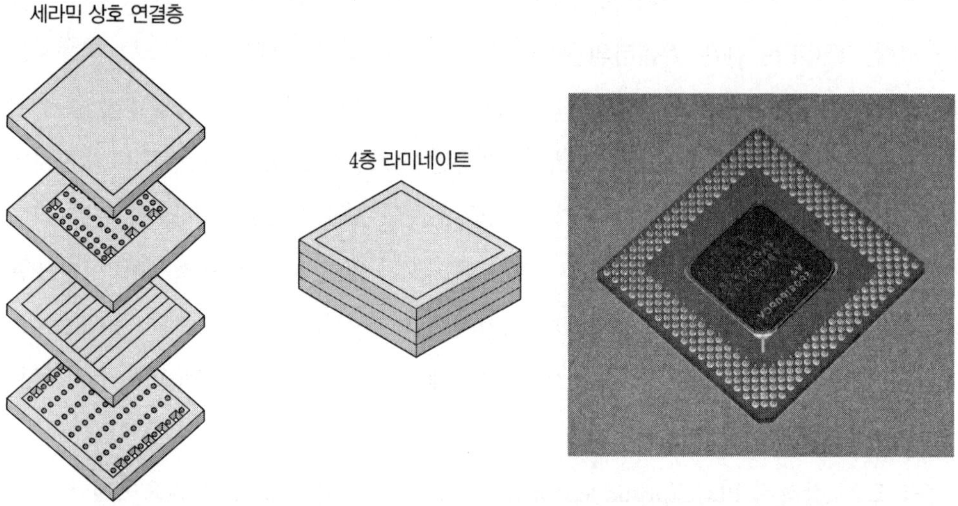

그림 12.13 박편으로 구성되는 내화성 세라믹 공정 순서와 세라믹 PGA
(출처: Wikimedia, Appaloosa)

IC 포장에서 기판으로 사용되는 내화성 세라믹은 높은 수축량이 허용 오차 범위를 조절하는 데 어렵고, 높은 유전 상수로 인해 기생 커패시턴스를 증가시키고 고주파 신호에 영향을 주며, 알루미나의 전도도가 신호 지연에 문제를 발생시킨다는 문제점을 해결해야 한다. 세라믹의 전도도는 신호 지연에 있어서 논쟁이 되고 있다.

세라믹 패키지의 가장 평범한 리드 형태는 PGA 패키지를 만들 때 쓰는 100 mil 피치 높이로 주조된 황동제의 핀이다. 이것은 회로 기판 조립을 위한 pin-in-hole 패키지이다. 다이는 세라믹의 위나 아래에 부착되기 위해서 와이어 접속되며 리드는 완벽하게 밀봉된다. PGA는 600개의 핀이 사용되는 고주파나 고속의 마이크로프로세서와 같은 고성능 IC들에 사용된다. PGA 패키지는 종종 패키지의 내부에서 발생된 열을 제거하기 위한 작은 팬이나 열 흡수의 형태로 종종 요구된다.

적은 비용의 세라믹 포장 기술은 [그림 12.14]에 나타낸 것처럼 두 세라믹 개체 사이에 리드 프레임을 위치시키고 칩 와이어 접속 후 두 개의 세라믹을 압축하는 것이다. 이런 패키지를 CERDIP라고 한다. 세라믹층들은 낮은 온도의 유리 밀봉을 사용해서 완벽하게 밀봉된다.

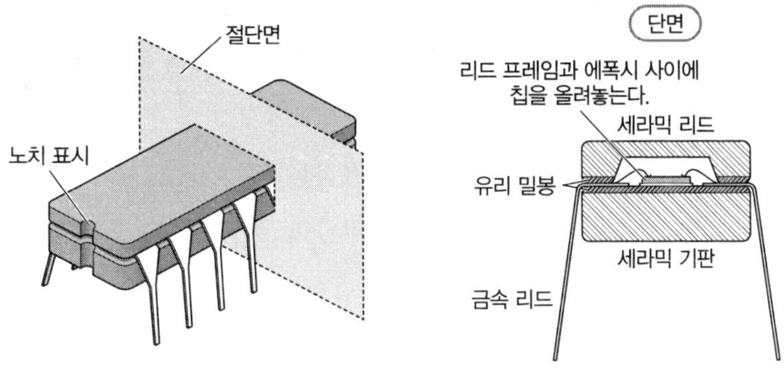

그림 12.14 CERDIP 패키지

2 플립 칩 공정

IC 포장의 목표는 저렴한 비용을 사용하면서도 신뢰성은 높이고, 고속 동작이 가능한, 고밀도 집적 회로를 구현하는 것이다. 와이어 접속 기술의 낮은 비용과 신뢰성은 이미 입증되었다. 미래의 포장 목표는 내부 상호 연결의 수를 줄이면서 칩의 밀도는 증가시키는 것이다. 패키지의 내부 연결이 거의 없다면 전기적 성능에 영향을 주는 고장의 가능성 있는 요소가 감소하고, 회로 저항이 줄며, 전위적으로는 회로 길이가 짧아지고 내부 전극의 커패시턴스를 감소시킨다.

플립 칩은 기판 쪽의 칩의(표면 접합 패드와 함께) 활성화된 면을 탑재하는 포장 기술이다. 와이어 접속의 해결 방법에 관하여 부딪힌 다이의 윗면 아래에 배치(플립)되는 칩이라는 의미이다. 이것은 현재 고속의 신호를 위한 우수한 전기적 연결을 산출할 수 있고 칩 소자에서 회로 기판까지의 가장 짧은 경로인 패키지 설계이다. 또한, 리드 프레임이나 플라스틱 패키지가 종종 사용되지 않기 때문에 무게와 외형을 축소한다.

플립 칩 기술은 기판에 칩 결합 패드의 내부 연결을 위해 [그림 12.15]에 나타낸 것처럼 일반적으로 주석 5%와 납 95%로 구성된 주석/납 땜납(solder)으로 형성된 범프(bump)를 사용한다. 우수한 Pb 땜납은 이런 범프 응용에서 자신의 신뢰도를 증가시키기 때문에 사용된다. 가장 일반적인 땜납 범프 공정은 1960년도에 IBM에서 개발한 C4(controlled collapse chip carrier)로, 세라믹 기판에 실리콘 칩을 부착시키기 위한 공정이다. 오늘날 사용되는 기판은 세라믹이나 플라스틱이 기초가 된 것으로 단단한 인쇄 회로 기판이나 유연성 있는 폴리이미드 회로가 사용된다. 또한, 플립 칩 범프를 위한 땜납 대신에 전도성이 있는 접착제(은으로 채워진 접착제 폴리머)를 사용하는 연구가 활발히 진행되고 있다.

플립 칩의 신뢰도를 위한 중요한 논점은 실리콘 칩과 기판 사이에 열팽창 계수(CTE)가 일치하지 않는다는 것이다. CTE의 과도한 불일치는 C4 땜납 접합부에 응력을 발생시키고 초반의 고장을 유발하여 땜납의 크랙을 일으킨다. 이러한 문제는 [그림 12.16]과 같이 칩과 기판 사이에서 흐르는 에폭시 언더힐(underfill)을 사용하여 해결할 수 있다. 에폭시 CTE는 C4 땜납 접합부에 정합하고 C4 접합부에 적용되는 응력을 효과적

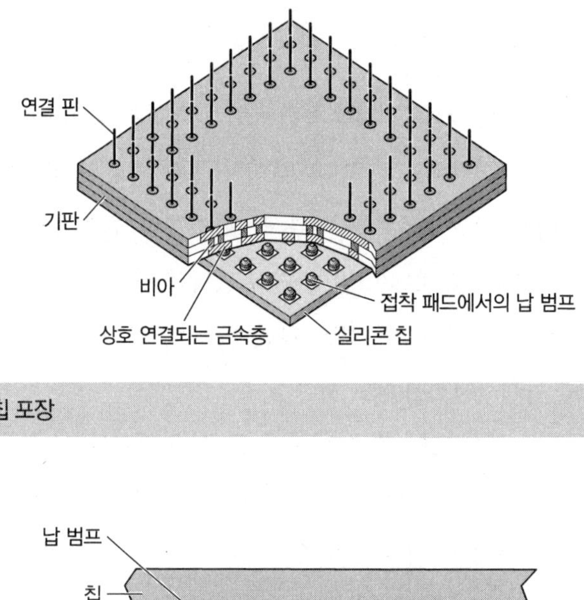

그림 12.15 플립 칩 포장

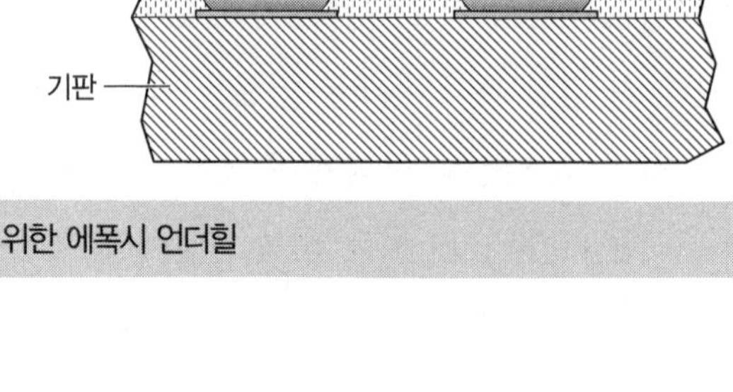

그림 12.16 플립 칩을 위한 에폭시 언더힐

으로 줄일 수 있다. C4 땜납 접합부의 응력은 언더힐의 사용으로 인해서 10배 이상 감소할 수 있다.

에폭시 언더힐의 사용에서의 주요한 연구과제는 한번 에폭시가 적용되면 플립 칩을 제거할 수 없다는 것이다. 만약 검사가 진행되는 동안 칩에 결함이 발견된다면, 이러한 문제로 인해 재가공해야 하는 문제가 생긴다. 그래서 에폭시는 전기적 검사를 마친 후에 적용된다. 또한 두 물체 사이에 열팽창 계수의 응력을 결합시키기 위해서 칩과 기판 사이에 삽입물(내부 연결 구조에 유동성 있는 폴리머 물질)을 첨가하여 에폭시 언더힐의 사용을 피할 수 있다. 플립 칩 공정의 또 다른 특징은 에폭시 언더힐을 투입하기 전에 칩 바닥을 세정할 수 있다는 점이다.

3 COB 공정

1980년대 후반 동안 기판 위의 칩(COB) 공정은 다른 SMT와 PIH 부품들과 함께 기판 위에서 IC 칩을 직접 설치하기 위해 개발되었다. 직접 부착된 칩(direct chip attach, DCA)이라고도 한다. 칩은 표준 접착 공정을 사용함으로써 기판(종종 인쇄 회로 기판) 위에 에폭시 수지로 접착되고 [그림 12.17]과 같이 와이어 접속된다. 실리콘 칩 주위에

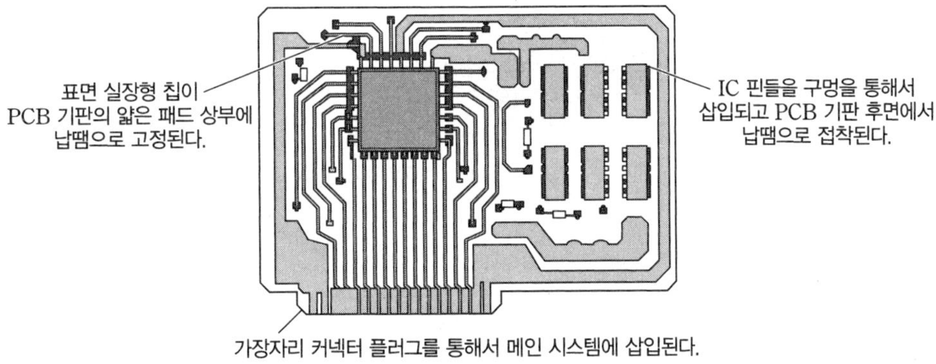

그림 12.17 기판 위의 칩(COB)

패키지는 없지만 글럽-탑(glob-top)이라고 알려진 에폭시 수지로 덮여있다. COB의 사용은 최소 공정과 장비 변경을 통해 전통적인 SMT와 PIH 패키지 이상으로 패키지 크기를 줄일 수 있다. COB는 비디오 게임기 카트리지와 스마트 카드와 같은 응용 장치에 사용된다.

4 TAB와 MCM 공정

테이프 자동 접속(tape automated bonding, TAB)은 [그림 12.18]과 같이 칩 캐리어로 플라스틱 테이프를 사용하는 고성능 입/출력 포장 접근법이다. 테이프는 폴리이미드 절연막의 2개 층 사이에 겹쳐진 얇은 구리박을 가진다. 구리는 식각되어 칩에 부착되는 범프를 위한 내부 단자 접속 영역과 회로 기판의 납땜 부착을 위한 외부 단자 접속 영역을 갖는 칩 접속 패드에 정합되는 단자를 구성한다. 일단 칩이 OLB(outer lead bond region)와 ILB(inner lead bond region)에 부착되면 보호를 위해 글럽-탑(에폭시 수지)으로 덮이고 테이프는 릴에 감긴다. 테이프와 릴 틀은 회로 기판에서 TAB 칩의 2단계 조립으로 사용된다. 조립이 진행되는 동안 칩과 리드 선은 테이프로부터 잘라 내어지고 리드는 갈매기 날개 형태로 형성되며, 회로 기판은 땜납 역류에 의해 접착된다.

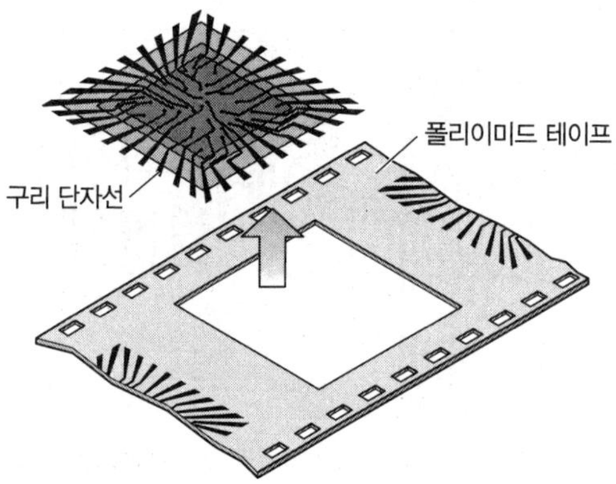

그림 12.18 테이프 자동 접속(TAB)

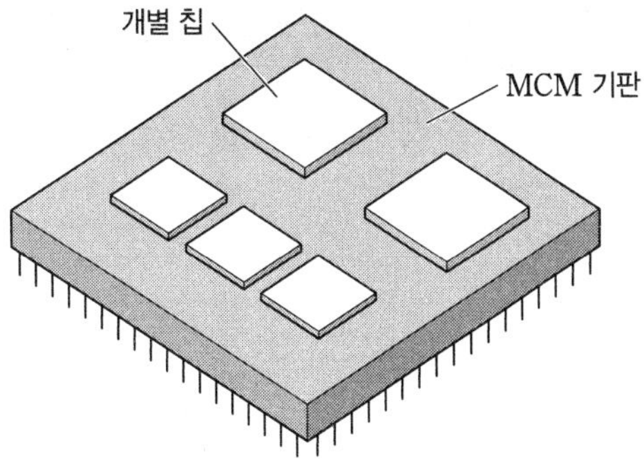

그림 12.19 다중 칩 모듈(MCM)

TAB는 1980년대에서는 고성능 입/출력 패키지로 고려되었지만, 세공과 조립을 위한 전체 비용의 증가로 널리 사용되지는 못하였고, 현재는 특별한 분야의 응용 장치에 적용되고 있다.

다중 칩 모듈(multichip module, MCM)은 [그림 12.19]에 나타낸 것처럼 하나의 기판 위에 각각의 다이를 장착한 하나의 패키지이다. 이런 포장 방식은 MCM 기판 재료 위의 실리콘 칩이 고밀도 장착될 수 있게 한다. MCM에서는 기판 표면 영역의 30% 이상을 실리콘 칩 모듈 표면 영역이 차지하고 있다고 정의된다. 가장 일반적인 MCM 기판은 세라믹 또는 고밀도 칩으로서 발전된 인쇄 회로 기판이다. MCM 포장 디자인은 회로 저항과 플라스틱 커패시턴스를 줄임으로써 전기적 수행을 강화하면서 전체 패키지의 크기와 무게는 줄인다. MCM은 하이브리드 회로로 알려진 오래된 기술로부터 발전된 방식이다.

연습문제

1 패키징의 기능을 설명하시오.

2 IC 패키징에서 고려할 사항을 설명하시오.

3 후면 연마 공정을 설명하시오.

4 다이 분리를 할 때의 주의사항을 설명하시오.

5 에폭시 부착과 공융 부착을 설명하시오.

6 유리 프릿 부착을 설명하시오.

7 와이어 접속을 설명하시오.

8 열 압축 접속을 설명하시오.

9 초음파 와이어 접속 공정을 설명하시오.

10 열 음파 볼 접속을 설명하시오.

11 TSOP를 설명하시오.

12 PGA를 설명하시오.

13 CERDIP를 설명하시오.

14 플립 칩을 설명하시오.

15 COB 공정을 설명하시오.

16 TAB와 MCM을 설명하시오.

13장

로봇 산업과 4차 산업 혁명

1 로봇 산업

로봇 산업은 미래 핵심 성장 동력 산업으로 인식되고 있다. 4차 산업 혁명은 제조업과 정보통신 기술(Information & Communication Technology, ICT)을 융합하는 차세대 산업 혁명을 의미하는 것으로 로봇 산업이 중요한 비중을 차지하고 있다. ICT는 정보기술(Information Technology, IT)과 통신 기술(Communication Technology, CT)의 합성어로 정보기기에 사용되는 하드웨어 개발 기술과 정보 관리에 필요한 소프트웨어 기술 이용하여 정보를 수집, 생산, 가공, 보존, 전달, 활용하는 모든 방법들이 포함되는 포괄적인 용어이다.

ICT 라는 용어는 1997년 영국의 데니스 스티븐슨(Dennis Stevenson)의 보고서(Information and Communications Technology in UK Schools: An Independent Inquiry)와 2000년 잉글랜드, 웨일스, 북아일랜드의 개정된 커리큘럼(National Curriculum)에서 이 용어를 사용하면서 알려지게 되었다.

로봇 기술은 다양한 형태의 요소 기술들이 융합된 시스템 기술로 로봇 시스템을 구성하는 로봇 부품 기술이 중요하다고 할 수 있다. 국제 로봇 협회(International Federation of Robotics, IFR)의 보고서에 따르면, 자동차 조립과 물류 포장, 반도체 제조용, 디스플레이가 사용되는 산업용 제조 로봇 시장에서부터 청소 및 경비, 교육용과 같은 개인 서비스용 모바일 플랫폼 그리고 원전용, 의료용, 건설 작업용, 해양 수산용, 재난 안전 구조와 같은 전문 서비스용 로봇 분야까지 다양한 시장으로 개편되고 있음을 알 수 있다.

로봇 시스템은 복잡도에 따라 수백 개의 부품에서 심지어 수천 개의 다양한 부품으로 구성된다. 이때 사용되는 부품은 구조용 부품, 구동용 부품, 센싱 부품, 제어 부품, 소프트웨어 등으로 분류할 수 있다. 센싱 부품으로는 제스처 인식이나 사람 인식, 사물 인식을 위해 로봇이 영상을 받아들이고 3차원으로 인식하는 시청각 센서, 거리 센서, 힘, 토크를 감지하는 역학 센서들이 사용되는데, 이들은 반도체 공정을 통한 MEMS 제조 기술을 이용해서 제작된다. 최근 청각 센서는 구글 보이스나 애플의 쉬리 등이 개발 보급되면서 음성 인식에 다양한 연구가 진행되고 있으며 5G 통신과 인공 지능 기술에 접목되고 있다.

한국로봇산업진흥원에 따르면 2019년 국내 로봇 시장은 5조 원 정도였지만 2020년 글로벌 시장은 52조 원 정도이며, 해마다 2~3배 성장하는 것으로 예측한 결과 2025년 국내 로봇 시장은 한화로 20조 정도로 발전할 것으로 예상하고, 글로벌 시장은 한화로 190조 원 정도의 시장이 될 것으로 예측하고 있을 만큼 미래의 성장 동력으로 평가받기에 충분하다고 할 수 있다. 우리나라에서는 KT, SK텔레콤, LG U플러스와 같은 이동 통신 3사를 중심으로 로봇 사업에 집중 투자하고 있으며, 현대 자동차 역시 로봇 전문 기업인 미국의 보스턴 다이내믹스사를 인수하여 협업을 통해 현대 자동차 공장에 새로운 로봇을 배치하는 등 발 빠르게 대처하고 있다. [그림 13.1]은 보스턴 다이내믹스사가 2020년에 출시한 최초의 상업용 로봇인 '스팟(spot)'이다. 스팟은 사족보행이 가능하고 자율검사를 위한 동적 감지 기능이 지원되며, 데이터를 수집하고 분석할 수도 있다. 현재 스팟은 일부 산업 현장에 실제로 운용되고 있다.

[그림 13.2]는 2021년 보스턴 다이내믹스사가 개발한 물류 로봇인 '스트레치(stretch)'

그림 13.1 4족 로봇 스팟과 2족 로봇 아틀라스
(출처: 보스턴 다이내믹스)

그림 13.2 물류 로봇 스트레치
(출처: 보스턴 다이내믹스)

이다. 스트레치는 보스턴 다이내믹스사가 2019년에 개발한 하역 로봇 '핸들'의 후속 버전으로 창고 자동화를 위해 공개하였고, 인간형 로봇인 '아틀라스'도 연구 목적으로 개발 중이다. LG 전자는 2019년 미국 테네시주 소재 세탁기 공장에 물류 로봇을 이용한 자동화를 운영한 이래 경남 창원에 2021년 현재까지 8,000억 원 상당의 비용을 투자하여 LG 유플러스와의 협력을 통해 지능형 자율 공장이라고 불리는 '스마트팩토리'를 운영하고 있다(그림 13.3). 이 지능형 공장을 4년간 운영하면서 연간 생산성이 200만대에서 300만대로 50% 증가할 것으로 예측하고 있다.

LG 전자는 현대엘리베이터와 협업을 통해 로봇과 연동되는 스마트빌딩 솔루션 사업에 진출하고 있다. [그림 13.4]는 LG 전자가 국제로봇학회 '제18회 유비쿼터스 로봇 2021'에 참가하여 공개한 5세대 이동 통신(5G)과 인공 지능을 접목한 실내외 통합배송 로봇 사진이다. 국내에서는 '배달의 민족'의 운영사인 우아한 형제들이 로봇 배달 서비스를 시작하였다. KT는 TV 광고를 통해 대형 프랜차이즈 음식점의 예약을 로봇이 받는 모습을 보이며, 호텔에서 객실로 음식을 배달하는 시범 서비스를 선보였다. 또한,

그림 13.3 LG 전자 창원공장의 스마트팩토리
(출처: LG 전자)

그림 13.4 실내외 통합배송 로봇
(출처: LG 전자)

AI 로봇을 이용한 우편물 배달 서비스를 실시하기도 하였다. 네이버 역시 네이버 랩스를 통해 5G 브레인리스 로봇 기술을 선보였으며 제2 사옥에서 스마트빌딩 운영을 목표로 연구를 진행 중이다.

2 스마트 헬스케어

바이오 메디컬 IT 분야에서도 나노 반도체 기술이 적용된다. MRI, PET와 같은 단층 영상 촬영 장치, '다빈치'와 같은 수술용 로봇, 내시경 장비 등은 이미 잘 알려진 의료용 장비다. 다빈치 수술 시스템은 로봇 복강경 수술 시스템 중 가장 대표적인 것으로, 미국 인튜이티브 서지컬(Intuitive Surgical)사에 의해 1999년 처음 출시되어 현재 많은 나라에서 여러 가지 수술에 이용되고 있다. 다빈치 로봇 수술은 기존의 복강경 수술과

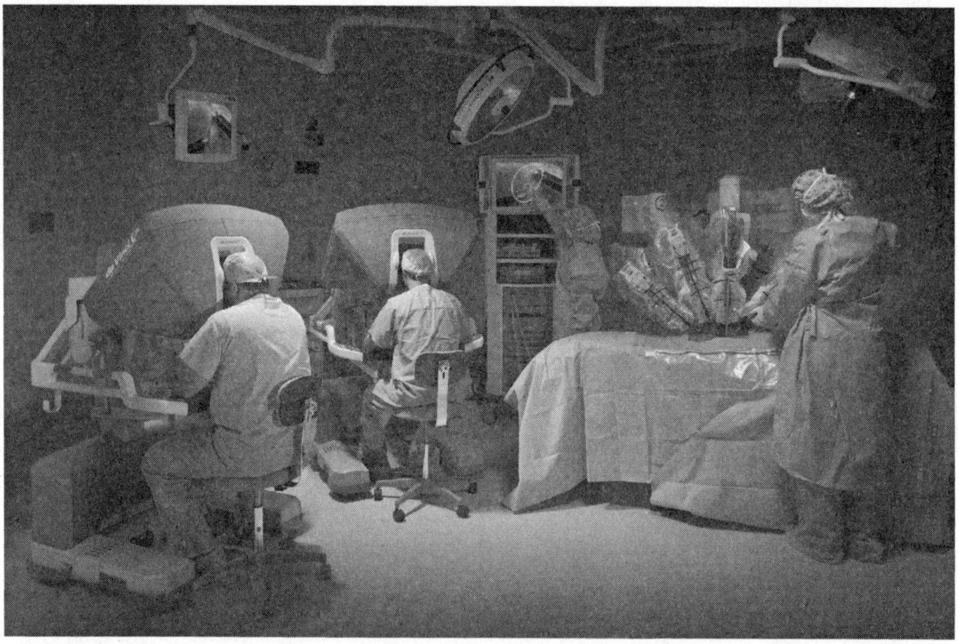

그림 13.5 다빈치 로봇 수술
(출처: Intuitive Surgical)

같이 환자의 환부에 여러 개의 구멍을 뚫은 뒤 복강경 수술 기구 대신 3차원 확대 영상의 수술용 카메라와 로봇 팔을 삽입한 후 의사가 몇 미터 떨어진 콘솔에서 원격조정을 하여 수술을 진행하는 방식이다.

IBM사에서 개발한 진단 장치인 '왓슨'이라고 부르는 컴퓨터는 AI 기술을 이용하여 환자를 진료할 수도 있다. 또한, 인류의 수명이 증가하면서 노령화 시대로 접어들게 되었고 헬스케어에 대한 시장 역시 미래의 먹거리로 등장하게 되었다.

웨어러블 의료 기기 시장 역시 엄청난 속도로 발전하고 있다. 최근에는 센서를 장착한 스마트 워치가 심혈관 계통의 이상 징후를 발견하여 사망을 방지했다는 신문 기사를 가끔 접하게 된다. 심혈관 질환은 심실빈맥과 연관된 급사의 형태로 나타나는 경우가 흔하기 때문에 발병 후 치료보다는 사전 예방이 중요하다. 애플사의 스마트 워치는 심전도의 심박수 변화를 측정 후 부정맥과 같은 이상 징후를 알려주는 서비스를 제공하고 있다. 삼성전자 역시 의료용 측정 기능을 가진 스마트 워치를 개발하였지만 의료 기기라는 이유로 허가를 받지 못해 사용이 제한되는 어려움을 겪고 있다.

현재 대학에는 의용 생체 공학과를 중심으로 웨어러블 의료 기기 및 진단 기기 분야의 인재를 양성하고 있다. 진단 기기 중 초음파 기기는 2D에서 현재 3D 입체로 진료할 수 있는 첨단 장비로 진화하고 있다. 이런 쾌거 역시 나노 반도체 기술의 협업으로 이루어지고 있다. 스마트 헬스케어 역시 4차 산업 혁명 기술로 평가받고 있다.

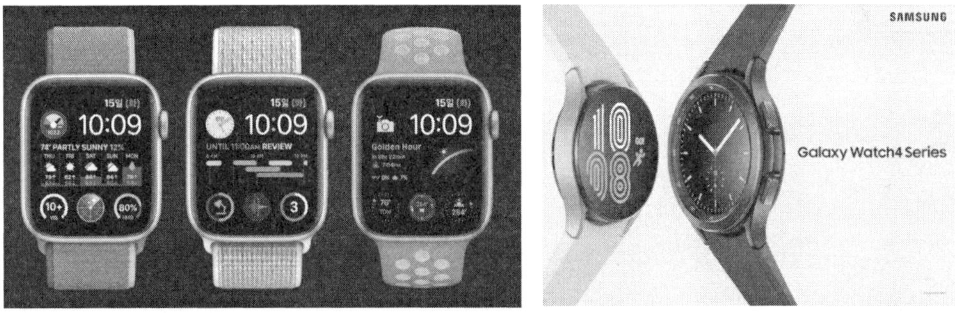

그림 13.6 애플워치와 갤럭시워치
(출처: Apple / Samsung)

연습문제

1 ICT를 설명하시오.

2 보스턴 다이내믹스사의 4족 로봇 스팟과 2족 로봇 아틀라스를 설명하시오.

3 로봇과 5G 통신의 연관성을 설명하시오.

4 스마트 헬스케어를 설명하시오.

5 나노 반도체의 개발과 인공 지능을 갖는 의용 생체 장비의 연관성을 설명하시오.

부록

A. 정전기 방전(ESD)

B. 청정실과 청결 등급 지수

C. 웨이퍼의 세정 공정과 습식 세정 장비

D. 진공 펌프의 분류

E. 화학 물질과 안전

F. 물질 안전 데이터 시트(MSDS)의 중요성

A 정전기 방전(ESD)

마이크로칩에 전기적인 손상을 줄 수 있는 정전기 방전(Electrostatic Discharge, ESD)은 오염(contamination)의 한 종류로 분류된다. ESD는 다른 정전기 전압(전위)이 서로 만나거나 두 종류의 물질 사이에 마찰이 있을 때 발생하며, 통상적으로는 마찰전기(triboelectricity)라고 부른다. 과잉 전자를 갖는 원자들은 과잉 양성자를 갖는 원자들을 끌어당긴다. 이런 인력은 전압이 수만 볼트까지 올라갈 수 있는 전기를 방전시킬 수 있다. 반도체 제조업체에서는 웨이퍼 제조공정에서 일반적으로 40±10%의 낮은 습도를 유지하므로 정전기의 발생을 방지할 수 있다.

비록 RH(relative humidity) 증가가 정전하 발생을 감소시킨다고 하더라도 습도는 부식을 통해 오염을 증가시키므로 좋은 해결 방법이 아니다. ESD에서 전이되는 정전기량의 총계가 나노 쿨롱(nC) 단위로 매우 작을지라도 방전 에너지는 웨이퍼의 아주 작은 구역에 증착된 수 나노 초(ns) 안에서 발생하는 정전기 방전은 1 A의 피크 값을 발생시키므로 문자 그대로 금속성 물질을 기화시키거나 산화층에 구멍을 뚫게 된다. 이런 방전은 게이트 산화막의 항복 현상을 가져오게 된다.

ESD로 인한 또 다른 중요한 문제는 [그림 A.1]에 나타낸 것처럼 웨이퍼 표면에서 전위 증강이 발생되면, 발생된 전자장이 전위 입자를 끌어당기거나 분극화시키고 웨이퍼 표면에서 중성 입자들을 끌어당기는 것이다. 예를 들면, TV 화면에 먼지들이 부착되는 것과 같다. 더 작은 입자들은 정전 효과를 통해 입자 간 인력을 갖게 된다. CD가

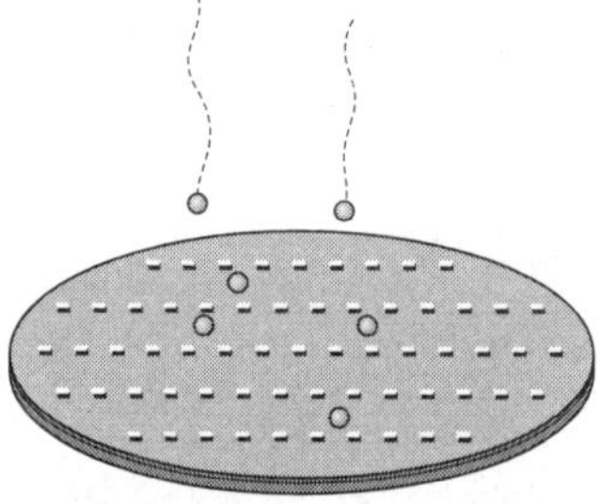

그림 A.1 대전된 웨이퍼에 끌리는 미립자들

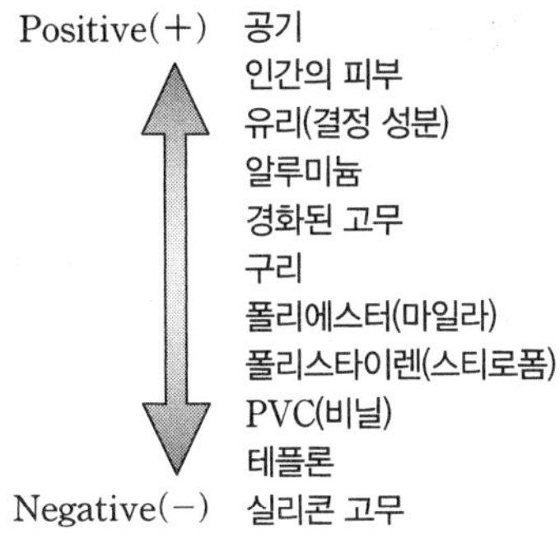

그림 A.2 반도체 제조공정에서 정전기를 발생시키는 일반적인 물질들

nm로 감소 될수록 ESD의 인력에 의해 끌려온 더 작은 입자들에 대한 결함을 발생시킬 수 있으므로 중요시된다.

미립자들의 오염을 최소화하기 위해 웨이퍼 전위는 반드시 통제되어야 한다. [그림 A.2]에는 반도체 제조공정에서 정전기를 발생시키는 일반적인 물질들의 정전기 발생 능력이 표시되어 있다. 물질은 양극 표면 전하 혹은 음극 전하의 가능성을 가지고 있다. 유리, 석영, 인간의 피부, 공기 등이 강력한 양전하 물질인 반면, 실리콘은 음전하 물질인 점을 주목해야 한다. 다양한 상대 습도 환경에서 발생하는 정전기 전압의 크기는 [표 A.1]에 나타낸 것과 같다.

표 A.1 다양한 상대 습도 수준에서의 정전기 전압

정전기 방전이 발생하는 원인	10~20%의 상대 습도	50~90%의 상대 습도
카펫 위에서 걷기	35,000 V	1,500 V
비닐 바닥 위에서 걷기	12,000 V	250 V
벤치에서의 작업	6,000 V	100 V
폴리우레탄 폼으로 채워진 작업 의자	18,000 V	1,500 V

B 청정실과 청결 등급 지수

반도체 웨이퍼 제조공정 설비 중 무균실(청정실, clean room)은 작은 마이크로칩 성능의 결정적 결함을 감소시키기 위해 오염이 발생하지 않도록 공정 환경을 청결하게 통제해야 한다. 웨이퍼 제조공정에서의 중요한 오염원은 공기, 작업자들, 공정 설비, 공기 중의 수분, 화학 공정, 가스 공정, 생산 장비 등이 있다.

청정실의 가장 기본적인 개념은 웨이퍼 제조공정 설비 중 공기에 포함된 미립자의 제어에 있다. 우리가 숨 쉬는 공기 중에는 부유하는 오염물질이 지나치게 많이 포함되어 있기 때문에 반도체 제조공정에서는 그대로 사용하지 않는다. 공기 중에 부유하는 작은 에어로졸 형태의 입자는 오랜 시간 동안 공기 중에 떠다니고 잔류하면서 웨이퍼에 증착되므로 심각한 결함을 발생시킨다.

공기의 청결 등급 지수는 청정실 내 공기의 밀도와 입자 크기로 규정되는 청정실 내부 공기의 질에 따라 나누어진다. 이것은 미립자 오염을 줄이기 위해 입자들을 통제하는 방법을 설명하고 있다. Federal Standard 209에서 기원한 등급지수는 1963년에 처음 분류되었고 209E의 가장 최근 버전이 나올 때까지 몇 번 수정되었다. [표 B.1]은 각기 다른 청정실 등급 지수와 입자 크기에 따른 받아들일 수 있는 ft^3당 입자의 수를 보여준다.

만약 청정실 등급이 오직 입자의 크기만으로 결정된다면, 등급 1의 청정실의 입자

표 B.1 Federal Standard 209에서 제안한 공기 청결 등급 지수

	미립자 개수/ ft^3				
등급 지수	0.1 μm	0.2 μm	0.3 μm	0.5 μm	5 μm
1	3.50 × 10	7.70	3.00	1.00	
10	3.50 × 10^2	7.50 × 10	3.00 × 10	1.00 × 10	
100		7.50 × 10^2	3.00 × 10^2	1.00 × 10^2	
1,000				1.00 × 10^3	7.00
10,000				1.00 × 10^4	7.00 × 10
100,000				1.00 × 10^5	7.00 × 10^2

크기는 약 0.5 μm이다. 이것은 입자 중 최대 크기가 0.5 μm이거나 ft^3당 1개라는 것을 의미한다. 각기 다른 입자 사이즈에 대한 청정실 등급은 각기 다른 특정 입자 크기에서의 등급 지수를 나타낸다. 예를 들어, 등급 10의 경우 0.2 μm를 가지는 입자 체적의 최대치는 75 particles/ft^3 이상이다. 그리고 0.1 μm의 입자에서 등급 10의 경우에는 체적의 최대치가 350 particles/ft^3 이상이다.

최근에는 입자 크기가 0.02~0.03 μm인 극소 미립자를 표시하기 위해 0.1등급을 이용하기도 한다. 최근의 깨끗한 공기의 기준은 'U'라고 부르는 1 m^3 공기 안의 극소 미립자의 양으로 결정된다. U는 직경이 0.1 μm 보다 작은 미립자에서 분리된 입자의 양에서 탐지되는 가장 작은 직경까지 줄어든다. 입자 크기를 지정하지 않으면 U 표시는 U(x)로 표시되는 청결도를 나타내는데, 여기서 x는 1 m^3당 허용되는 극소미립자의 수를 의미한다.

작업자들은 청정실에 출입하며 머물기 때문에 청정실을 오염시키는 가장 큰 원인이 된다. 작업자들이 배출하는 불순물 미립자들은 머리카락이나 모발용 제품(헤어스프레이, 젤), 옷의 보풀, 피부의 각질 등에서 나온다. 작업자가 가만히 있는 상태에서 평균적으로 0.3 μm 이상의 큰 입자들을 1분에 10만 개 정도를 배출한다. 만약 손이나 몸을 움직이거나 목과 머리를 돌린다면 분당 50만 개의 입자를 배출하게 된다. 또한, 시속 3 km의 속도로 걷는다면 분당 600만 개, 시속 6km의 속도로 걷는다면 분당 750만 개,

그림 B.1 청정실의 전경과 작업복
(출처: Shutterstock)

피부를 손으로 긁는다면 분당 1,000만 개 정도의 미립자를 배출한다. 따라서 작업자들은 문을 여닫는 행위 및 공정 기계 근처에서의 과도한 움직임을 최소화해야 한다. 말을 하거나 재채기, 코 풀기 같은 평범한 행위도 당연히 반도체에 손상을 입힐 수 있다.

완전 청정 상태로 청정실에서 활동하기 위해 작업자들은 '청정실 절차'라고 알려진 일련의 절차를 따른다. 작업자들은 [그림 B.1]에서와 같은 'bunny suit'라고 부르는 청정실용 작업복을 입는데, 이 작업복은 상하가 붙어 있고, 두건과 마스크, 부츠와 장갑으로 이루어져 있어 몸 전체를 완전히 덮는다. 청정실 작업복을 사용하여 몸에서 나오는 불순물 입자나 에어로졸 형태의 모든 오염물질을 격리할 수 있다. 또한, 외관 시스템에서의 모든 불순물 입자로부터 격리시키며 ESD를 발생시키는 정전기량을 0으로 만들고, 화학적, 생물학적 상태의 찌꺼기로부터 격리시키는 목적을 가지고 있다.

현대의 청정실 작업복은 높은 기술의 얇은 막 구조나 매우 조밀한 폴리에스터 구조로 짜여 있다. 개발된 소재는 0.1 마이크론 크기 이상의 입자의 99.999%를 효율적으로

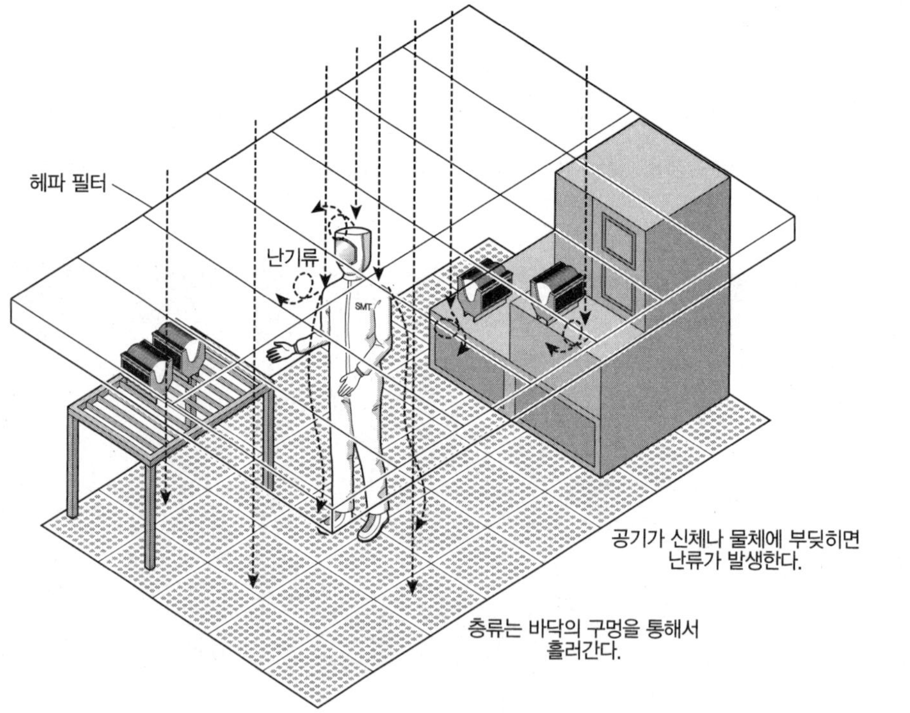

그림 B.2 유체 역학적인 공기 흐름

막아준다. 청정실 작업복 시스템은 공정에 따라 인간의 몸을 덮는 범위가 달라진다. 어떤 공정에서는 바깥에 입는 작업복과 더불어 속에도 폴리에스터 재질의 속옷을 입어야 한다. 작업자들은 샤워 후에 옷을 다 입고 공정에 들어가기 전까지 피부에서 각질이 발생되는 것을 방지하려고 로션을 바른다. 일부 공정에서는 작업자의 숨이 허리에 묶은 여과기 팩의 송풍기를 통해 걸러진 채로 호흡할 수 있는 둥근 헬멧을 착용하기도 한다. 이 헬멧은 공정 작업 구역에서 인간의 호흡 및 타액에서 나오는 불순물 입자를 막는 데 사용한다.

청정실을 완벽한 청결 상태로 유지하기 위해 자연적인 공기의 흐름을 중요하게 이용한다. 100등급 이하의 청정실은 층류의 공기의 흐름을 가져야 한다. 층류는 [그림 B.2]와 같이 흐름 패턴에서 난류 같은 거친 공기의 흐름 발생 없이 부드럽게 흐르는 것을

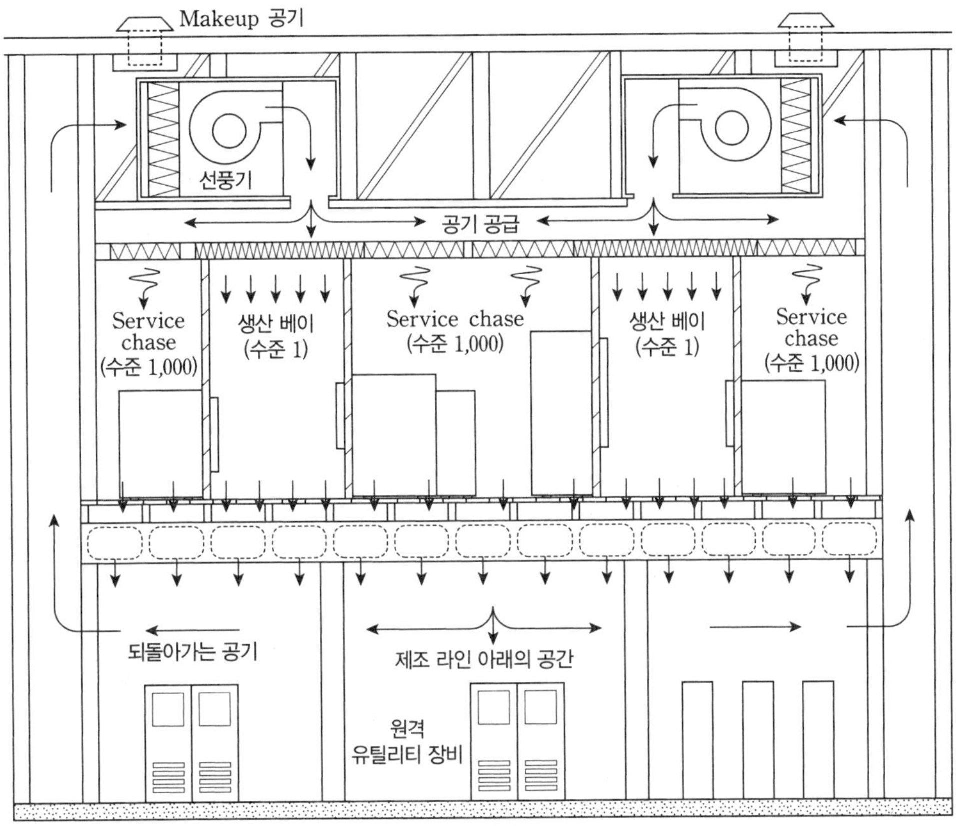

그림 B.3 웨이퍼 제조공정 설비 중 청정실에서의 공기 취급 시스템

말한다. 연직 층류는 노출 제품이나 작업자, 설비로부터 오염을 최소화하기 위한 일련의 행동이나 외부 압력과 관계된 작은 압력을 가지고 있다.

[그림 B.3]은 웨이퍼 제조공정 설비 중 청정실에서의 공기 취급 시스템을 단순화한 도식이다. 공기는 천장에 있는 특별한 여과기로부터 얇은 판을 통해 바닥을 통과하고 재순환 공기 시스템에 의해서 공기 여과 시스템의 첫 부분으로 되돌아간다. 현대의 공정 설비에서는 공기가 방향전환 같은 방해가 있는 동안에 완전 청정 상태를 가지도록 6초마다 방향을 바꾼다. 공정 기구나 작업 구역에서 오는 화학 물질 및 지나친 열을 제거하기 위해 배출 시스템을 사용한다.

천장에는 특별한 미립자 필터로 고효율 미립자 공기(HEPA) 필터나 초저통과 공기(UPLA) 필터를 이용한다. [그림 B.4]에서 볼 수 있는 HEPA 섬유 필터들은 유리 섬유로 만들어지고 얇은 층류 기류를 발생시킨다. 대체로 ULPA는 99.9995% 또는 0.12 μm보다 큰 직경을 갖는 미립자들에 더 우수한 효율을 가지는 필터를 일컫는다.

온도와 습도 설정을 웨이퍼의 제조공정 설비들을 위해서 명시해야 한다. 0.3 μm 청정실에서 1등급으로 온도를 조정하고자 한다. 리소그래피인 경우 22±0.5℃로 온도를 유지한다. 상대 습도(relative humidity)는 부식(높은 RH는 습기가 강철을 녹슬도록 하는 것처럼 더 많은 부식을 촉진한다.)에 대한 기여도 때문에 중요하다. 일반적인 RH 설정은 43±10%이고, 리소그래피에서는 43±2% 정도로 설정한다.

정전기 방전(ESD)은 정전기를 분해하는 청정실 재료의 사용, ESD 접지, 공기 이온화 공정을 통해 제어된다. 카트(cart), 카세트(cassette), 장비(equipment)를 포함한 여러

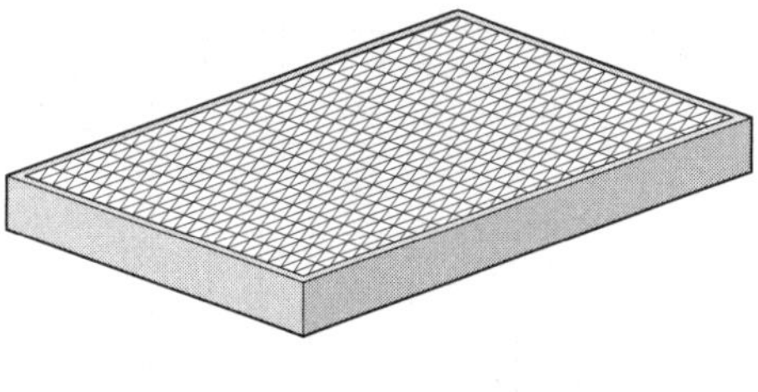

그림 B.4 HEPA 필터
(출처: Shutterstock)

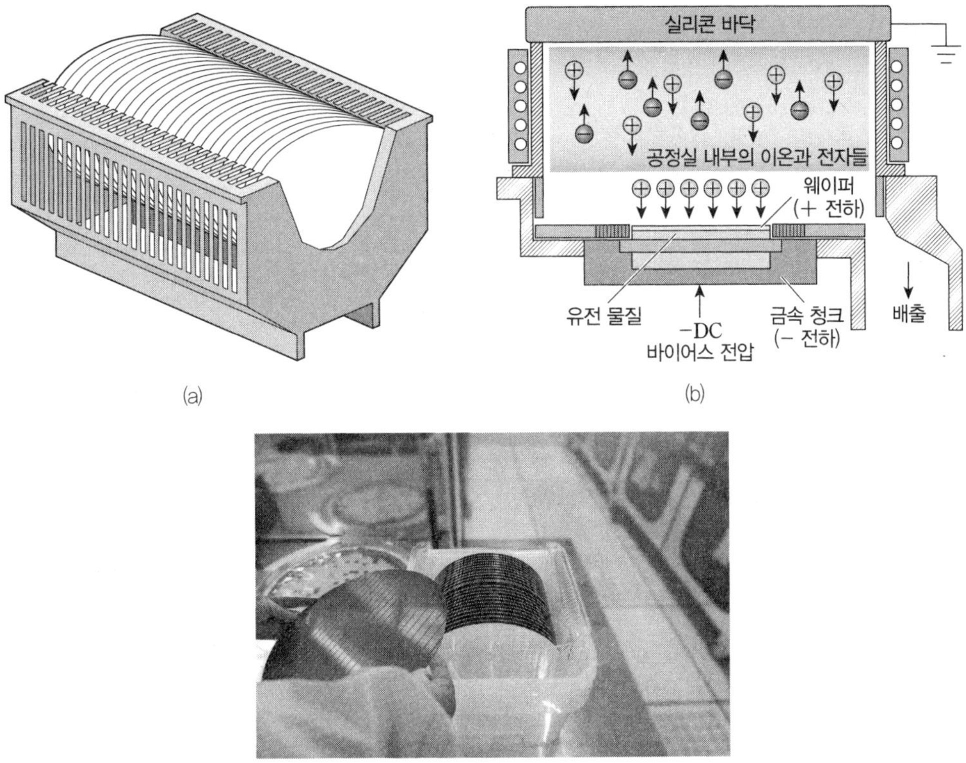

그림 B.5 (a) 웨이퍼 카세트, (b) 정전 웨이퍼 척, (c) 웨이퍼 카세트 사진
(출처: Shutterstock)

청정실 물품들은 정전기 분해적인 재료를 사용해야 한다. 이것은 움직이기 쉬운 정전하들이 재료를 통해 흐르도록 하기 위해 전도력이 있는 첨가물을 통해 재료의 고유 저항을 낮추어야 한다는 것을 의미한다. 동시에 청정실에 있는 사람들과 재료들은 접지와 계속해서 연결되어야 한다. 이 방법에 있어서 정전기 방전은 모든 웨이퍼가 접촉하고 생산물에서 접지로 해가 없게 떨어져서 흐르는 모든 청정실 재료와 인체를 통해 이루어진다. 이런 구성을 통해 웨이퍼 위의 소자들을 통한 전위 방전 및 칩에 치명적인 손상을 발생시키는 원인을 제거하게 된다.

웨이퍼에는 처리 공정이 진행되는 동안에 산화막과 다양한 절연 재료들이 증착된다. 이런 재료들은 쉽게 대전되고 전하를 오랜 기간 유지할 수 있다. 이런 절연재는 생산제품과 밀접하게 접촉하기 때문에 전하 축적을 중화하기 위한 방법이 요구된다. 웨이

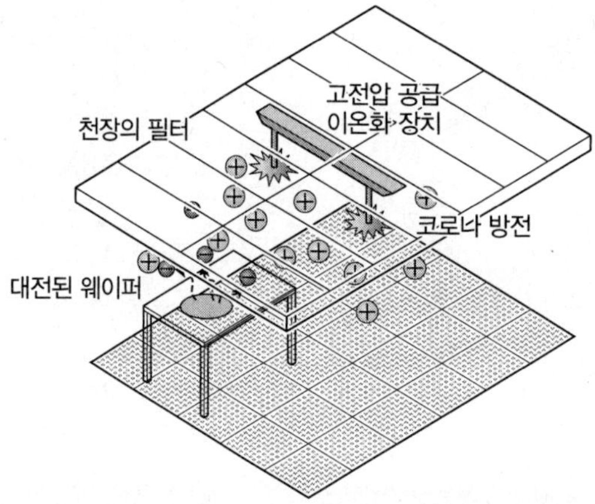

그림 B.6 공기 이온화를 갖는 표면의 정전하 중화

퍼에 절연 재료들을 중화시키는 가장 일반적인 방법은 공기를 이온화하는 것이다. 청정실의 천장에 위치한 특별한 이온화 장치는 공기 분자들을 이온화하는데, 공기 분자가 전자를 얻거나 잃음으로써 전도성을 띠게 하는 높은 전기장을 만든다. 전도성을 갖는 공기가 웨이퍼 위의 절연 재료의 대전된 표면과 접촉할 때, 절연재는 대전된 표면과 정반대의 극성을 가진 이온(화된 공기)을 끌어당기고 정전기 표면 전하가 중화되는 것이다.

C 웨이퍼 세정 공정과 습식 세정 장비

반도체 제조공정 기술의 혁신적인 발달로 인해 임계 차원이 μm에서 nm로 축소되었기 때문에 웨이퍼 표면은 반도체 제조공정을 시작하는 초기 단계 이전에 세정되어야 한다. 웨이퍼 위의 오염 물질을 제어하는 가장 중요한 방법은 애초에 웨이퍼가 오염되지 않도록 하는 것이지만, 만약 웨이퍼 표면이 오염되었다면 웨이퍼를 세정함으로써 오염 물질을 반드시 제거해야 한다. 웨이퍼 세정의 목적은 미립자, 유기 금속, 자연 산화막 등과 같은 모든 표면 오염 물질을 제거하는 것이다.

표 C.1 웨이퍼 습식 세정 화학 물질

오염물질	세정 물질	혼합된 화학 물질의 종류 (모든 세정은 탈이온수 헹굼 액을 따른다.)	화학식
미립자	Piranha(SPM)	황산/과산화 수소/탈이온수	$H_2SO_4/H_2O_2/H_2O$
	SC-1(APM)	암모니아수/과산화 수소/탈이온수	$NH_4OH/H_2O_2/H_2O$
유기체	SC-1(APM)	암모니아수/과산화 수소/탈이온수	$NH_4OH/H_2O_2/H_2O$
금속 (구리 제외)	SC_2(HPM)	염산/과산화 수소/탈이온수	$HCl/H_2O_2/H_2O$
	Piranha(SPM)	황산/과산화 수소/탈이온수	$H_2SO_4/H_2O_2/H_2O$
	DHF	플루오린화 수소/탈이온수 (구리는 제거하지 않을 것이다.)	HF/H_2O
자연 산화막	DHF	플루오린화 수소/탈이온수 (구리는 제거하지 않을 것이다.)	HF/H_2O
	BHF	중화 플루오린화 수소/탈이온수	$NH_4/HF/H_2O$

세정 공정은 습식 세정과 건식 세정으로 구분되는데 웨이퍼의 습식 세정에 사용되는 전형적인 화학 물질과 그들로 제거할 수 있는 오염 물질을 [표 C.1]에서 보여주고 있다.

산업 표준 습식 세정 공정은 RCA 클린 과정이라 불린다. 1960년대에 RCA에서 W. Kern와 D. Puotinen에 의해 개발되었고 1970년에 처음으로 인증되었다. RCA 습식 세정은 표준 세정 1(SC-1) 그리고 표준 세정 2(SC-2)라는 두 개의 서로 다른 화학적 용액에 연속적으로 담그는 것으로 구성되어 있다.

[표 C.1]과 같이 표준 세정 1(SC-1) 혼합물을 구성하는 화학 물질은 $NH_4OH/H_2O_2/H_2O$(암모니아수/과산화 수소/탈이온수)이다. 3가지 화학 물질은 1:1:5에서 1:2:2 범위의 비율로 혼합된다. 표준 세정 2(SC-2) 혼합물은 $HCl/H_2O_2/H_2O$(염산/과산화 수소/탈이온수)로 구성되고, 1:1:6에서 1:2:8 비율의 범위로 혼합된다. 이 두 가지 화학적 혼합물들은 과산화 수소(H_2O_2)에 바탕을 두며, 일반적으로 75~85℃에서 10~20분 동안 사용된다.

[표 C.1]에 표시된 것처럼 SC-1 세정에는 미립자와 유기 물질을 제거하는 능력이 있는 알칼리성 용액을 사용한다. 입자들에 대한 SC-1 습식 화학적 과정은 주로 미립자를 산화시키거나 전기적 척력을 가하면서 작용한다. 산화 메커니즘을 이해하기 위해서는 과산화 수소가 미립자와 웨이퍼 표면을 산화시키는 강력한 산화제라는 것을 이해해야

한다.

과산화 수소로 생성된 입자에서의 산화층은 미립자를 변질시키고 녹이는 발사 메커니즘을 진행할 수 있다. 이 메커니즘에 의해 입자와 표면 사이에 응집력들이 깨진다. 이후 미립자가 SC-1 용액에서 녹으면서 표면에서 떨어져 나가게 된다. 이 과정을 [그림 C.1]에서 나타내고 있다. 과산화 수소로부터의 산화 작용은 미립자가 웨이퍼 표면에 다시 부착되지 않도록 실리콘 표면에 보호층을 형성한다. SC-1의 입자 제거 메커니즘은 실제로 입자의 전기적인 척력을 얻게 된다. 수산화 암모늄(NH_4OH)에서 얻어진 수산화 이온(OH)은 웨이퍼 표면을 약간 식각하고 미립자의 아랫부분을 잘라낸다. 게다가 수산화 이온은 실리콘 표면과 미립자에 음전하를 만든다. 미립자와 표면에서의 이런 음전하는 서로 밀어내므로, 미립자를 [그림 C.2]에서와 같이 SC-1 용액으로 움직이게 하는 데 도움이 된다. 표면의 음전하는 미립자가 다시 축퇴되는 것을 막는다는 다른 이점도 있다.

SC-1 단계가 실리콘에서 식각 공정을 통해 미립자들을 제거하기 때문에 노출된 실

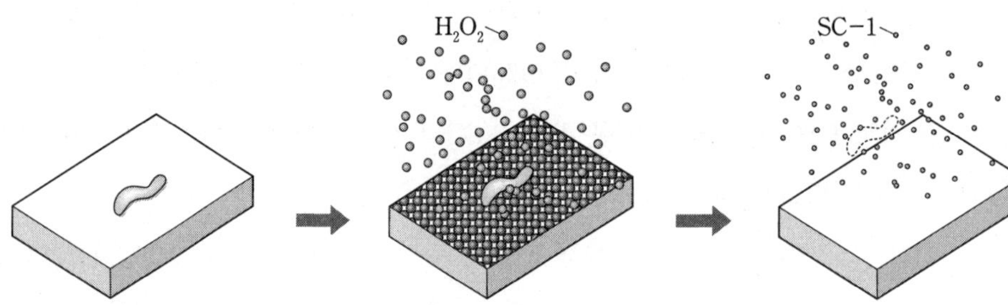

그림 C.1 SC-1에서 입자들의 산화와 용해도

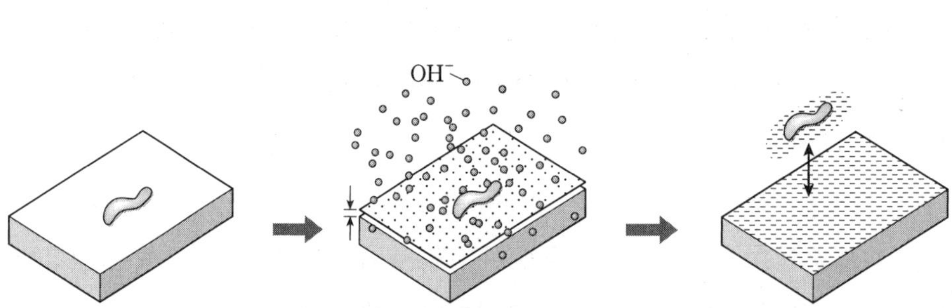

그림 C.2 음전하의 척력을 이용한 입자들의 제거

리콘 표면은 미세하게 거칠어진다. 이러한 미세한 거칢은 ULSI급 기술에서 요구되는 매우 얇은 산화층이 성장하는 것을 매우 어렵게 만든다. SC-1의 사용에 대한 또 다른 근심거리는 혼합하는 과정에서 웨이퍼의 금속 오염 물질과 과산화 수소의 분해 사이에 발생할 수 있는 상호 작용이다.

이런 오염 물질은 종종 대체될 수 있는 용액이 요구되며, 그것은 제조공정에서 화학 물질의 사용을 증가시키기 때문에 바람직하지 않다. 웨이퍼에서 전하 전위와 미립자의 축적이 제타 퍼텐셜에 의해 설명될 수 있다는 것을 유념한다. 미립자를 제거하려면 웨이퍼와 미립자의 제타 퍼텐셜은 용액에서 같은 극성 방향을 가져야 하는데 웨이퍼와 미립자에 서로 반발하는 전기적인 힘을 부여하기 위해서이다.

표준 세정 2(SC-2) 공정은 웨이퍼의 표면으로부터 금속 원소를 제거하기 위해 사용된다. 실리콘 표면으로부터 금속성의(그리고 몇몇 유기체) 오염 물질을 제거하기 위해 높은 산화 퍼텐셜과 낮은 pH를 가진 용액이 필요하다. 금속은 강력한 산화 작용을 하는 산성 용액에서 이온화되며 산화된다. 이제 세정 용액은 산화된 금속과 유기 오염 물질, 산화물로부터 전자를 포획할 수 있다. 유기적인 불순물들이 분해되는 동안 금속들은 용액에서 용해되기 위해 이온화된다.

표준 세정 공정은 화학 물질과 많은 부피의 초순도 물을 사용하기 때문에 RCA 세정 공정으로의 변형을 거치게 된다. 극소수의 칩 제조업체들은 아직도 기존과 동일한 비율로 RCA 세정을 사용하지만, 대다수의 회사들은 기존의 용액과 동등하거나 더욱 우수한 세정 효과를 얻기 위해서 초순도의 물과 100배 이상 희석한 혼합물(희석한 세정 화학 물질)을 사용한다.

예를 들면, 희석한 SC-1 화학 물질 $NH_4OH:H_2O_2:H_2O$의 비율은 전통적인 1:1:5 비율 대신에 1:4:50이 될 수 있다. 희석한 화학 물질들은 안전과 건강을 위해 개선되어야 하고 거기다가 그것들은 감소된 화학적인 사용량과 처리의 비용의 이득이 있어야 한다. RCA 습식 세정이 지속해서 성공한 중요한 이유는 초고순도의 물과 화학 물질들의 유효성이다. 사용적인 관점에서 화학적인 생성과 같은 방법들은 기존보다 세정 동작의 더 높은 수준을 제공할 수 있다. RCA 세정은 청정실의 부하를 증가시키고 아주 큰 화학적 증발을 만든다. 가열 장치의 증발로 인한 다른 문제는 초과 시간에 대해 가열 장치의 구성이 변형되는 영향이 있다. 대표적인 세정 순서는 피라니아 혼합 단계와

HF를 이용한 자연 산화막 제거 단계, 화학적 기상 세정 단계로 나누어 설명할 수 있다.

피라니아(piranha)는 웨이퍼 표면의 유기체 및 금속성의 불순물을 제거하기 위해 황산과 과산화 수소를 결합한 강한 세정 방법이다. 피라니아는 때때로 SC-1과 SC-2 세정 단계를 거치기 전 공정의 다른 단계에서 사용하기도 한다. 가장 일반적인 혼합은 [30%(부피) H_2O_2: 강화되는 H_2SO_4]를 3:7의 비율로 구성된다. 보통의 세정 방법은 완전한 DI-water 헹구기 단계에서 125℃에서 약 19분 동안 웨이퍼를 피라니아에 담그는 것이다. 피라니아의 변화는 [30% H_2O_2:초고순도의 물:H_2SO_4]의 비율을 17:1:380의 비율로 혼합하여 만드는 Caro 산이다.

많은 세정 단계에서 웨이퍼 표면의 자연 산화막을 제거하기 위해 플루오린화 수소(HF)에 웨이퍼 표면을 노출시킨다. oxide-free 실리콘은 MOS 회로의 게이트 영역에서 높은 순도의 에피택셜막과 50 Å보다 작은 아주 얇은 산화물층을 만드는 데 중요하다. HF에 노출되면 웨이퍼 표면은 수소 원자가 완벽하게 차단되고 공기 중에서 재산화에 대한 높은 저항성을 안정적으로 가지게 된다. 수소가 차단된 실리콘 표면은 벌크 실리콘 결정처럼 동일한 조건에 유지된다.

표 C.2 일반적인 웨이퍼 습식 세정 단계

세정 단계	세정 대상
피라니아(H_2SO_4/H_2O_2)	유기 물질, 금속
UPW(초고순도의 물) 헹굼	헹굼
HF/H_2O (희석된 HF)	자연 산화막
UPW 헹굼	헹굼
NH_4OH/H_2O_2/H_2O(SC-1)	미립자
UPW 헹굼	헹굼
HF/H_2O	자연 산화막
UPW 헹굼	헹굼
HCl/H_2O_2/H_2O(SC-2)	금속
UPW 헹굼	헹굼
HF/H_2O	자연 산화막
UPW 헹굼	헹굼
건조	건조

소수의 제조공정 설비에서는 공정실의 단일 웨이퍼에서 금속 오염물질과 잔류 산화막을 제거하기 위해서 화학 기상법이라는 또 다른 방법을 사용하기도 한다. 웨이퍼는 탈이온수 헹굼과 IPA(isopropyl alcohol) 증기에 의한 건조 과정이 수반되는 [희석된 HF:H_2O]의 매우 가는 안개 스프레이에 노출된다. 이런 방법은 HF 사용을 최소화하기 위해 개발되었으나 세정 성능이 최소로 증가하기 때문에 널리 사용되지는 않는다.

습식 세정에서 SC-1과 함께 가장 넓게 사용되는 기술 중 하나는 megasonic 세정이다. megasonic 세정은 [그림 C.3]에서처럼 세정 공정에서 1 MHz에 가까운 주파수의 초음파 에너지를 사용한다. 이런 공정은 30℃의 낮은 전해조 온도(원래는 80℃)에서 더욱 효과적으로 미립자를 제거할 수 있다. 이러한 사실은 단순히 아주 작은 미립자 크기에 필요한 힘을 전달하는 것에 대한 어려움과 더 작은 입자를 제거하는 데 있어서의 어려움 때문에 중요하다.

megasonic 세정은 megasonic 변환기의 진동이 세정 탱크 내의 액체에 압력파를 발생시키면서 시작된다. megasonic 세정의 주된 미립자 제거 메커니즘은 공기 방울을 발생시키는 공동 현상(formation of bubbles) 및 음파의 흐름이다. 공동 현상은 압력파의 낮은 압력 부분에 가스와 증기로 채워진 작은 거품이 생성될 때 발생한다. 공동 거품은 액체인 매질을 통해서 진동하고 음의 에너지 때문에 격렬하게 부서진다. 이런 붕괴를 통해 실리콘 웨이퍼에 손상을 주지 않으면서 미립자 제거를 강화하는 공동 현상을 일으킬 수 있다.

음파의 흐름은 초음파의 에너지로부터 megasonic 탱크에 유도되는 액체의 흐름이다.

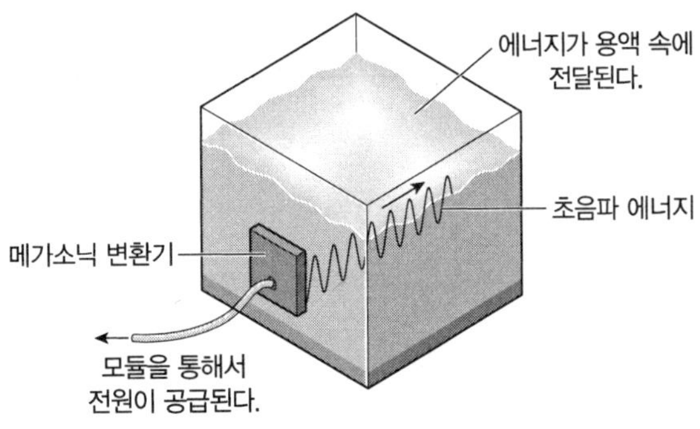

그림 C.3 megasonic 세정

흐르는 액체는 표면으로부터 떨어져 있는 그 입자를 이동하기 때문에 움직이지 않는 물보다 더 많은 세정 효과를 가지게 된다.

진동 주파수가 100 kHz보다 작을 때의 공정은 초음파 공정이라고 부른다. 그러나 초음파에서 실리콘 웨이퍼로 움푹 들어가게 하는 공동 현상은 800~1,200 kHz 사이의 megasonic 주파수 대역에서 발생한다. 화학적인 세정과 이어지는 탈이온수(DI-water) 헹굼 공정에서 초음파보다 megasonic이 더 널리 사용되는 이유는 필요한 화학 물질의 부피가 더 작기 때문이다.

스프레이 세정 기술에서는 회전하는 밀봉된 챔버에 카세트가 놓여지고 습식 세정 화학 물질은 웨이퍼 위로 분무된다(그림 C.4). 탈이온수에 의한 헹굼은 각각의 세정 과정 후에 웨이퍼로 분무되고, DI water의 저항성은 화학 물질이 모두 제거될 때 결정하기 위해 모니터된다. 공정이 진행되는 동안 화학 물질 및 그것의 증기를 격리시키기 위해 분무실은 밀폐된다. 세정과 헹구기가 완료된 후에 분무실은 뜨거운 질소 가스를 흘려주어 잔류 가스를 제거하는데, 회전 비율은 웨이퍼를 건조하기 위해서 가속된다. 스프레이 장비의 이점은 웨이퍼에 미리 혼합된 화학 물질을 지속적으로 분무하고 웨이퍼 위에서 새로운 화학 물질을 다시 혼합할 수 있다는 것이다.

화학 물질과 헹구기 물의 높은 전환으로 웨이퍼와 접촉하는 스프레이의 작은 방울들로부터 세정되는 동안 물리적인 힘이 만들어진다. 스프레이의 사용과 회전하는 웨이퍼로부터의 원심력을 이용하면 감소한 화학 물질과 웨이퍼 사용량의 효과적인 헹구기를 확보할 수 있다. 스핀 스프레이 기술을 사용할 때 금속성 오염 물질과 유기 오염 물질의 제거가 개선된다. 그러나 스프레이 세정에서는 웨이퍼의 중심이 웨이퍼의 가장자리만큼 높은 속도로 회전하지는 않기 때문에 균일한 세정과 헹구기를 제공하지 않는다. 이런 문제점은 더 큰 직경을 갖는 웨이퍼일수록 나빠질 수밖에 없다.

웨이퍼 브러시 스크러빙(brush scrubbing)은 웨이퍼 표면에서부터 미립자를 제거하는데 효과적이며, CMP라고 알려진 화학적·기계적 평탄화 공정에서 널리 사용된다. 또한, 마이크론보다 작은 직경을 갖는 미립자를 제거할 수 있다. 나일론 솔로 만들어진 웨이퍼 스크러버의 초기 모델은 고압의 물 스프레이와 딱딱한 나일론을 함께 사용함으로써 웨이퍼 표면의 손상을 가져왔다. 현대의 솔은 부드럽고 압축할 수 있도록 스펀지 같은 원료로 된 폴리바이닐알코올(PVA)로 만들어져 이러한 손상을 피하면서 효과적으

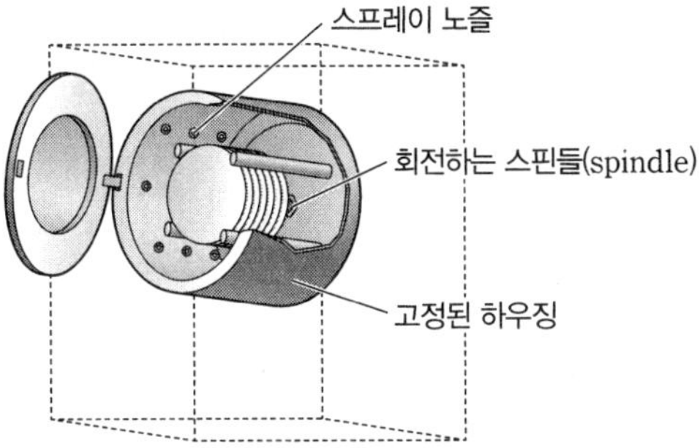

그림 C.4 웨이퍼 세정을 위한 스프레이 기구 설계

로 미립자를 제거할 수 있게 되었다. brushes scrubbers는 웨이퍼의 양쪽을 솔로 터는 양방향 버전에서 즉시 사용할 수 있으며, 솔질이 진행되는 동안 무독성의 화학 물질이나 탈이온수의 스프레이도 가능하게 한다.

세정 이후에도 잔류하는 화학 물질 역시 웨이퍼로부터 제거되어야 한다. 모든 습식 세정 단계는 초고순도의 탈이온수로 헹구는 것이 뒤따른다. 이런 헹구기 단계는 웨이퍼 표면에 깨끗한 물이 연속적으로 공급되어야 함을 의미한다. 또한, HF 세정 공정으로부터 산화막 식각 공정을 끝내기 위해서도 사용된다.

뜨거운 탈이온수(70~80℃)는 웨이퍼 헹굼에서 널리 사용된다. 뜨겁게 헹구는 것의 이점은 특히 플루오린화 수소 용액이 사용되었을 때의 잔류 화학 물질의 제거를 돕고 동시에 웨이퍼 건조 기능을 개선할 수도 있다는 점이다. 웨이퍼에서 건조되지 않은 지점이 발생하지 않도록 웨이퍼를 이상적으로 건조시키는 데 있어서 물의 헹구기의 양은 중요하다. 웨이퍼가 물에 어떻게 반응하는가를 wettability라고 부른다. 물은 웨이퍼 세

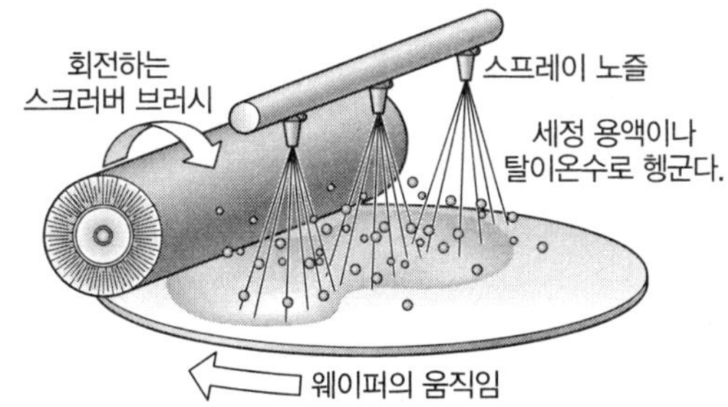

그림 C.5 웨이퍼 브러시 스크러버

정 친수성(hydrophilic)을 가지고 부착되거나 표면의 소수성(hydrophobic)을 가지고 구슬 모양의 물방울 모양을 나타내기도 한다.

친수성의 표면은 커다란 웅덩이 안에서 물방울이 퍼지는 것처럼 물에 대한 친밀함을 가지고 있다. 산화막이 코팅된 웨이퍼나 RCA 세정된 웨이퍼는 이러한 친수성의 표면을 가진다. 소수성의 표면은 물을 회피하고 많은 양의 물을 지원하지 않는다. 자동차에 새로 왁스를 칠한 경우처럼 물은 대부분 구슬처럼 굴러 내리고 이런 경우를 dewetted라고 부른다. HF 산으로 식각된 Oxide-free 표면은 수소 처리되었기 때문에 소수성을 보인다. 이러한 소수성의 표면은 웨이퍼 뒤처리 과정에서 반도체가 연속적인 층 공정 동안 부착을 활성화해야 하기 때문에 공정상 필요하기도 하다. HF로 세정된 웨이퍼 표면은 오염에 영향을 쉽게 받기 때문에 웨이퍼 표면을 적절히 건조시키는 노력이 필요하다.

과거에는 회전 건조기가 널리 사용되었다. 웨이퍼의 카세트를 회전 설비에 위치시키고 고속으로 회전하면 웨이퍼의 중심으로 질소가 분무되면서 습기가 제거된다. 그러나 이 방법은 메커니즘으로부터 미립자 오염의 발생과 홀에서 습기 제거의 어려움과 같은 문제를 가지고 있다. 게다가 웨이퍼가 초고속으로 회전하면 입자를 끌어당기는 전하를 축적하기도 한다. 이런 정전기 축적 현상을 제어하기 위해서 회전 장비 안에 정전기 제거기를 부착한다.

아이소프로필 알코올(isopropyl alcohol, IPA)을 이용한 건조도 하나의 방법이다. IPA의 가열된 증기에 의해서 물이 이동하면서 건조가 진행된다. 이런 IPA 가스상 건조법은 입자로부터 오염될 확률이 더 낮아지지만, 사용되는 IPA의 순도를 반드시 제어해야 한다. IPA는 그 액체 수준 이상으로 증기에 고정되는 웨이퍼를 가진 탱크에서 가열된다. 웨이퍼를 증기 건조기로부터 제거할 때 웨이퍼가 건조되고 남은 휘발성 증기도 증발된다. 또 다른 방식으로는 플라스마(plasma)를 이용하는 건조 세정법과 킬레이트 시약을 이용한 세정법, 오존과 극저온 에어로졸을 사용하는 세정법 역시 사용된다.

D 진공 펌프의 분류

반도체 칩이 완성되기 위해서는 중요한 공정을 수백 번 반복적으로 수행하게 된다. 각각의 공정 단계들은 공정실(process chamber) 안에서 이루어지는 화학 반응을 통해서 수행된다. 화학 반응을 진행하기 위한 에너지를 제공하는 동안, 진공 상태와 같은 적당한 환경을 조성한 상태에서 적당한 화학 물질을 주입할 때 화학 반응이 최적으로 진행된다. 화학 반응이 이루어지는 동안에 공정실은 습기와 공기의 순환 환경, 오염 물질의 노출 같은 해로운 요건들은 최소화해야 한다. 오늘날의 웨이퍼 제조 과정은 최적화된 진공 환경으로 제어되는 공정실에서의 화학 반응을 통해 이루어지기 때문에 공정실을 간혹 반응기(reactor)라고도 부른다.

반도체 공정에서 사용되는 진공의 범위는 760~100 torr인 경우에는 저진공(low vacuum, rough vacuum), 100~10^{-3} torr인 경우에는 중진공(medium vacuum), 10^{-3}~10^{-6} torr인 경우에는 고진공(high vacuum), 10^{-6}~10^{-9} torr인 경우에는 초고진공(ultra high vacuum, UHV) 등 대략 4가지로 분류한다. 극초고진공(extreme ultra high vacuum)을 별도로 표시하기도 하는데, 이는 가장 높은 진공 상태로 10^{-16} torr일 때를 말한다.

진공은 병원에서 채혈에 사용되는 주사기와 목장에서 젖소들의 우유를 채취하는 착유기, 부피가 큰 오리털 이불을 보관하기 위한 압축백 등 일상생활에서도 사용한다. 최근에는 쌀을 보관하는 진공 쌀통도 상용화되어 시판되고 있을 정도로 진공은 우리 일상생활에서 쉽게 찾아볼 수 있다. 반도체 집적 회로를 제조하는 중요한 공정에서도 진공이 필요하고 진공의 정도에 따라 수많은 종류의 진공 펌프가 사용된다. 진공 펌프는 진공 방식에 따라 크게 2가지의 일반적인 형식으로 분류할 수 있다.

한 가지는 챔버(chamber) 내의 가스가 진공 펌프에 의해 강제로 외부로 방출되는 가스 이송형(gas transfer type) 펌프이고 다른 하나는 챔버(chamber) 내의 가스가 진공 펌프의 외부로 방출되지 않고 진공 내부에 가두어두는 가스 포획형(gas entrapment type) 펌프이다. 가스 이송형 펌프에는 저진공, 중진공, 고진공 용으로 사용되고 가스 포획형 펌프는 고진공, 초고진공, 극초고진공 용으로 사용된다.

저진공(roughing) 펌프는 공정실에서 중간 진공 상태(10^{-3} torr 이하의 압력)를 대략적

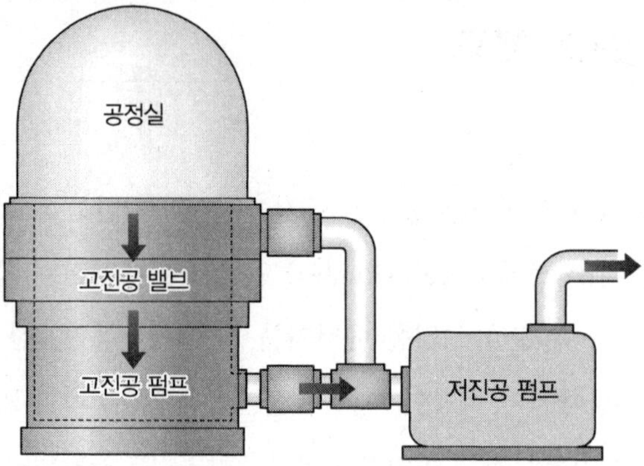

그림 D.1 고진공 펌프의 러핑(Roughing) 펌프 하우징

으로 얻고, 로드락(loadlock)이라고 알려진 클러스터(cluster) 장비에서 웨이퍼들을 탑재하기 위해 입구 부분의 가스를 배출하기 위해서 사용된다. 또 [그림 D.1]에서 보듯이 10^{-3} torr에서 10^{-9} torr 사이의 진공을 유지하는 고진공 펌프의 가스 배출에도 저진공 펌프가 이용된다.

오일 펌프에서 발생되는 오일 역류(oil backstream) 현상은 오일 펌프에 사용된 오일의 증기가 펌프 내에 흐르는 가스 분자들의 운동량을 받아서 가스들의 흐름과는 반대 방향으로 확산하기 때문에 발생한다. 압력이 낮아질수록 역류는 증가하고 압력이 높아질수록 역류는 감소한다. 이것은 오일 주변의 압력과 온도 변화에 따라 액체 상태에서 기체 상태로 변화하는 기화(vaporization)의 정도가 달라지기 때문인데 압력이 낮고 온도가 높을수록 기화량이 많아진다. 최신 진공 펌프는 공정실에서 발생되는 역류(backstream)의 원인이 되는 오일(oil)이나 윤활제(lubricants)가 사용되지 않는 건식(dry type) 상태를 유지하여 공정실과 웨이퍼의 오염 문제가 발생하지 않는다. 건식 진공 펌프는 진공의 청결도가 공정에 미치는 영향이 큰 반도체 제조공정, 금속 공정, 화학 공정, 의약 공정, 식품 공정, 냉동 건조 공정 등에 사용된다.

공정실에서 진공을 위해 펌프 다운이 시작될 때, 러핑(roughing) 펌프는 공정실의 초기 공기 혹은 오염 물질을 99.99% 이상 제거한다. 남아있는 수증기 및 공정실 벽에 붙어 있는 분자 입자들은 추후 고진공의 펌프에 의해 완벽하게 제거될 수 있다. 특정한 용도를 수행하기 위해 다양한 종류의 러핑 펌프가 사용된다. 러핑 펌프는 건식 메커니

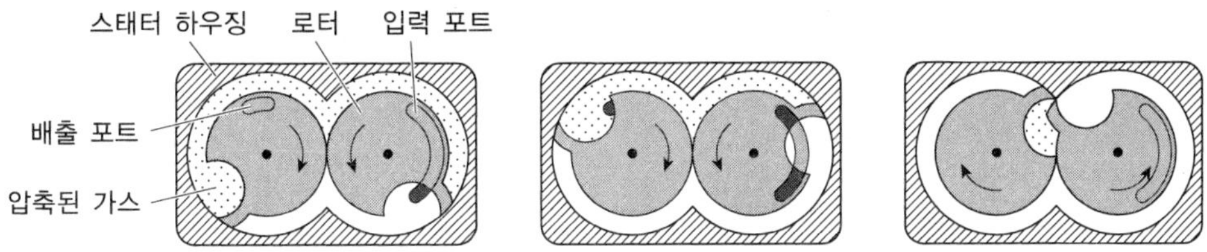

그림 D.2 회전식 claw 건식 펌프

컬 펌프(dry mechanical pump)와 송풍기/부스터 펌프(blower/booster pump)로 구분된다.

건식 메커니컬 펌프는 가스 제거를 위해 [그림 D.2]와 같이 claw 건식 펌프로 이용된다. 펌프의 원리는 압력이 낮아짐에 따른 공정실의 부피 증가(보일의 법칙)를 기본으로 한다. 메커니컬 펌프는 윤활유의 사용을 피하기 위해 그 표면에 비금속의 물질을 종종 사용하거나 밀봉된다.

[그림 D.2]에 나타낸 비접촉 claw 회전자의 모양은, 회전자의 약 2/3 정도는 실린더이고 불쑥 튀어나온 갈고리(claw) 모양 다음에 움푹 들어간 구조로 제작된다. 회전하는 동안 각 claw는 마주 보고 있는 움푹 파인 공간으로 들어가게 된다. 입구와 배기구는 수평한 방향으로 놓여 있고, 두 개의 회전자가 회전할 때 가스는 inlet port를 통해 흡입되며, 슬롯은 회전자의 움푹 파인 공간과 일치하게 된다. 회전이 계속 진행되면 입구 포트가 닫히고 claw는 두 번째 회전자의 움푹 파인 공간이 배출구 쪽으로 개방될 때까지 잔류 가스를 압축한다. 이때 완전하게 배출되지 않은 잔류 가스들은 다음번 펌핑 사이클로 넘겨진다. claw 펌프는 대단히 높은 압축비를 가지게 된다.

로브(lobe) 펌프로 알려진 송풍기/부스터 펌프는 가스를 고압력으로 분출하고 윤활 물질을 필요로 하지 않기 때문에 널리 사용되는 메커니컬 펌프이다. 저진공 범위에서 큰 부피의 가스가 펌핑되어야 하는 곳에 로브 펌프를 사용하기가 적합하다. 송풍기는 기본 송풍기(root blower) 또는 기본 타입 송풍기라고도 부른다. 접합 로브에 의한 송풍기의 작동 원리를 [그림 D.3]에 나타내었다. 각 lobe의 전면에 흡입된 가스는 입구에서 출구 쪽으로 고정자 주변을 따라서 배출된다. 매우 큰 배기 속력을 구현하지만 대략 10^{-3} torr 이하의 압력 범위에서 효과적이다. 흡입구와 배기구의 압력 차이가 적은 경우에만 사용할 수 있다.

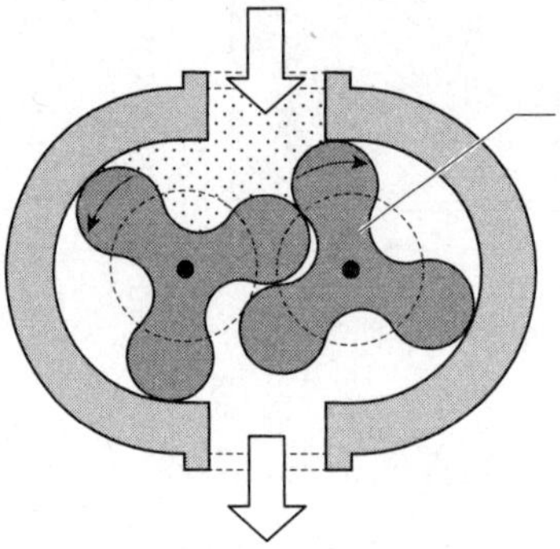

그림 D.3 2엽식 기본 송풍기 펌프

송풍기는 점성 흐름의 대기에서는 주입되지 않으므로 종종 저진공 펌프를 대체하여 사용된다. 저진공 펌프 없이 대기에서 바로 배출시킬 수 있도록 새로운 송풍 펌프가 설계되었다. lobe(잎사귀)의 개수에 따라 2엽식 로터(two lobes rotor)를 사용하는 경우와 3엽식 로터를 사용하는 경우로 구분된다. 3엽식인 경우는 회전자가 압력이 높은 상태에서 사용되는데, 흡입구의 압력에 무관하게 안정적인 성능을 발휘하고 2엽식에 비해 배출구의 소음이 작다. 다단으로 구성되는 roots 펌프의 경우는 압축 공정에서 발생하는 열이 회전자와 고정자에 전달될 때 배기 압력 상태의 가스가 이송 체적(displacement volume) 내로 역팽창하기 때문에 문제를 발생시킨다. 이때 역팽창된 가스들이 다시 압축되고 가열되는 현상이 반복되어 회전자와 고정자의 몸체에 열팽창으로 인한 문제를 유발하기 때문에 열교환기와 냉각 장치를 보조로 구성해야 한다.

펌프 역시 반도체 공정중에서 발생되는 대량의 먼지(dust), 강산, 강알칼리 및 지속적인 화학 반응을 잘 견딜 수 있어야 한다. 특히 TEOS(tetraethyl orthosilicate: $Si(OC_2H_5)_4$) 공정에서 사용되는 건식 펌프에서는 N_2를 이용한 공기 정화(purge) 작용을 시행하는데, 펌프의 고장으로 인해 TEOS 과정에서 발생된 수분이 배출되지 않고 액화 상태로 유지되거나 세정 가스로 사용되는 C_2F_6의 플라스마 부산물인 F(플루오린) 가스와 수소(H) 가스의 반응으로 만들어지는 HF가 펌프의 배기구 쪽 스테인리스 스틸을 부식시켜서 가스의 누출 사고를 발생시키기도 한다. 이때 침전되는 미립자들은 배기구를 막게

되어서 펌프의 성능을 저하시킨다. 심한 경우에는 압력을 견디지 못하고 파손이 발생되기도 한다.

고진공 펌프는 터보 분자 펌프(turbo molecular pump)와 크라이오 펌프(Cryopump)로 구분된다. 간단히 터보 펌프라고도 부르는 터보 분자 펌프는 웨이퍼 공정 장비에서 널리 사용되고 있는 기능이 다양하고, 신뢰성 있으며, 청결한 펌프이다. 만약 공정실을 가열하여 습기를 제거했다면, 터보 펌프는 10^{-10} torr의 압력까지 도달할 수 있다. 또한, 이런 펌프는 시동이 빨라서 한 번의 회전으로 full 펌핑 작용을 할 수 있다.

터보 펌프는 기계적 압축의 원리로 동작한다. [그림 D.4]와 같이 빠르게 회전하는 수많은 블레이드(제트엔진의 블레이드와 유사)가 운동량을 분배하는 고정된 블레이드 햇(blades hat)과 가스 분자의 방향 사이에 위치하고 있다. 회전하는 고정된 블레이드의 각 세트는 압축 단계이다. 하나의 펌프는 10~40개의 압축 단계들을 가지며, 터보 펌프 블레이드는 90,000 RPM의 회전 속도를 가지게 된다. 점성의 흐름을 가지고, 대기 압력에서 주입될 수 없으므로 터보 펌프의 배출 가스는 저진공(roughing) 펌프로 배출된다. 스태터는 로터와 반대 방향으로 약간 기울어져 있는데, 이런 약간의 기울기가 로터를 떠난 가스 분자들이 연속적으로 배열되어 있는 스태터와 로터 사이를 지나서 배출구로 배출되도록 설계된다. 빠르게 흘러가는 분자들을 효과적으로 배출시키기 위해서는 블레이드의 회전 속도가 가스 분자의 이동 속도보다는 커야 한다. 그렇지 않을 경우에는 빠르게 이동하는 가스 분자들은 블레이드에 충돌하지 않고 로터의 영역을 그냥 지나가게 된다. 이런 가스 분자들은 배출되지 않고 다시 위쪽으로 확산되는 역방향 확산(back diffusion)의 원인이 된다.

비교적 가벼운 H_2와 He 가스 분자들은 비교적 무거운 N_2와 Ar 분자에 비해 배출 속도가 느리다. 배출 성능은 블레이드의 경사 각도, 블레이드의 넓이, 블레이드 간의 거리 등과 같은 설계 변수와 로터의 회전 속도에 의해서 결정된다. 블레이드의 개수를 줄이면 블레이드의 각도와 판의 두께가 일정할 때 압축비가 감소된다. 블레이드의 각도를 줄이면 압축비는 증가하지만 배출 속도가 느려진다. 블레이드의 두께가 두꺼워져도 역시 배출 속도가 느려진다. 블레이드는 알루마이트(Al_2O_3)로 코팅되지만, Al 식각 공정에 사용되는 BCl_3에 의해 부식되기 때문에 이를 방지하기 위해 이온 코팅을 통해서 TiC나 Ni를 코팅하게 된다.

$$Al_2O_3 + BCl_3 \rightarrow BOCl_2 + AlCl_3$$

터보 분자 펌프의 부식을 예방하기 위해서는 공정 가스가 스핀들이나 베어링에 직접 접촉하지 않도록 설계하고, N_2 가스를 이용하여 지속적으로 가스를 정화해주어야 한다. 이때 경우에 따라서는 Ar 가스를 이용하기도 하는데, 아르곤 가스는 압축열로 인해 스태터와 로터의 팽창을 유발하기도 하므로 주의해야 하며, 이런 변수들을 고려해서 설계된다. 터보 분자 펌프는 로터의 기하학적인 구조에 따라 가스가 대량으로 흐르는 경우에 사용되는 복합형(high throughput type)과 고압력의 부스터 펌프 대체용으로 사용되는 분자 드래그 형(molecular drag type), 초고진공형(ultra high vacuum type)으로 구분된다.

터보 펌프는 반도체 제조공정을 위해서는 특별하게 설계된다. 자기 부양 베어링에는 무진동 설계가 적용되어 윤활유가 필요 없어지며, 터빈 블레이드는 옅은 농도의 가스들을 빠르게 펌프다운 하기 위해 높은 가스 배출과 높은 압축률을 목적으로 설계된다. 펌프가 대기압에 갑자기 노출되거나 미립자의 유입 또는 물리적 충격이 터보 펌프가 고장을 일으키는 가장 대표적인 요인이다. 터보 펌프가 갑자기 대기에 노출되면 터

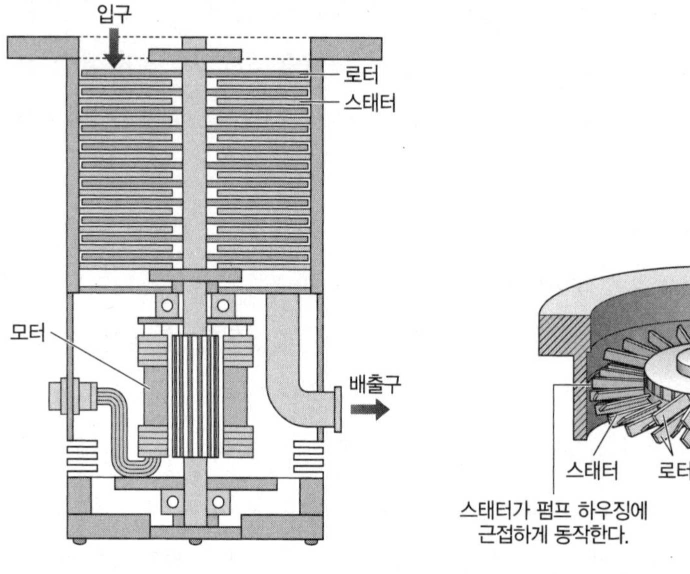

그림 D.4 터보 펌프 블레이드

빈 블레이드는 구부러지고 서로 접촉하여 대실패의 원인이 된다. 때문에 터보 펌프의 로터들은 정밀하게 균형을 맞추어야 하고, 그것이 사용되는 동안에는 절대로 이동하거나 충격이 가해져서는 안 된다. 터보 펌프에 광범위한 유지보수는 요구되지 않는다. 그들이 충돌하고 변할 때까지 대부분의 공정들이 수행된다.

터보 분자 펌프는 광학 코팅을 위한 고진공 evaporation과 자기 테이프 코팅을 위한 roll 코팅 장치에 사용된다. 스퍼터링 장비에 사용되는 경우에는 ITO(indium-tin oxide), TIO_2(titanium oxide) 박막 증착, Cu, Ag와 같은 금속 박막 증착에 사용된다. 또한, TiN, TiC, CrN, DLC(diamond like carbon)처럼 강인한 특성이 요구되는 공구나 베어링과 같은 기구 제작에 사용되기도 한다. 분석용 장비인 전자 현미경(SEM)과 스퍼터링, 증착, 식각 공정에도 사용된다.

크라이오 펌프는 펌핑 작용을 제공하면서 공정실을 매우 차갑게 냉각시켜서, 공정실에서 제거된 가스들을 잡아두는 역할을 한다. 크라이오 펌프는 고진공과 초고진공 범위에서 펌핑 작용을 할 수 있는 반도체 장비의 산업표준이다. 펌핑이 진행되는 동안 고압의 가스를 배출하면서 빠른 수증기 펌핑 속도를 부가시킨다. 이런 특징을 공정실의 습기를 제거하기 위해 대기 상태에서 펌핑 다운을 할 때 유용하게 이용한다. 진공상에 노출된 움직이는 부품들이나 기름기가 없는 상태에서도 크라이오 펌프는 매우 청결하다. 크라이오 펌프가 웨이퍼 공정에 적합하며 새로운 생산 장비에서 공통으로 사

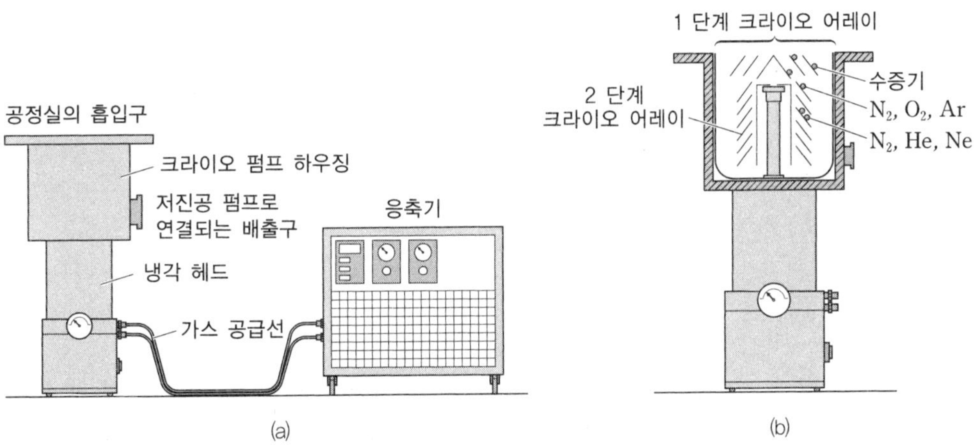

그림 D.5 (a) 크라이오 압축기와 펌프 모듈, (b) 크라이오 어레이 표면 동작

용되는 이유가 바로 이런 청결함 때문이다. 크라이오 펌프의 중요한 두 가지 구성요소인 가스 헬륨 압축기와 펌프 모듈을 [그림 D.5]에 나타내었다. 펌프 모듈은 냉각 헤드, 차단기, 몸체로 이루어진다.

헬륨 압축기는 고압, 고순도, 펌프에 있는 확장된 모듈에 상온의 헬륨을 공급한다는 것을 제외하면, 가정에서 사용하는 에어컨 시스템의 일반적인 냉각 압축기와 동작이 유사하다. 펌프 모듈에서 고기압에서 저기압으로 상태가 변하면 가스는 팽창하는데, 그 과정에서 헬륨은 열을 흡수하므로 주위는 냉각된다. 이 과정은 50~80 K의 극저온을 발생시킨다. 펌프는 두 번째 단계에서 헬륨을 20 K에서 10 K에 근접하게 도달하도록 다시 한번 팽창·냉각시킨다. 일단 헬륨이 팽창하면, 크라이오 어레이라고 부르는 복합 표면에 접촉되어 냉각이 일어나고, 공정실에서 나온 가스들은 냉각되어 응축되거나 흡착된다. 응축된 가스들은 차가운 크라이오 어레이의 표면과 통풍구에서 즉시 동결된다. 이것이 본질적인 펌핑 동작이다.

크라이오 펌프가 분자들을 압축, 방출시키기보다는 동결시켜 잡아두기 때문에 사실상 가스들이 크라이오 어레이 표면에 동결된 고체 상태로 축적된다. 이 과정은 플리터(fleeter) 안에서 물이 얼어 얼음이 형성되는 과정과 유사하다. 이렇게 가두어진 가스들을 주기적으로 제거하기 위해서 재생이라고 부르는 과정을 거친다. 펌프에서 내부의 온도를 상승시키고 가스들을 배출 라인을 통해 배출시키는 데 적합하다. 크라이오 펌프는 펌프와 진공 시스템에서 공기를 제거하기 위해 저진공 펌프가 있어야 한다.

크라이오 펌프에서 발생할 수 있는 고장의 형태는 다음과 같다. 첫째 진공 상태는 우수하지만, 펌프의 온도계(thermometer)가 지시하는 냉각 온도가 비정상적으로 높은 경우, 둘째 온도 센서의 지시 값이 20 K 이하의 온도임에도 챔버 내의 압력이 비정상적으로 높은 경우, 셋째 크라이오 펌프가 20 K 이상의 온도에서 동작하면서 챔버 내의 압력이 비정상적으로 높은 경우, 넷째 크라이오 펌프가 상온 이하로 냉각되지 않는 경우(냉각 헤드 디스플레이서가 동작하는 소리가 나지 않는 경우), 다섯째 온도가 20 K까지 내려가는 데 소비되는 시간이 적정 시간보다 긴 경우, 여섯째 동작 시 크라이오 펌프의 온도가 불안정한 경우, 일곱째 냉각 헤드 디스플레이서가 간헐적으로 동작하는 경우이다. 이와 같은 경우에는 고장의 원인을 규명하고 수리를 진행해야 한다.

E 화학 물질과 안전

반도체 제조공정에서 사용되는 다수의 가스 화학 물질과 액체 화학 물질들은 위험성(hazardous), 독성(toxic), 가연성(flammable), 자연발화(pyrophoric) 특성을 가진다.

위험성은 반도체 제조공정에 직접 참여하거나 관련 사무에 종사하는 사람들의 건강이나 안전을 방해하는 효과를 가진 산성과 염기성을 가진 화학 물질들이 갖는 특성을 의미한다. 독성은 생물학적 조직에 심각한 손상을 주는 포스핀(phosphine)과 아르신(arsine) 같은 화학의 물질들이 갖는 특성을 의미한다. 가연성은 알코올(alcohol)과 아세톤(acetone)처럼 불을 점화시킬 수 있는 액체나 가스 물질들이 갖는 특성을 의미한다. 자연발화성은 실레인(silane)처럼 공기 온도가 55℃ 이하인 상태에서도 자발적으로 점

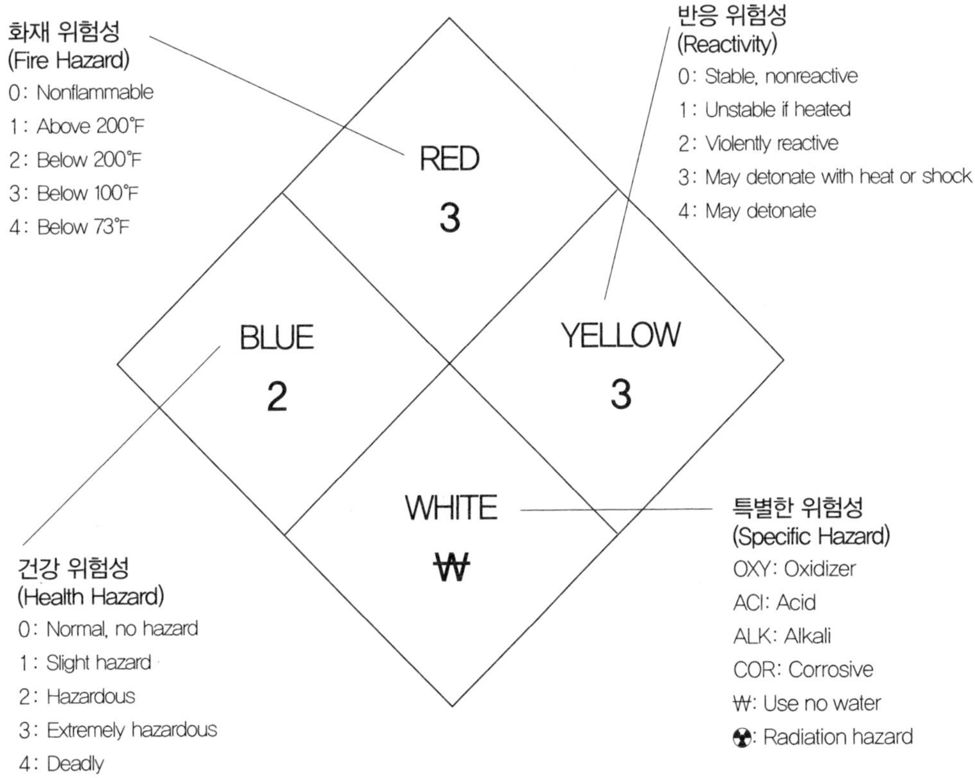

그림 E.1 위험 정보를 표시하는 라벨의 예

화시키는 물질들이 갖는 특성을 의미한다. 이런 화학 물질들을 안전하게 사용하기 위해서는 안전 수칙을 따르는 것이 중요하다.

작업환경에도 동일한 원칙이 적용된다. 반도체 제조공정에서 건강에 위험을 끼치는 화학물질들은 공정 화학 물질, 높은 가연성을 갖는 가스들, 독성을 갖는 가스들, 자연 발화성을 갖는 가스들, 부식성을 갖는 가스들, 독성 또는 부식성을 갖는 액체들, 높은 전압, 기계적인 위험요소들, 높은 온도, 방사(UV, laser, X-ray), 냉동 온도 등이 포함된다.

모든 화학 물질은 화학적 위험을 전파하기 위해서 [그림 E.1]에 표시된 것처럼 반드시 적절하게 라벨을 표시해야 하고, 화학 물질을 사용하기 전에는 동작을 멈추고 위험 표시 라벨을 읽고 그 의미를 이해할 수 있어야 한다. [그림 E.1]에서 건강 위험성 분류법으로 분류된 0에서 4로 표시되는 숫자는 건강의 위험 정도에 따라서 다르게 표시된다.

F 물질 안전 데이터 시트(MSDS)의 중요성

화학 물질에 관한 안전한 정보는 물질 안전 데이터 시트인 MSDS(Material Safety Data Sheet)를 통해 구할 수 있다. MSDS는 작업장에서의 모든 위험한 화학 물질에 대해 구할 수 있으며, 다음과 같은 다양한 형태의 정보가 포함된다.

- 화학적인 명칭: 화학 물질의 명칭이나 화학식 표시
- 제조 일자: 화합물의 제조 일자 표시
- 발암물질 포함 여부: 모든 위험 화학 물질들의 1% 안에는 적어도 0.1%는 발암물질을 포함
- PEL & TLV: 보통 ppm 또는 mg/m^3로 표시
- 건강 효과: 과도한 노출로 반대의 영향을 받는 시스템이나 기관을 동일시
- 물리학적/화학적 특성: 끓는점, 녹는점, 증기압력, 비중, 용해도가 포함된다.

- 화재/폭발 데이터: 발화점 표시(가장 낮은 온도에서도 불길을 점화)
- 반응성 위험 데이터: 물질들이 어떤 조건에서 불안정한지 표시
- 건강 위험 데이터: 동물 개체 중 50%가 사망하는 노출 한계를 표시(보통 LD50은 치사 조사량을 의미)

MSDS에서 사용되는 용어와 이들의 일반적인 해석법은 [표 F.1]과 같다.

표 F.1 MSDS에서 사용하는 일반적인 조건

전문 용어	정의	예방 조치
접촉 피하기	그것들이 위험성이 없다고 간주하더라도 모든 물질은 일반적인 규칙이 있다.	증기를 마시지 말고 모든 화학 물질로부터 피부, 눈, 옷의 접촉을 피한다.
발암성 물질	암을 발생시키는 물질이라는 것을 알아야 하며, 일부는 노출의 문턱 제한을 갖는다. 다중의 노출은 발암성 물질들이 소량이라고 하더라도 단일 물질이 대량으로 노출되는 것보다 더 나쁘다는 점을 알아야 한다.	취급할 때 주의하는 연습을 한다. 증기를 마시지 말고 피부, 눈, 옷을 보호하는 장비를 착용한다.
부식성 물질	생체 조직은 화학 물질과의 접촉으로 파괴된다.	증기를 마시지 말고 피부, 눈, 옷을 보호하는 장비를 착용한다.
피부 자극 물질	MSDS 표기법에서는 피부를 통해 흡수된 물질들은 유독한 반응을 일으킨다.	피부, 눈 또는 옷과의 접촉을 피한다.
위험성 물질	심각한 유해 효과를 가져오는 물질이다.	위험한 화학 물질들을 생각한다. 화학 물질들의 혼합은 심각한 위험을 불러온다.
폭발성 물질	일정 조건 아래에서 폭파되는 물질이다.	쇼크(떨어짐), 마찰, 스파크, 열을 예방한다. 위험성 있는 물질을 엎질렀을 때 그것들을 화학 물질로부터 격리시킨다.
가연성 또는 가연물	일정 조건 아래에서 증기들을 손쉽게 점화시키는 물질이다.	열, 스파크, 불꽃, 발화시키는 요인들로부터 거리를 유지한다.
자극제	피부, 눈 등에 물질로부터 자극을 받는다.	증기를 마시지 말고 피부와 눈을 보호한다.
최루가스	물질들은 피부, 눈 또는 호흡을 하는 구멍에 자극성이 있거나 타는 효과를 나타낸다. 이것들은 적은 양으로도 매우 위험하다.	증기를 마시지 말고, 피부와 눈을 보호하며 열도 예방한다.

전문 용어	정의	예방 조치
돌연변이 유발 요인	화학적 또는 생물학적인 약품들은 유전학적인 변질을 가져온다.	극도로 손을 보호한다. 증기를 마시지 말고 피부, 눈, 옷과의 접촉을 막는다. 가스 마스크를 착용한다.
과산화물 구성자	과산화물 형태 또는 수력의 과산화물이 공기 중에서 접촉되는 물질이다.	많은 과산화물은 폭발성을 갖기 때문에 주의한다.
독성 물질	매우 심각하고 돌이킬 수 없는 몸 상태를 갖게 되는 물질이다. 이런 물질은 숨을 쉬거나, 삼키거나, 피부와 접촉했을 때 위험하다.	몸과의 접촉을 피하고 보호 장치를 착용하라.
악취가 나는 물질	더러운 악취를 가지고 있거나 발생시키는 물질이다.	가스 두건을 항상 착용한다.
기형 발생 물질	생물학적인 결점을 가진 태아를 가지게 한다.	극도로 손을 보호한다. 증기를 마시지 말고 피부, 눈, 옷과의 접촉을 피한다. 보호 장비를 착용한다.
유독성 물질	숨을 쉬거나, 삼키거나 피부와의 접촉했을 때 건강에 위험을 주는 물질이다. 잠깐 또는 장기간 표출되었을 때 건강에 심각한 손상을 가져온다.	몸을 보호한다. 증기, 먼지, 안개를 마시지 않는다. 보호 장치를 착용한다.

참고문헌

1. Donald A. Neamen, "Microelectronics circuits Analysis and Design 3th ed.", McGraw-Hill, 2005.
2. Robert t. Paynter, "Introductory Electronic Devices and Circuits 7th ed.", Prentice-hall, 2006.
3. Sung-Mo(Steve) Kang, Yusuf Leblebici. "CMOS Digital Integrated Circuits 3th ed", McGraw-Hill, 2005.
4. Malvino. "Electronic Principles 3th ed.", McGraw-Hill, 1990.
5. Donald A. Neamen. "Semiconductor Physics and Devices 3th ed", McGraw-Hill, 1990.
6. Schilling, "electronics circuits Discrete and Integrated 3th ed.", McGraw-Hill, 1989.
7. C. Y. Chang and S.M. Sze, "ULSI Technology", McGraw-Hill, 1996.
8. Ben Streetmen, "Solid State Electronic Devices 2th ed.", Prentice-Hall, 1990.
9. Edward. S. Yang, "Fundamentals of semiconductor devices", McGraw-Hill, 2000.
10. Kittel. C. "Introduction to Solid State Physics 7th ed.", Newyork, Wiley, 1996.
11. Sorab K. Ghandhi, "VLSI Fabrication Principles", John Willy & Sons.
12. S. O. Kasap, "Principles of Engineering Materials and Devices 2th ed.", McGraw-Hill, 1999.
13. Neil H. E. Weste, David Harris, " CMOS VLSI Design 3th ed.", Addison Wesley, 2005.
14. Rao R. Tummala, "Fundamentals of Microsystems Packaging", McGraw-Hill, 2001.
15. Phillip E. Allen, Douglas R.Holberg, "CMOS Analog Circuit Design 2th ed.", Oxford University press, 2002.
16. Richard C. Jager, "Introduction to Microelectronic Fabrication", Addison Wesley, 1988.
17. Michael Quirk, Julian Serda, "Semiconductor Manufacturing Technology", prentice hall, 2001.

18. Gary S. May, Simon M.Sze, "Fundamentals of Semiconductor Fabrication", John Wiley & Sons, 2002.
19. Sami Franssila, "Introduction to Microfabrication", John Wiley & Sons, 2004.
20. L. Van Vlack, "Elements of Materials Science and Engineering 4th ed.", Addison-Wesley, 1980.
21. Allison, "Electronic engineering materials and devices", McGraw-Hill, 1971.
22. H. L. Kwok, "Electronic materials", Thomson, 2003.
23. Gray S. May, Costas J. Spanos, "Fundamentals of semiconductor manufacutring and process control", John Wiley & Sons, 2006.
24. Saburo Muroga, "VLSI system design", John Wiley & Sons, 1982.
25. Douglas A. Pucknell, Kamran Eshraghian, "Basic VLSI Design 2th ed.", prentice hall, 1988.
26. D. F. Barbe, "Very Large Scale Integration", Springer-Verlag Berlin, 1982.
27. R. Waser, "Nanoelectronics and information Technology", Wiely, 2003.
28. R A Smith, "Semiconductors", cambridge university, 1978.
29. John e carroll, "Physical models for semiconductor devices", cambridge university, 1978.
30. Thomas p. Sheahen, "Introduction to High temperature superconductivity", Plenum press, 1994.
31. David A Hodge, "Analysis and design of digital integrated circuits", McGraw-Hill, 1983.
32. Hans Ohanian, "modern physics", prentice-hall, 1995.
33. R. Gregg Bruce, Mileta M. Tomovic, John E. Neely, Richard R. Kibbe, "modern materials and manufacturing process", prentice-hall, 1998.
34. Dimitrijev, S, "Principles of Semiconductor Devices", Oxford University press, 2006.
35. Alfred Grill, "Cold Plasma in Materials Fabrication", John Wiley & Sons, 1994.
36. Chapman, "Glow Discharge Process: Sputtering and Plasma Etching", John Wiley & Sons, 1980.
37. S. M. Sze, "Physics of Semiconductor Devices", John Wiley & Sons, 1981.

38. S. Wolf and R. Tauber, "Silicon processing for the VLSI", Vol.1, lattice Press, 1986.
39. C.Pearce, "Crystal Growth and Wafer Preparation, VLSI Technology, 2nd ed.", S. Sze, McGraw-Hill, 1988.
40. D. M. Manos, D. L. Flamm, "Plasma Etching", Academic Press, 1989.
41. K.Wille, "The Physics of Particle Accelerators", Oxford University press, 2000.
42. James Maas, "Industrial Electronics", Prentice-Hall, 1995.
43. Melvin A Breur, "Design Automation of Digital System", Prentice-Hall, 1972.
44. Wayne Wolf, "Modern VLSI Design", Prentice-Hall, 1994.
45. Flinn/Trojan, "Engineering Materials and Their Applications 4th ed.", John Wiley & Sons, 1986.
46. Chang Liu," Foundations of MEMS", Prentice-Hall, 2006.
47. Thomas L. Landers, William D. Brown, Earnest W. Fant, Eric M. Malstrom, Neil M. Schmitt, "Electronics Manufacturing Processes", Prentice-Hall, 1994.
48. Carver Mead, Lynn Conway, "Introduction to VLSI Systems", Addison-Wesely, 1980.
49. Y. Tarui, "VLSI Technology", Springer-Verlag Berlin, 1981.
50. Jeffrey D. Ullman, "Computational Aspects of VLSI", Computer Science Press, 1984.
51. Sung Jai Choi, "Nano Semiconductor Device Design & Manufacturing Technology", Freedom Academy Pub. Co., 2021.

찾아보기

| ㄹ |

| ㅁ |

| ㅂ |

| ㅅ |

| ㅇ |

| ㅈ |

| ㅊ |

| ㅋ |

| ㅌ |

| ㅍ |

| ㅎ |

| A |

| B |

| C |

저자 소개

최성재
1985~2005 IEEE 정회원(교수회원)
1988~현재 가천대학교 전자공학과 교수
대한 전자공학회 종신회원
한국인터넷방송통신학회 종신회원
한국 정보과학회 종신회원

나노 반도체 기술과 IoT 융합 기술

저 자 최성재
발 행 인 김지영
발 행 처 자유아카데미
주 소 경기도 파주시 회동길 37-42
파주출판도시
전 화 031-955-1321
팩 스 031-955-1322
홈페이지 www.freeaca.com
전자우편 main@freeaca.com (대표)
editor@freeaca.com (편집)
crm@freeaca.com (영업)
등 록 제406-2003-017호, 1980. 7. 12
제1판1쇄 2022년 2월 5일 발행

저자와의
협의하에
인지생략

ISBN 979-11-5808-337-3 93560